咫尺山林

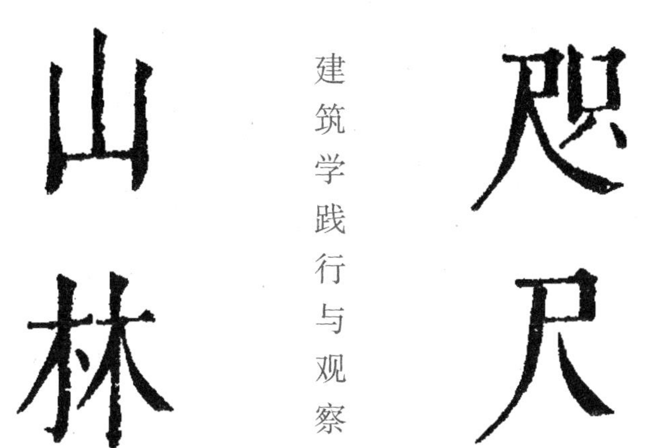

A Miniature Universe

Practice and Observation on Architecture

褚冬竹　著

中国建筑工业出版社

坚固

实用

美观

演进

Firmitas　Utilitas　Venustas　Evolutivas

献给建筑学人

序壹

读《咫尺山林：建筑学践行与观察》

有朋友介绍褚冬竹教授的一本著作给我，想让我写个序，最近这二十多年我曾经应约为同事，为我曾经的学生，为熟悉的学者和同行，为一些与我的上海近代建筑研究相关的著作陆续写过一些序。我都要自己动笔，而且需要读书稿，实际上，写序的过程也就是读书的过程，因此，序言就是我的读书笔记，显示我这些年还没有放弃读书。但是为素未谋面的年轻学者写序大概还是头一回，只是情面难却，答应看了书稿再说。没想到第三天就收到褚先生传来的书稿，于是就抽空认真读了一遍，然后就被作者的建筑学专业情怀和严谨的治学精神所打动。褚先生当初想写这本书是源于对建筑学教师身份的一次审视，表达他对建筑教学、研究和设计思考，正如书的标题所说，是探讨面对建筑学，一种可能的践行方式。

建筑学是一个非常特殊而又古老的多栖专业，从事这个专业既可以是教师，又可以是建筑师，同时也是从事研究的学者。褚先生是建筑学教师，尤其是从事建筑设计教学的老师，他的著作也涵盖了一位建筑学教授需要思考的几乎所有领域和所有问题。谈大学精神，谈研究生教育，谈科学研究，谈建筑学研究，谈技术哲学与建筑，评建筑师、建筑师事务所和他们的作品，谈空间，侃设计，学历史，看未来，聊古今中外。他深入探讨研究建筑学的视角，有阐发，有质疑，有困惑，有时深不可测，忽然又豁然开朗。日本建筑师伊东丰雄认为建筑教育必须强调“灵活性（团队的思想），群集性（生产与日常生活无法脱节的理念），洞察力（磨炼感知能力和时代感），幽默感（乐趣与愉悦），智性（全面思考）。”褚先生数十年如一日，探索建筑教育和建筑研究，未敢懈怠，他的教育思想与此不谋而合。他认识到建筑学是一门学科，更是一片领域。在这个领域里，不仅有建筑师，还有教师、评论者、研究者共同践行其中。

褚先生主张建筑学研究分离为以科学为基本评价标尺的研究，以及以空间需求为基本目标导向和评价标准的建筑设计，关于教学与研究具体地展开为教学、研究和设计三条线索。在这三个层次与三条线索的编织下，形成了聚集建筑学践行探索的基础坐标系。读褚先生的这本教学、研究和设计札记，涉猎面十分广博，既需要跟随作发散式的思考，同时需要有广泛的建筑历史和技术哲学理论的基础，也需要前瞻的眼光。

从褚先生的设计，可以看到他设计的功力和艺术表现的功底，从书中他亲手拍摄的大量照片中，可以看出他的审美眼光和高超的摄影技术。总之，读褚先生的书既是一种视觉享受，又有学习的乐趣，也是培育智性的思考过程。他自谦与这个年龄段的很多同行精英相比，手上的这些东西还不敢登大雅之堂。但仍愿一试，去探讨面对建筑学，一种可能的践行方式。真诚希望有更多的青年学者和建筑师能写下自己的思考。我曾经读过意大利建筑师阿尔多·罗西的《科学自传》，这本书是这位建筑大师的建筑思想的总结，对建筑师们也是一种样板和启示。我在想，褚先生这本著作的出版应当预示着作者在今后的学术和专业生涯中还会有源源不断的著作问世。

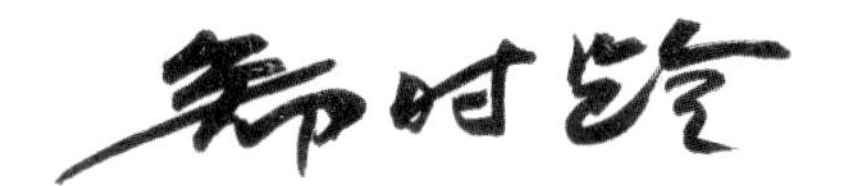

中国科学院院士

法国建筑科学院院士

美国建筑师学会荣誉资深会员

意大利罗马大学名誉博士

意大利仁惠之星骑士勋章

同济大学建筑与城市规划学院教授，博士生导师

同济大学学术委员会主任

曾任同济大学建筑城规学院院长、同济大学副校长、

中国建筑学会副理事长、上海建筑学会理事长

2020年5月30日

序贰

咫尺山林，小中见大

认识冬竹教授很久了，在学术会议上、在北京设计周展览中、在国际合作的workshop里我们多有交集，印象中的他思维清晰、反应敏捷、知识面广。

承蒙冬竹教授信任，为其新书作序。既作序，便要认真通读。我们同为建筑学专业教师，具有接近的价值观，处于相同的工作状态，但有些现象我却视而不见，有些问题我还未曾细想，有些结论我完全没想到，有些思考的角度我较为陌生，阅读中我从冬竹教授纵横驰骋的思绪中不断得到启发，近400页大作虽非鸿篇巨著，但咫尺山林小中见大！

古人云："读万卷书，行万里路。"若仅读书无非两脚书架，仅行路又与邮差何异？作为学者还要思，更要写。设计作品固然可以打动人，但它不能叙述复杂的思想，以文字介入建筑学的知识生产，是一种能够触及深刻思想、从而更有效传播的方式。勤于文字记录是好习惯，许多思想的火花稍纵即逝，零散的观点若不做系统性思考，则只能是谈资而形不成知识。冬竹教授大作书名是《咫尺山林　建筑学践行与观察》，我在观察之外还看到了大量的思考！这些思考揭示了许多被人们熟视无睹的城市现象、隐匿于现象背后的细微差异，抽象的人群与鲜活的个体，以及寻证的态度和方法……

冬竹教授接受建筑教育时是建筑学一级学科下属四个二级学科的时代，四个二级学科被戏称为"四驾马车、互不干扰、各行其道"，建筑学人言谈举止间往往会流露出某个二级学科的强烈印迹。冬竹教授的书并未受某个二级学科的局限，许多地方甚至跨出了一级学科的边界，所言之处不仅是建筑学那点事儿，经济、政治、社会、产业、哲学、文化、历史水乳交融地存在于其行云流水般的叙述之中，这种思想的游刃有余源自于其知识结构的拓展，也反映了冬竹教授对建筑学科的理解。他关于无理数的联想颇有新意：边界不清晰并非无理。这不禁让我想起我院张良皋老教授所言，建筑学要讲四理："物理、生理、心理及伦理"，建筑学四理的边界虽然模糊，却并非无理，是专业特点使然。在某种意义上看，无理可以超越常理，扬弃套路正是现象学思想的闪光！

本书集中展现了近年来冬竹教授对教学、设计及研究的系统性思考，体现了作者的独立思考和批判精神。在城市经营大热之时，他冷静地批判唯资本积累为上的增长主义；针对建筑学的当代发展，他在维特鲁威的三原则后加上了"Evolutivas"（进化）；面对于全社会高涨的可持续热，他呼唤关注建筑学的全面价值！建筑不应自贬身价，降格为技术……所提供的是必需品。他认为最终存留在人们心中的，一定是那些既良好地回应了环境、经济与社会条件，又能与人进行心灵对话的作品，技术的巅峰不一定是文化的巅峰；他反对打着红旗反红旗的"虚假可持续"，他认为可持续不应是皇帝的新衣，若将彼处的"可持续"移到此处，恐怕就难以"可持续"下去了。

他自造词汇“Teculture”以表达对学科的理解，尽管当我在键盘上输入这个单词时word已自动将其标红，但我认同它的意义。

在设计领域工程师和建筑师有着不同的定位和价值判断：An engineer knows everything about one thing, an architect knows something about everything。对于工程师来说，材料是物理范畴，与效率有关，但对于建筑师，使用材料的态度却是心理学范畴，属形而上的问题。这让我想起南唐顾闳中著名的“韩熙载夜宴图”，那画技与画意分明在表达着两件不同的事情。冬竹教授从勃鲁盖尔的油画中看出了超越形式的材料与整体之关系，并强调建筑学的魅力之一就在于基于更加整体的战略思考，去挑战技术的战术客观性，文化意义会导致神圣的光芒！

“Design”被译成“设计”，“设”了一“计”，说明设计是脑力劳动！冬竹教授读书期间的设计作业“天涯国际大酒店”获得了最高分，但他并未沾沾自喜，而是进入了关于图学的反思，图纸表现与建筑品质是什么关系？作为设计媒介的意义与价值何在？这实际是对学院式设计教育的反思。1987年我与来自德国的Thomas Schmidt教授以及来自美国的Cremer教授合作设计武汉体育学院运动员宿舍，全套设计完成之后，T教授对我说：“good drawer！”当时我以为是夸奖，但到了德国之后我才意识到我与德国建筑师在思维习惯上的差距。多少年来，我们常常将“presentation”或“representation”当作设计。当在书中看到冬竹教授将花费了大半年时间写作、即将交稿的《快题设计》改变为《开始设计》时，我产生了强烈的共鸣：曾几何时，“快题设计”这类“工具书”因其具有快速解决问题的功效而备受市场青睐。中国城市快速发展几十年的成就与半个多世纪前日本及德国的战后重建相比，确有令人汗颜之处。究其原因，当然与这种只管速度而忽视品质的目标定位有关。

建筑设计，身教未必有用，言传难以说清，“应该做啥”好理解，“如何去做”难传授。“understand”与“can”是受教育者不同程度的收获，如何传授设计确实是对设计教师的挑战。冬竹教授将教学内容置于本书的第一部分，对当下的人居环境本科及研究生教学进行了深入的探讨。书中可以看出冬竹教授发自内心对教学的热爱。

教学相长，学生是镜子，从镜中可以窥见自我。对此，我深有同感。在快速发展的中国，在教学中加入“真题建造”并不是“可能性”的问题，而是“必要性”的问题。“真实建造”会给教师平添太多“麻烦”，教师要额外花费太多时间，除非对教学、对学生真心的热爱，一般不会自找“麻烦”。冬竹教授与开发商及设计院合作，将一个12班幼儿园作为“真实建造”的课题，前后投入一整年时间，历经方案选拔、公众投票、业主选择等阶段，最终付诸实施！

20世纪80年代大学即有“城市设计”课程，“高层建筑”更是设计课的标准菜单。冬竹教授将城市改造与城市设计结合，将针对当下存量化、碎片化问题的城市设计与高层建筑设计组合，调整课程的顺序，优化教学体系，并展开国际合作教学，给我们许多启发。

在游牧及农业社会，“胡子长即真理”，但在快速发展的时代，过去的经验则不足以应对未来之不确定性。1988年我在慕尼黑工大听到几位与我现在年龄相仿的老教授针对纽约MOMA举办的de-construction展的评论：“不要相信那些吹牛家（talkitects），他们中几乎没人盖过房子，除了盖里，而盖里仅仅改造了自家的厨房屋面而已”，言谈中充满着对他们缺乏实践经验的不屑。32年过去，没有经验的“吹牛家”影响了世界，“缺乏经验”并没有成为他们前行的阻力，独到的研究却是面向不确定之未来的利器。冬竹教授关于“习字之设问”正好指向了这个关键：练柳体书法的人以柳公权的字为蓝本，但柳公权本人的字帖在哪里呢?

冬竹教授认为，建筑学的研究是当代建筑学教师必须面对的新增挑战和思维转型，不能故步自封，要关注理论的“探索性和前瞻性”，要做攀登者和勘探者，站得高才能看得远，显微镜下方可发现常人之不见。研究要跳出设计、放眼城乡、凝练问题。

基于对建筑学专业的理解，他针对建筑学研究和狭义的科学研究进行了有深度思考。他指出，建筑学研究有其自身特点，不能机械照搬科学方法。他详细论证了“关于设计的研究”与“研究型设计”之关系、抽丝剥茧般梳理了“the research on”“by and for design”的差异。

关于建筑学研究，虽有相关著作，但有些粗糙的翻译影响了真实意义的传播。当下建筑学研究生教育缺乏的重要内容之一便是研究。很多人抱怨：“学生画着进来，写着出去，毕业之后并不需要写作”，这种说法将研究生培养目标降低至职业培训。传统训练的建筑师善于画而拙于写，许多建筑学研究生一提笔便显出逻辑上的漏洞。做设计时，有些地方说不清道不明，但却可以用画图的方式含混过关，这很容易令设计专业学生养成不求甚解的习惯，但狭义的研究却逼着学生求甚解、说明白。建筑学研究生确实需要严谨的研究及写作训练！冬竹教授的书对于建筑学生理解研究具有启发意义。

研究需要国际化视野。冬竹教授虽三个学位都在重庆大学获得，但在加拿大、荷兰的学校及事务所的访学，使其接触了不同的文化，广泛的国际交流、多元化的信息促使他不断地思考，国际化视野对其研究具有积极的意义。

研究需要严谨的态度，进行研究时建筑学者需从“热情潇洒的设计师”切换到“冷静思考之研究者”的状态。冬竹教授是善于切换的。那个复杂的关于吉迪恩的、涉及近代理论脉络的系统分析图显示了他“打破砂锅”的执着和平静的心态。我在德国时常听德国建筑师朋友评论荷兰建筑师：“crazy！”我虽去过荷兰多次，但常常流于表面，不求甚解。本书中冬竹教授从历史、国土、自然及文化等角度对荷兰进行了条理清晰的叙述，在此基础上再去看OMA、UN Studio、MVRDV、NL等如日中天的荷兰建筑事务所的设计，就容易理解了。

中国大学行政岗位工作之复杂世间罕见，若摊上这等“差事”还想做好教学、研究和实践，实在是难上加难。多年来冬竹教授笔耕不辍，研究、设计兼顾，不断呈现其最新的思考和设计，实在难能可贵。

2006年冬竹教授出版了他的第一本著作《开始设计》，书中探讨了“何为设计”以及“如何启动设计”之问题；2012他出版了《荷兰的密码：建筑师视野下的城市与设计》，书中关注的是“他山之石如何攻玉”；2015年他出版了《可持续建筑设计生成与评价一体化机制》，重点关注的是“设计如何能做得更好”的问题，本书则展现了冬竹教授对学科的全面而系统化的思考。

冬天的竹笋是积蓄能量的状态，我期待着在下一个10年冬竹教授更大能量的显现。

是为序。

华中科技大学建筑与城市规划学院教授、博士生导师、原院长
武汉华中科大建筑规划设计研究院有限公司董事长
武汉市第十三届人民代表大会城乡建设与环境保护委员会副主任委员
国家一级注册建筑师；享受国务院政府津贴专家
中国高等学校建筑学专业评估委员会委员
德国慕尼黑工业大学访问学者
《新建筑》杂志社社长；《建筑师》杂志编委
中国建筑学会理事、资深会员
中国建筑学会绿色建筑委员会副主任
中国美术家协会建筑艺术委员会委员

2020年6月2日于武汉

0

1

2

3

4

目录

凯撒堡（kaiserburg）内的厚重石墙 | 纽伦堡（Nurnberg），德国

1 理解

建筑难学、难做，更难教。虽然这个与大地、空间、材料、人相关的学科已得名多年并不断演进前行，但正因为它几乎无处不在，使得建筑学边界看似日益模糊，日益宽广。历时关联、多维交融、天地纵深、智能虚拟……建筑学想做和正在做的，远远超过了历史上任何一个时期。要捕获这个学科的星点光芒，即使个人穷尽一生，也难得其中一二。

“多方景胜，咫尺山林”。近400年前，计成在《园冶》[①]中详述了微小天地如何透射广阔景胜。八寸为咫，十寸为尺。方寸之间，中国人看到了气象万千。

几乎同一时间，不足20米长的“五月花号”（Mayflower）[②]货船从英格兰普利茅斯（Plymouth）港缓缓起航，搭载着102人驶进茫茫大西洋，开启了欧洲人大规模移居北美的历史。经过与风浪、恐惧和希望朝夕相伴的66天后，新大陆近在咫尺，欧洲人也看到了气象万千。

“五月花号”起航的100多年前，意寻中国的哥伦布，却因地理计算错误引发出历史意外而发现新大陆（1492），但直至大移民开始后十年，仍有人从密西根湖岸边起航，坚信对岸就是中国[③]。微小与宏大，规则与意外，看似难以逾越，其实只需刹那一瞬。

在建筑学的丰沛图景下，个人依然可以深耕一隅，以个案折射宽广时空。建筑学的工作组织方式大致可分为由内而外三个层次：首先，具体空间需求下的建造及物理属性是其内核，为建筑学的本体与立足问题；其次是基于几何、数学、原型、感知形成的建筑空间与形式组织，为建筑学的主体与传授问题；第三是建筑与综合环境的若干复杂关联问题，为建筑学边界与职责问题。三个层次渐次扩张，锚固着这个学科的身份与价值，亦在具体背景下反映着不同层次的意义。建筑学是一门学科，更是一片领域。在这个领域里，不仅有设计者，还有传授者、评论者、研究者和实施者共同践行其中。教学与研究，是总萦绕在建筑学教师心中的两个关键词，其具体工作意味着什么？稍加纵深，基于建筑学的本体与主体，建筑学研究也分离出两种不同的指向：一是以科学为基本评价标尺的研究，包含明确的自然科学与社会科学属性，指向研究者；二是以空间需求为基本目标导向和评价标准的建筑设计，包含着明显的工程科学和设计科学属性，指向设计者。于是，关于教学与研究，便更为具体地展开为教学、研究和设计三条线索。在这三个层次与三条线索的编织下，形成了聚集建筑学人践行探索的基础坐标系。

将自己也试着放进这个坐标系，脑海中的场景与信息碎片如疾风般迎面而来。其中，印象最为清晰的三张图——三张于我有别样意义的图纸，分别出现在1996年、2003年和1915年。

宏村｜黟县，安徽

2 图像

第一张图——“天涯国际大酒店”，1996

“天涯国际大酒店”是本科二年级的课程设计，选址三亚。盛夏已至，高温笼罩，半学期的旅馆设计课开始了正图绘制。选取角度，裱平纸张，埋头画图，挥汗如雨。那真是段心无旁骛的时光，一个从未亲见大海，没坐过飞机，更没体验过高级酒店的学生，硬生生地开始了对滨海度假酒店的想象。这份作业，虽然最终拿了当时全年级最高分——“优”（当时绝大部分情况下设计课最高成绩是“优-”），自己却清楚，在功能和空间组织上其实问题重重。次年，重庆建筑大学办学45周年时出版了学生作品集，收录了自1977级以来的数十份设计作业，这份正蹒跚学步中的设计也入选其中。但我仍抑制不住追问自己：“表现”与“设计”究竟该是什么关系？甚至不止一次产生过疑惑，到底是“图”还是“设计”拿到的这个成绩？这些思考，直接促成十年后在《开始设计》一书中的如下表述：

如何传递设计内容、沟通设计理念，是设计表达的根本任务。面对设计表达，我们需要这样的态度：1）设计表达的目的是传递信息，绝非展示绘图技巧；2）优秀的设计表达应该具备“准确、严谨、清晰、生动、强烈”等特征；3）不要让复杂且看似精美的表现效果成为提高设计水准的障碍。

前两点容易理解，第三点看上去可能令人疑惑。我们也常听到“表现”（expression、delineation）这一提法，其意思是设计完成后，通过某种方式加以描述。但某种程度上，“表现”却可能成为思考的障碍或依赖，甚至被认为是一件美丽“外衣”。本书更倾向于选择“表达”，而不是“表现”来定义设计成果的信息传递媒介的总概念。事实上，我们常常看到一个本来平淡的设计通过精美“表现”获取了高分。在我看来，这并不是一件可喜的事情。

——摘自《开始设计》5.1节“对设计表达的理性理解”，2006

当然，这段话是写给在校学生，而不是职业建筑师的。在那个正是迅速吸收知识、增长技能、建立观念的年龄，没有什么比显现错误、发现差距、辨明问题更重要的事情。

本科二年级“旅馆建筑设计”作业表现图

收入《重庆建筑大学办学45周年学生作品集》和《全国著名高校建筑系学生优秀作品选》（中国建筑工业出版社，1997/1999）

第二张图——“负城墙”，2003

20余年前，给青年建筑师崭露头角的机会不多，中国建筑学会自1993年起组织的“青年建筑师奖”设计竞赛是其中难得的可能之一。当时，这个奖还是靠设计竞赛而非业绩申报来争取的——这就给初出茅庐、积累尚浅的年轻人提供了开放的竞技机遇。学生时代，就被《建筑学报》上登载过的一幅幅获奖作品所吸引，并由此记住了庄惟敏、张俊杰、朱小地、杨瑛、王绍森等今天已十分响亮的名字。

2003年，参加工作尚不足一年，又一次设计竞赛启动，第一时间报了名——题目是“西安明城墙北段连接工程”[4]。面对题目的头几天，天天萦绕在头脑里的不是“怎么连”，而是“为什么要连”。进一步追问，城墙为什么会产生?“矛盾”这一概念便瞬间迸发：城墙出发点是对“矛盾”双方的人为判定——防御（敌人）、界定（城域）、划分（内外）……归根到底都是要分出矛盾双方。然而在现代城市里，城墙产生的原始出发点已不复存在，难道非要“连接”个假城墙？于是，怎么连的答案也自然产生——放弃地表实体连接，镜像反转城墙，挖掘地下潜力，以提供更多公共空间，同时为火车站和未来地铁站点提供接口。思路明晰后，便是入魔一般的日夜推敲，并采用建筑师最为熟悉的标高正负定义，将设计主题确定为“负城墙”。前期思路犹如游弋不定的微小火星，一旦触碰到恰当的燃烧物，熊熊大火便势不可挡。

难忘的是，按学院新规，留校教师必须从事为期一年行政辅助工作，当时我的第一身份是辅导员，而非专业教师。2003年正值“非典”肆虐，学生工作事务繁多，回到住处常常已是深夜。当铺开图纸勾画草图时，正是一天中最幸福的时刻。

同年8月，竞赛在西安评选揭晓，300余份参赛方案中共评出优秀奖10名，我的方案忝列其中[5]。今天仍记得彭一刚、布正伟、顾奇伟先生在2003年9月成都颁奖会上的鼓励言语。那些话语几位先生可能不再记得，但对于一个其实还没有真正走进职业大门的年轻人来说，其意义非凡。事后，某建筑论坛公布了竞赛结果，看到有人留言“我们辅导员都获奖了啊”，我笑了。

如今，地下空间的开发与利用早已是城市建设热点。我带领着研究生团队近年来也深入进行了不少相关研究和教学，不知与那一年的激情是不是有着某种缘分和暗合。关于“负城墙”的思考虽流于浅表，问题关联也颇为生硬，但已成为我迈向职业道路上最早、也是最重要的一个节点。透过它，我真正开始思考建筑参与城市的不同方式与可能。

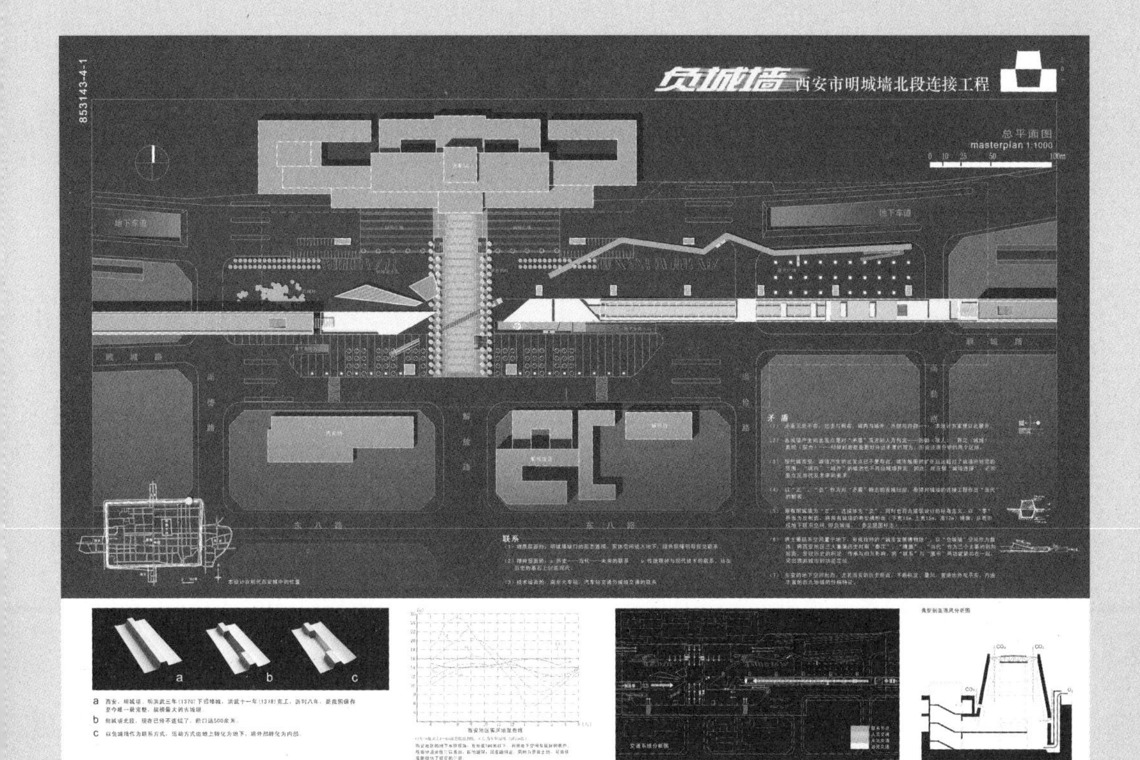
负城墙 西安市明城墙北段连接工程
总平面图
masterplan 1:1000

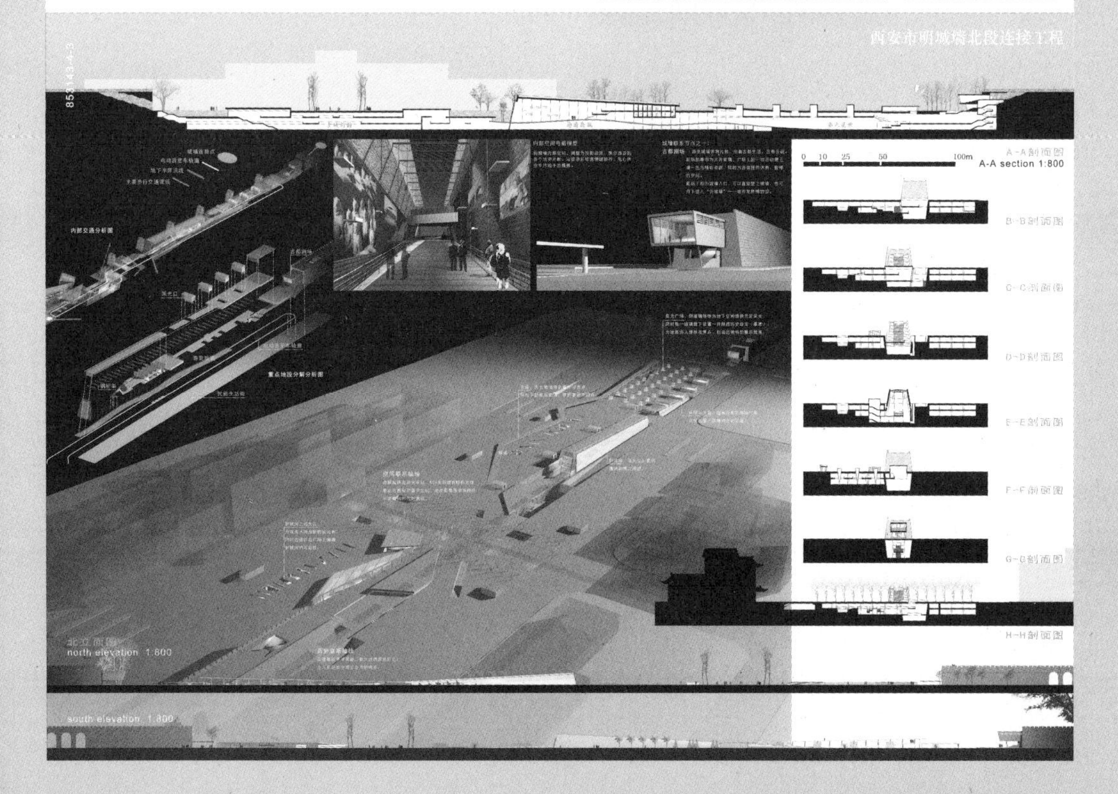
西安市明城墙北段连接工程
A-A剖面图
A-A section 1:800
B-B剖面图
C-C剖面图
D-D剖面图
E-E剖面图
F-F剖面图
G-G剖面图
H-H剖面图
北立面图
north elevation 1:800
south elevation 1:800

第三张图——“多伦多中央车站施工图”，1915

这是令人难忘的一张图，绘制于1915年。与我相遇时，已是90年以后。

2004年，我赴加拿大开始了在多伦多大学建筑学院的访问学者工作，与多伦多大学老师一道承担设计课程。第一个教学任务是围绕多伦多中央车站（Union Station，即多伦多联合火车站）的本科三年级设计课程，由三个子课题前后连贯构成：1）车站整体城市空间分析；2）车站建筑仰视剖解轴测训练；3）车站候车厅的室内空间改造设计。任务书编制之时，搜集相关基础资料，包含这座车站的施工图。

令人意外的是，这个如古希腊神庙般的建筑竟是20世纪设计的结果。来自蒙特利尔、多伦多和加拿大太平洋铁路公司（CPR）的建筑师联合团队[⑥]完成了这个加拿大最重要的火车站设计，并于1927年建成。为呈现古典风格，在外侧附加一道宽大的柱廊，柱距紧密，在立面两端甚至用8根钢筋混凝土柱组织为双排。在翻看图纸时，最令我难忘的一张图出现了。在细部详图中，所有这些构建立面效果的钢筋混凝土古典立柱里，均隐藏着巨大的工字钢柱！

彼时，钢结构正在建筑、桥梁中蓬勃开展，跨度115米的巴黎世博会机械馆已建成20余年。技术水平早已不需要在立面上设置那些密度极高的柱廊，包裹在石柱中的钢柱犹如背负着超负荷辎重的引擎，无法畅快奔腾。建筑形式生成的原点与动力究竟是什么？技术变革是否一定会导向文化变革？那张图，一直存于脑海，至今仍清晰可辨[⑦]。

不仅是加拿大，在美国和欧洲，“粗陋的体育馆和发电厂披上哥特式风格的外衣，就连摩天大楼也没能避免哥特式风格的厚爱—钢结构建筑看起来像石堆……法式城堡被吹捧到不可置信的高度。希腊神殿原是供奉神像的露天亭子，而后慢慢变大……最终大到同美国农业部和大都会美术馆一样”。[⑧]

几乎在这座车站建造的同一时间，包豪斯（Bauhaus）[⑨]在德国成立，勒·柯布西耶（Le Corbusier）的《走向新建筑》在法国出版……建筑的变革大幕徐徐拉开。

三张图如锋利切片，揭开了我研习建筑的三个场景，也从本身单纯的“drawing”“painting”或“picture”浸润入时间与空间，成了印刻在脑海中的“image”。由此，从设计初步的视觉表现，到对城市空间潜力的感知和判断，再到技术与文化交织发展中隐匿矛盾和关系，确立了对建筑学三个基本认知。

多伦多中央火车站施工图/平面图
来源：多伦多大学教学资料

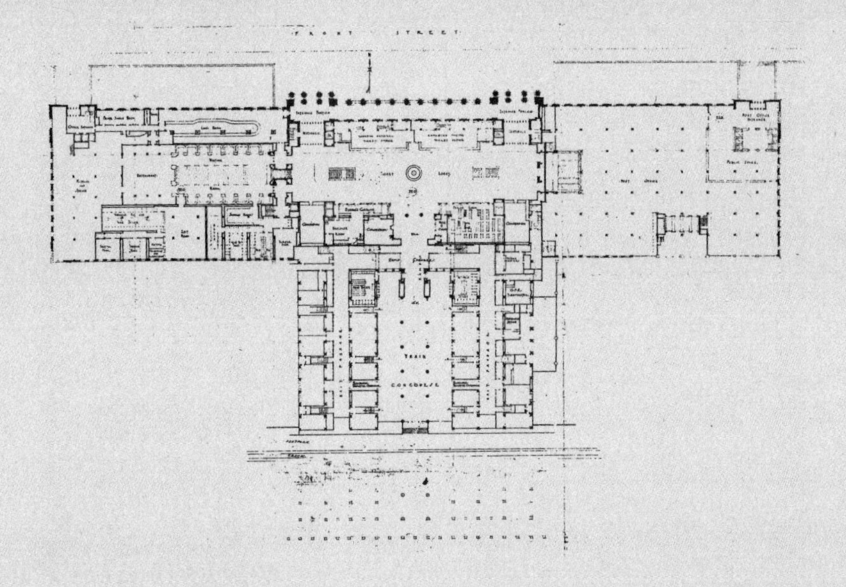

多伦多中央火车站轴测底视图（图幅A1，铅笔）
绘图：Natalee Rodriguez（多伦多大学建筑、景观和设计学院学生） 指导：褚冬竹

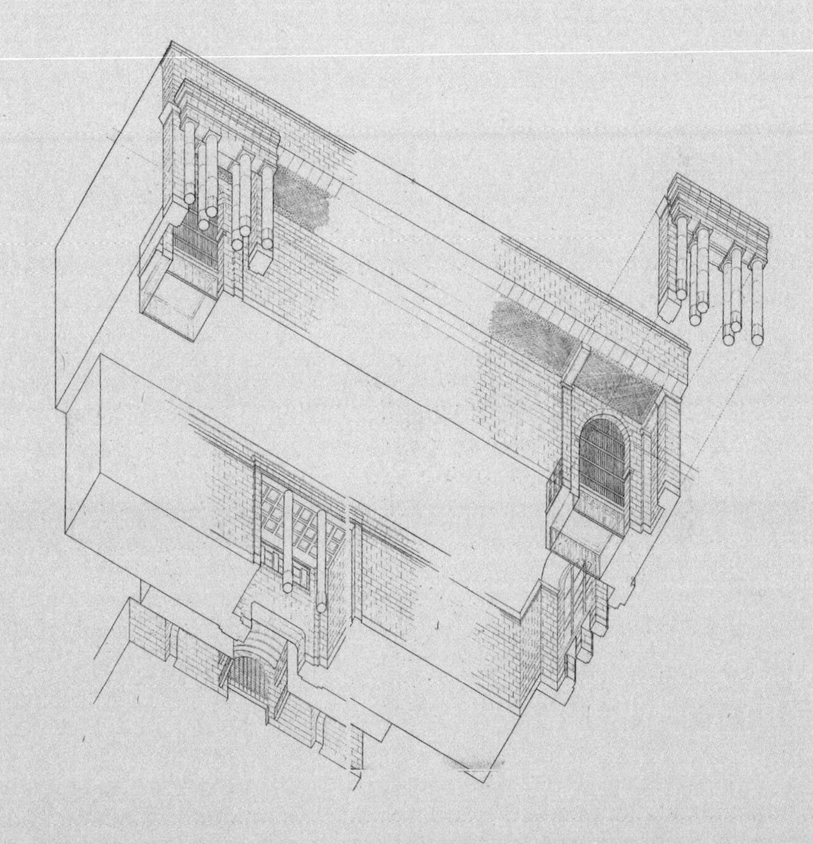

多伦多中央火车站施工
（1919年4月4日摄）
来源：多伦多档案馆

（1）实现建筑生成要解决的两个基本问题：一是如何表达，二是如何建造。有力量的表达必然来自深层的洞察与思考。

（2）表达与建造是建筑生成的手段，其目的是实现价值；只有与所处环境和时代的那些关键而具体的问题紧密联系，建筑才可能实现更大价值。

（3）技术和文化是一组微妙但极重要的矛盾，也是蕴含于所有建筑中的基因；它们相互作用，交融并存，在不同条件下以不同方式、不同力度驱使建筑前行。

3 溯源

图像是反映和感知这个世界最直接、最原始的途径，无论这个图像是通过视网膜直接进入大脑还是凭借其他媒介记录、传播、读取。鲍赞巴克（Christian de Portzamparc）[10]曾引用法国著名小说家、思想家索莱尔思（Philippe Sollers）写过的一句话展开对图像的讨论：“任何图像，即使是最野蛮的图像，也总是虔诚的……”图像记录和传播客观世界，改变着人们的观察与生活方式，基于其“凝固化”和“诱惑性”的特征，让人“前所未有地伴随着图像旅行”。显然，对于建筑，图像的意义是基础性且不可撼动的，但鲍赞巴克话锋一转，陈述了一个更基础的事实，“人们不能用图像来推理，这与文本相反”[11]。用图像记录和传播，用文字表述与推理——文字与图像，是蕴含在建

《东京计划1960》
模型鸟瞰

《东京计划1960》
局部：海上住区构想

筑学内部无法分离的基本支撑。汉字（及其他象形文字）演化自广义图像（符号）。这些记载“事务”与“事物”的符号甚至先于成熟语言而存在，并产生意义。最终，符号与发音对应，文字、图像与语言之间的通道真正打通。这一点与表音文字差异甚大，其蕴含的微妙意义不容忽视。

1966年3月，美国《建筑设计》（*Architectural Design*，即AD）杂志封面出现了一个汉字——“間”。遗憾的是，此处未依规使用“间”的原因是因为这个汉字并不代表中文，而是日文。在这期杂志里，汉字，确凿无疑的汉字，成为西方读者理解日本建筑场所精神的入口和线索。年轻的德国学者君特·尼奇克（Günter Nitschke）[12]发表了他在日本研习两年的发现——《“間”：新旧建筑与规划中“场所”的日本意义》（*‘MA’: the Japanese Sense of ‘Place’ in Old and New Architecture and Planning*），将文字与建筑联系起来，介绍了汉字的组合架构意义以及“空”（KU）、“間”（MA）等汉字的含义，进一步结合场所营造步骤，讨论了“間”的五个维度。更重要的是，作者以大量日本传统建筑和场所作为示例，解释东方意识（Eastern Consciousness）与西方的区别。不难想象，西方读者在阅读这期杂志时的兴趣和好奇——那是一个完全不同的精神世界和符号规则，造就了迥异的环境营造与价值取向。园林、建筑、空间、器物、行为、书法……所有身处其中的主体被一种统一的精神与外界连通，形成了西方人心中的“东方”意义。

若干年后，当与西方学者翻看和讨论起这期杂志时，我依然对其中汉字有着别样触动，在满布英文字母的页面里出现书法汉字，那种感觉是美妙的。“間”在他们眼中是图像和符号，发音是“Ma”，而我看到的是母语，发音是“jiān”。不必再强调这些文字源于中国，那已是常识。但是，将这些更为细腻的文字含义输出的，却不是我们。

当这本杂志面世时，日本新一代建筑师正在以集体姿态登上世界舞台。1960年世界设计大会上，日本建筑师借生物学中的“新陈代谢”概念强调城市发展新理念引起了广泛关注；1961年，丹下健三（Kenzō Tange）发表《东京计划1960》；1962年，矶崎新（Arata Isozaki）创造出基于城市变形理念的未来主义方案——“空中都市”；1964年，东京奥运会主会场代代木国立综合体育馆落成；1967年，山梨文化会馆落成……材料、形式、结构、都市、技术，将日本现代建筑向西方建筑学话语体系有力地推进了一步。“日本建筑在境外的评价迎来了第一次热潮。”[13]

这显然不是一种偶然，任何竞技场都不会欢迎拙劣的模仿者。1962年，丹下健三（Tange Kenzo）与川添登（Noboru Kawazoe）合著出版了《伊势神宫：日本建筑的原型》[14]，阐明了对日本建筑“新传统”的思考和态度，并由麻省理工学院出版社推出英文版（1965）。

ARCHITECTURAL DESIGN杂志
1966年第3期封面

ARCHITECTURAL DESIGN杂志
1966年第3期内页

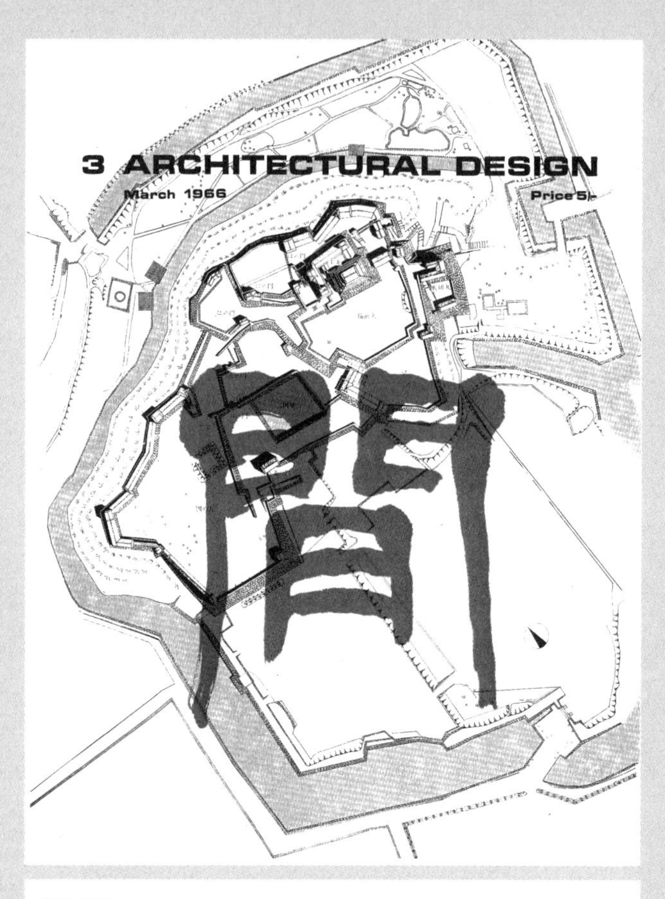

'MA' AND 'KU'

The Japanese concept of 'Ma' (place)

In the previous pages the Japanese concept of space has been described as a sense of *place*, and their architecture has been shown to reveal a progress towards consciousness of space in breadth rather than in depth. The consciousness of *Ma* (*place making*)—combining the dualities object/space, time/space, objective-outer world/subjective-inner-world—was the basis of their traditional achitecture. In a few examples it stemmed from an even deeper consciousness, the Great Void, experienced through aesthetics.

To sum up in oriental fashion:

Form (three-dimensional *object*) does not differ from *place*, nor *place* from *form*.

Form is *place* and *place* is *form*.

Non-form is this *place*, and *place* is this *non-form*.

Place (*Ma*) does not differ from *void*, nor *void* from *place*.

Place is this *void* and *void* is this *place*.

Since *Ma* is more subjective (imaginative) than objective (physical) as a concept, it follows that its external symbols can be of any size and even three-dimensional, in which case one could say that Japanese sense of 'place' is the same thing as the Western idea of 'space'.
To grasp the full meaning of *Ma* we must trace its visual manifestations. The Japanese say *Ma No Torikata*, 'the way to catch the *Ma*', so we must analyse its common etymological use, and see how it is used in connection with architecture and the arts.

Ma in the Japanese language today

Pronunciation varies between Ma, Ken, Aida and Kan, but this is not explained any further here since it does not contribute to its understanding.
(See table alongside)

Ma in the handling of form and space in the arts

In Eastern painting

Eastern *sumic* (black and white ink paintings) or Eastern calligraphy show relatively large unpainted areas compared with Western painting. The skill lies not only in the mastery of the painted *forms* but also in their relationship to the surrounding *space*—that is, in the harmony of the *Ma*. If the relationship is bad, the most essential thing, the *Ma* is said to be missing. The final value-judgment is based on the unity of *form* and *non-form*.

In Japanese architecture

If one takes the old Japanese word for 'design', *Ma-dori* (now-a-days the English word is used everywhere), which means literally 'grasp of the *Ma*', and compares it with another old term *char-no-Ma*, literally 'the *Ma* of tea', but used

▷153

Realm of 1 dimension

梁 間
Hari- Ma

Beam-span
Representing a linear space measurement, not related to anything.

天 と 地 の 間
Ten- To- Chi- No- Aida

Between heaven and earth
Representing simultaneous awareness of the two poles and all that lies betwe
a larger space unit.

Realm of 2 dimensions

六 疊 の 間
Roko- Jo- No- Ma

A 6-tatami room
A recongnizable area. The average Japanese immediately associates a certain ber of *tatami* with a certain kind of room, since, in their traditional archite measures of length, area and volume are coordinated and therefore certain sizes are used for specific purposes. Thus a 4½-*tatami* room means a private a 6-*tatami* room means a living room, an 8-*tatami* room means a guest room *tokonoma* (alcove).

Realm of 3 dimensions

空 間
Ku- Kan

Space, literally 'empty space'
In China *Ku* means 'hole in the ground,' but the Japanese later altered it to 'hole in the universe' ie, heaven. It is also used for 'empty' in the normal sense word, and for 'void' in the Buddhist metaphysical sense. The combination and *Ma*, in Japanese *Ku-kan*, was recently coined to represent Western dimensional space. But the connotations of the *Ma* part of it influenced and ch the meaning of the whole. So now the confusion is so great that 90 per c the writing about space by Japanese achitects is not understood by even their

Realm of 4 dimensions

一 時 間
Ichi- Ji- Kan

One hour
Representing a linear measure of time, not related to anything.

一 時 と 二 時 の 間
Ichi- Ji- To- Ni- Ji- No- Aida

Between one and two o'clock
Representing simultaneous awareness of two poles of a unit of time as well that lies between, thus isolating a finite time from infinite time.

So far *Ma* has constituted a measure of length or area or volume or even time, used in an objective sense. In the following examples the human element is introduced—aesthetic taste and jective imagination, a fifth dimensio

Realm of 5 dimensions

間 が 悪 い
Ma- Ga- Warni

Literally 'the "Ma" is bad' = I am embarrassed
The feeling expressed is that one cannot remain any longer in a certain because both one's own *Ma* and that of the place would be bad. Thus *Ma* represents the quality of a place as perceived by an individual.

話 の 間 が 旨 い
Hanshi-No- Ma- Gu- Umai

Literally 'the "Ma" of his speech is excellent' = it is an excellent speech
The manner and timing of the speech are good. (The Japanese are highly sensi the length and chararacter of pauses in speech and music.) So *Ma* here ind the quality of an event—speech dance, music—as perceived by an individual.

人 間
Nin- Gen

Literally 'among men' (man in the philosophical sense)
This expresses that man is not truly 'man' as an individual, but only as p 'man', the unit within a unity. If he withdraws from the field of communal ε this great dynamic place, and goes, say, into the mountains, a different w used depicting him as already a ghost.

152 Architectural Design March 1966

丹下健三，川添登.《伊势神宫：日本建筑的原型》（英文版）

在丹下健三与川添登笔下，至少可以追溯至公元685年的伊势神宫——既古老又年轻——它每20年就会完全重建一次。该书出版时，它已经进行了59次完全相同的复制重建[15]。书中写道："在后来一千多年的日本建筑史中，事实证明，要超越伊势（神宫）的形式是不可能的……伊势和帕提农神庙一起代表了世界建筑史的高峰。"丹下的学生黑川纪章（Kisho Kurokawa）则借桂离宫[16]为范本，讨论古老的自然法则与新技术之关系。在用巨构、机械回应对未来都市畅想的同时，日本建筑师知道从哪里出发。

时光再向前退回十年，中国。同时深谙中国与西方古典建筑意义的梁思成，没有将"Order"译为"柱式"，而坚称"型范"或直书英文。1953年，梁思成在中国建筑学会成立大会上说了这样一番话："如同文法对于语言、文字之运用有一定的约束性一样，'型范''法式''做法'对于材料、构件之运用也有它的拘束性。但在这拘束性之下，也有极大的运用灵活性，能有多样性的表现……在建筑上，每个民族可以用自己特有的法式……创出极不相同的类型，解决极不相同的问题，表达极不相同的情感。""如果我们不熟悉自己建筑的'做法'或'法式'，我们似乎是不可能创造出一座新中国的建筑的。"[17]中华人民共和国成立伊始，在熟稔中西建筑的梁思成心中，也许已经明晰了中国建筑应该沿着哪条路前进。他热忱致力于"中而新"建筑道路的探索和倡议，以"中国建筑型范论"为核心，关涉如何认识中国建筑传统、如何认识东西方建筑设计基本方法诸多根本问题。但未曾预料的是，此理论提出后即陷入复杂境地，加之北京旧城保护等方面的理念，1954年起，梁思成开始受到批判，其思想被定性为"复古主义"和"形式主义"，遭到严厉否定[18]。

1972年1月9日，梁思成辞世。同年7月15日，尚未被中国建筑界系统学习和规模实践的现代建筑，却被评论家詹克斯（Charles Jencks）[19]

急切地定义了“死亡”——那一天，山崎实（Minoru Yamasaki）[20]早年在美国圣路易斯城设计的一组现代主义高层公寓被计划性拆除。为了将后现代主义这剂新药“合法”注入建筑，詹克斯必须找出一个时间节点，拆除现场的那阵阵爆破声便成了批评家笔下的现代主义丧钟。

在西方，“*批评家的角色在 20 世纪已然高得不合理—这种膨胀使得如今更为谦虚的姿态看起来像是一种羞辱性的倒退。*”[21]詹克斯设定的打击目标其实并不精准，具有日裔文化背景的山崎实并不赞赏早期现代主义建筑思潮中过于夸大功能性、经济性及轻视历史等倾向，反而主张合理吸收历史传统中的优点。他其实该被詹克斯视为盟友。

“a+u”杂志2019年10月刊封面

半个世纪过去了，现代建筑依然活着，因为它并非仅是一种作态、一种腔调。“modern”一词，意味着从未故步自封，若干人在为之寻路。2019年10月，日本建筑杂志“a+u”（《建筑与都市》）推出特辑“丹下健三图档——东京奥运国立综合体育馆”[22]，将这座建成已逾半个世纪的现代建筑及图纸重新集结，为2020东京奥运会添上重重一笔建筑学注释。这座映射着日本现代建筑崛起的标志性建筑将作为奥运会手球场馆和残奥会轮椅橄榄球场馆继续服务。与此同时，丹下的后辈们则用另一种语言推出了与之对话的载体——2020东京奥运主体育场。早年受丹下影响而求学建筑的隈研吾（Kengo Kuma）以“森林体育场”为题，吸纳应用日本传统建筑技术和当地木材，在传统技艺与西方竞技场形制之间找到了自己的位置。正如开篇言及，“规则与意外，其实只需刹那一瞬”，这座原本为2020年夏季奥运会服务的主赛场，因新冠肺炎席卷全球，不得不推迟一年再正式服役。四年一届的奥运规则，突然变更为了五年（上一次规则打破还是因为“二战”）——规律与偶然、条件与应变、欲望与克制，既是眼前的真实，又是学科的底色。

4 诗意传承

同样很难推测，梁思成当年的探索和倡议若能持续，现在中国的现代建筑会在哪个位置。既然是探索，总会有弯路、歧路甚至错路，但真正的问题不是走哪条路，而是是否前行。中国漫长悠久的历史以及东西方建筑构筑体系的差异，促使在民族文化坚守和世界开放联系之间必须辩证应对，这是中国现代建筑演进过程中摆在面前的事实。因此，中国建筑的现代化进程显然不会那么简单平顺，中国现代建筑也必然在世界交流互鉴的过程中占有自己的一席。

“建筑”是个多义词，它可作为动词，表示营造、建设活动，但在大部分场合，“建筑”作为名词，表示上述活动的成果——建筑物、房屋。作为名词的“建筑”依然包含两个不同的内涵方向——“建筑物”（building）与“建筑学”（architecture）。“建筑”作为一种以

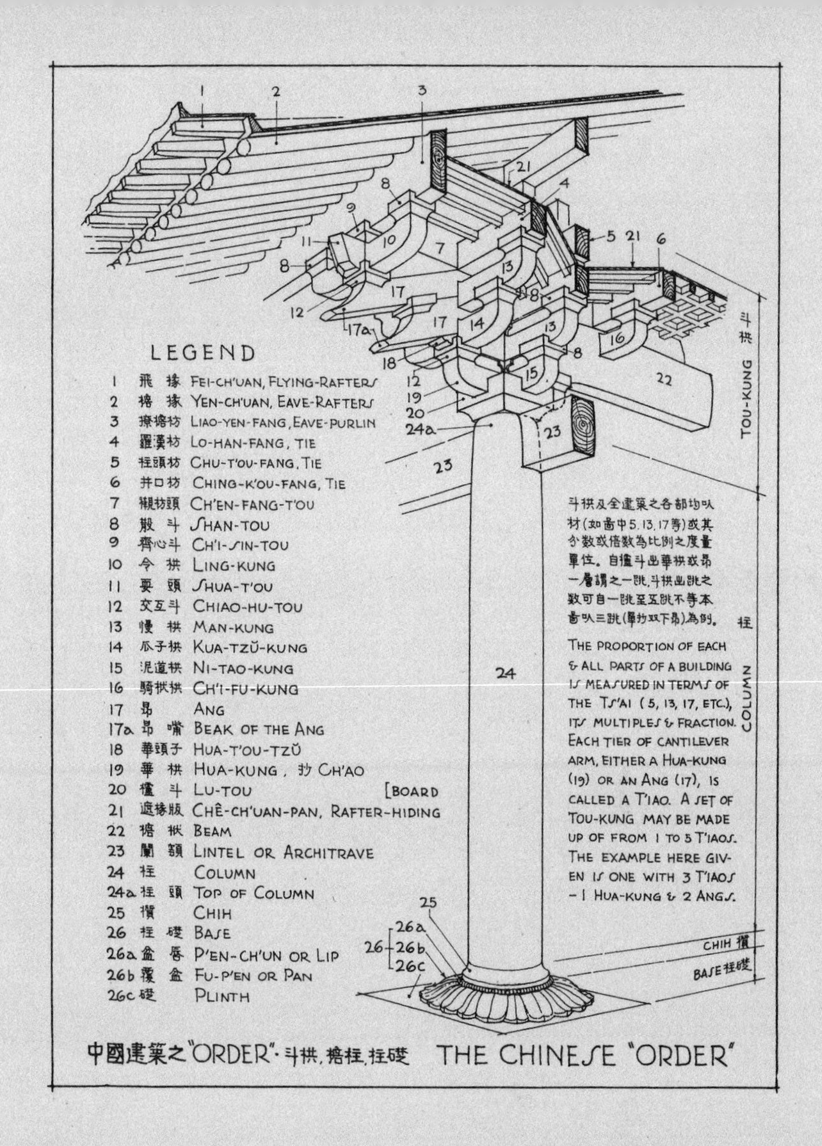

梁思成·中国建筑之"ORDER"
来源：梁思成.《图像中国建筑史》手绘图. 北京：新星出版社，2017.

建造空间为基本手段、以容纳行为需求为基本目的的人造物——此为"building"；同时，"建筑"也意味着以建设活动为基础，关联着文化、艺术与技术，包含着智慧积累和特定的知识理论体系，可以教授和传承——此为"architecture"。在柏拉图（Plato）的《蒂迈欧》（*Timaeus*）[23]中，"architecture"被定义为"所有创造出来的、可见的以及可感知的事物的母亲与容器"[24]。它定义着空间统一体（continuum of space）中的"界限"问题：实体与虚空、内部与外观、光明与黑暗、温暖与冰冷……在这个意义上，建筑作为一种空间人造物，涉及感知、思辨，也涉及"诗性"与"诗意"。

"诗性"（poetics）一词历史久远，是一个超越物质意义而倍受珍爱的词汇。从柏拉图、亚里士多德（Aristotle），到巴什拉（Gaston

2020年东京奥运会主体育场
设计：隈研吾
来源：https://www.japantimes.co.jp

古罗马竞技场空间剖解

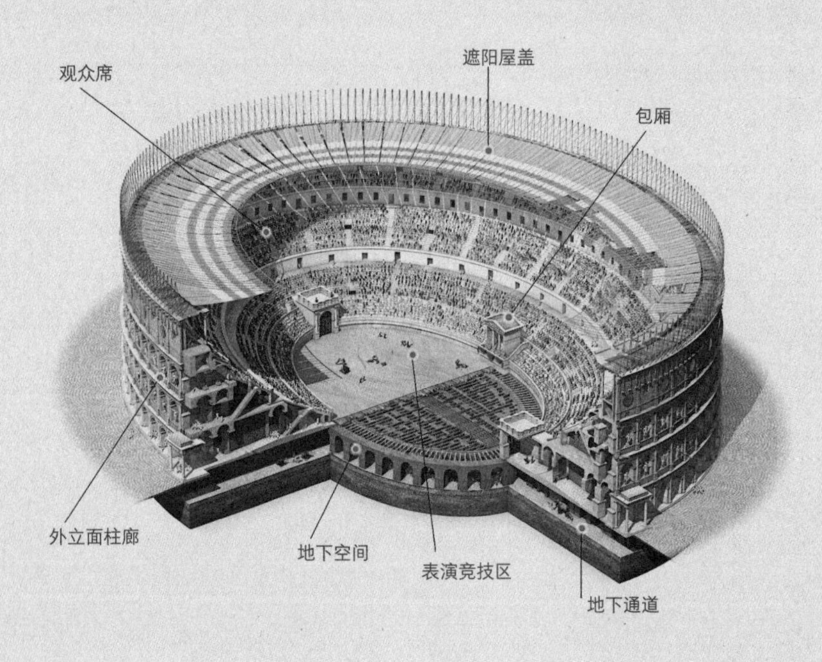

Bachelard）[25]、斯特拉温斯基（Igor Feodorovich Stravinsky）[26]、弗兰姆普顿（Kenneth Frampton）[27]……"诗性"在哲学家、音乐家、建筑师、评论家的语境中不断被强调：它既指向美学（aesthetics），也指向居住空间或乐曲创作。巴什拉曾叙述："在家屋和宇宙之间的动态对峙中，我们已经远离了任何单纯的几何学形式的参考架构。被我们体验到的家屋，并不是一个迟钝的盒子，被居住过的空间实已超越了几何学的空间。"[28]

正如"美学"一词原指"感兴"而并非专指"美"一样，在古希腊语境中，"poetics"亦与现代意义有所差别：在词源意义上，"poetics"指"创造"（making）或"创造的过程"（process of making），而不单与"诗歌"联系起来[29]。"创造空间""创造音乐"等过程都成了具有"poetics"意义的事件。透过这层含义得知，建筑的"诗性"不仅传递着那些引人入胜、难以描述的精神范畴，也清晰地指向了建筑的创造过程。

因此，建筑具有了明显的双重性质，除"感性与理性"之外，亦有"技术与艺术""科学与人文""严谨与浪漫"等多种表述方式。无论哪一种，都基于建筑与生俱来的二元性。但这种二元性具体到实践，两者的界限是模糊的，可能同时体现出来，不再是理论抽象的分离概念。这归根结底是因为建筑学是因空间需求而产生的人对物质世界的一种创造性改造活动，具有与生俱来的技术性和客观性，但同时与人的需求关联，又必然蕴含着价值评判和方向取舍，决定了改造活动强烈的主观性。两者共存，衍生出微妙的交错和互动，既奠定了这个学科的独特魅力，又为提炼、总结、传授带来了挑战。

"现今是最关键的时代之一，人们的思想正在发生变化。"古斯塔夫·勒庞（Gustave Le Bon）120年前写下这句话。思想，那些绵延传承的有生命的思想，才是塑造文明的最原生动力。

拥有了思想、传承并持续演进的建筑学，才是真正的建筑学。

①《园冶》为中国第一本园林艺术理论专著，由明末造园家计成所著，崇祯四年（公元1631年）成稿。《园冶》"八 掇山"中记述："蹊径盘且长，峰峦秀而古。多方景胜，咫尺山林，妙在得乎一人，雅从兼于半士。"

② 五月花号（Mayflower）并非从英国移民驶往北美的第一艘船只，但它以运载一批分离派清教徒到北美建立普利茅斯殖民地和在该船上制定《五月花号公约》而闻名。

③［加］卜正民（Timothy Brook）. 纵乐的困惑：明代的商业与文化. 方骏，王秀丽，罗天佑译. 桂林：广西师范大学出版社，2016.

④ 西安明城墙全长近14 公里，但火车站城墙段存在着宽逾500米的缺口，且正在大雁塔与大明宫遗址的连线上。政府为恢复西安的古都风貌，决定启动"明城墙北段连接工程"。竞赛题目便是在这样的背景下拟定。

⑤ 同届其他9位获奖者分别为张宁、刘艺、张利、孙国峰、孙炬、李冬、麦华、崔海东、曹晓昕。详情可参阅：王国泉，刘燕辉. 2003中国青年建筑师奖设计竞赛评奖揭晓. 建筑创作，2003（9）.

⑥ 由G.A. Ross、R.H. Macdonald、Hugh Jones和John M. Lyle组合而成。

⑦ 遗憾的是，当时没能复印那张大样图纸，但随后学生完成的剖解轴测底视图，可以领略八柱聚集的风采。

⑧［美］威廉·斯莫克. 包豪斯理想. 周明瑞译. 济南：山东画报出版社，2010.

⑨ 包豪斯是德国魏玛市的"公立包豪斯学校"（Staatliches Bauhaus）的简称，后改称"设计学院"（Hochschule für Gestaltung），习惯上仍沿称"包豪斯"。虽然只有短短14年办学时间，但它的成立标志着现代设计教育的诞生，也奠定了现代主义设计的基础，对世界现代设计的发展产生了深远的影响。

⑩ 克里斯蒂安·德·鲍赞巴克，1944年出生于卡萨布兰卡，法国著名建筑师和城市规划师，荣获法国荣誉功勋勋章、法国艺术与文学勋章、法国国家荣誉勋章等诸多荣誉。2019年鲍赞巴克在中国建成了他的第一件作品"上音歌剧院"。

⑪［法］鲍赞巴克，索莱尔斯. 观看，书写：建筑与文学之间的对话. 姜丹丹译. 桂林：广西师范大学出版社，2010.

⑫ 君特·尼奇克出生于柏林，曾获建筑学（德国）、城镇规划（伦敦）和日语（东京）学位，曾在普林斯顿大学和麻省理工学院全职教授东亚建筑和城市设计，自1987年起在日本京都精华大学（Kyoto Seika University）任教20年，也是京都东亚建筑和城市规划研究所的主任，曾出版《日本花园——直角与自然形式》（1991）、《从神道教到安藤——建筑人类学研究在日本》（1993）和《沉默的高潮——从超越个人到透明的意识》等著作。

⑬ 落合友子，支小咪. 基于海外建筑期刊视角的日本现代建筑国际影响力研究（1950—1989）. 时代建筑，2018(2).

⑭ Kenzo Tange and Noboru Kawazoe. ISE:Prototype of Japanese Architecture. MIT Press, 1965.

⑮ 这是伊势神宫最为知名的仪式——"式年迁宫"。根据日本史书记载，公元685年，天武天皇制定了每隔20年翻建一次神宫建筑的"式年迁宫"制度。公元690年，持统天皇期间进行了第一次"式年迁宫"。此后，除了日本战国时代曾中断120年以及数次延期外，1300来伊势神宫一直固守着这一制度。伊势神宫共有两片相连的地块，每隔20年轮番使用，新建筑完成后即拆除另一块地面上的旧建筑。式年迁宫时，内宫、外宫的正殿、14座别宫的建筑和宇治桥都要翻建。拆除下来的木料用于翻建神宫内其他小建筑或送给日本各地的其他神社使用。2013年，伊势神宫完成了第62次式年迁宫。

⑯ 桂离宫（日语かつらりきゅう，英语Katsura Imperial Villa）位于京都西部桂川西岸，建于1620~1624年，由日本江户时代皇族智仁亲王别墅建筑群和园林组成。1883 年成为皇室行宫，改称桂离宫。

⑰ 梁思成. 建筑艺术中社会主义现实主义和民族遗产的学习与运用的问题. 新建设，1954（2）.

⑱ 王军. 梁思成"中国建筑型范论"探义. 建筑学报，2018（9）.

⑲ 查尔斯·詹克斯（1939~2019）是第一个将后现代主义引入设计领域的美国建筑评论家，在其《后现代主义建筑语言》（The Language of Post-Modern Architecture）一书中宣告了"现代建筑的死亡"。

⑳ 山崎实（音译雅马萨奇，1912~1986），日裔美国建筑师，代表作品包括纽约世界贸易中心大厦（毁于2001年9月11日恐怖袭击事件）、旧金山日本文化与贸易中心、西雅图21世纪世界博览会联邦科学馆、沙特阿拉伯达兰机场候机楼等。

㉑ 出自加拿大作家迈克尔·拉蓬特（Michael LaPointe）《批评家之死》（"*Death of the critic*?"）一文（姜海涵、曾庆睿译）于2019年4月发表于《泰晤士报文学增刊》（The Times Literary Supplement）。虽然该文讨论的范畴是文学界，但许多观点依然适用于其他领域。

㉒ 即代代木国立综合体育馆。

㉓ 柏拉图的晚期著作，是柏拉图思想的一篇重要文献。该篇对话提出了两个重要的概念：作为事物材料来源的载体，以及为事物提供形式结构的理型。（http: //en.wikipedia.org/wiki/Timaeus_(dialogue)）

㉔ "the mother and receptacle of all created and visible and in any way sensible things", R. D. Archer-Hind(edited). The Timaeus of Plato. London: Macmillan and Co., 1888.

㉕ 加斯东·巴什拉（1884~1962），法国哲学家、科学家、诗人。

㉖ 伊戈尔·费奥多罗维奇·斯特拉温斯基（1882~1971），俄国作曲家，20世纪现代音乐的传奇人物，革新过三个不同的音乐流派：原始主义、新古典主义以及序列主义。被誉为是音乐界中的毕加索，曾著有《音乐诗学六讲》（Poetics of Music in the Form of Six Lessons）.

㉗ 肯尼思·弗兰姆普顿（1930~），现代建筑历史学家、建筑评论家，美国哥伦比亚大学教授，其代表著作有《建筑文化研究——论19世纪和20世纪建筑中的建造诗学》（2001）.

㉘［法］加斯东·巴什拉. 空间的诗学. 张逸婧译. 上海：上海译文出版社，2009.

㉙ Anthony C. Antoniades. Poetices of Architecture: Theory of Design. New York: Van Nostrand Reinhold, 1990: 3.

阿尔罕布拉宫 | 格兰纳达，西班牙

由阿尔罕布拉宫远眺｜格兰纳达，西班牙

朝天门大桥｜重庆

统帅堂（Feldherrnhalle）前石狮 | 慕尼黑，德国

壹

教学

EDUCATION

与做建筑师相比，做教师最大的差别可能是一种被称为规律性、周期性或是可预期的东西——你可以清楚地知道，半年甚至一年以后你大致在做什么，甚至有时能够精确到某一天的上午。如约而至的课程、起止清晰的周期、雷打不动的课时、精确计量的学生……一切都是那么严谨，那么有序。不经意间，在教学轨道上行走了十几年；也不经意间，从本科每个年级到硕士、博士课程，都曾经历和正在经历。

汉语里有个很特别的字，现在基本不用了——敩（斅）。它有两个发音：（1）xiào，通“教”，意味着“教导”，有“惟敩学半”和“敩学相长”；（2）xué，同“学”，有“为敩者宗”。教与学，一个释放传播，一个吸收聚合，两个分明互动相向的行为被这一个字交融在了一起。这恰是形音分离的汉字智慧。只要施教，必有受众，两者密切联系，牢不可分。但令人惊讶的是，英文中的“Learn”除了我们熟知的含义“学习”之外，在古代及非正式用法中也有“教育、教导”之意①。这是冥冥相通，还是本意回归？我没有能力考证透彻，但“教”“学”融贯的思想，却已深刻坚定。参与教学、教改的所有过程，其实也是不断汲取养分、成长深思的学习机会。教得越多、做得越多，也就学得越多，不安和惶恐也越多。

“教”，显然不是一个简单的词汇。学生是教师的作品，我们不仅需要训练他们某种技能，更重要的，是在延续并持续创造着文化。“culture”（文化）源于拉丁文“colere”，最早为对自然事物的栽培、驯养、耕种的意思，之后延伸为对个人技能、人格、品德和心灵的修炼。如今，“culture”中蕴含的“cultivate”（培育）的意义仍存留在语义之中。除了本科教学，我的工作室有个16字标准——“赋能空间，启智青年，见微知著，观达天下”，希望我指导的研究生能够理解其中含义。那既是写给学生的，更是写给自己的。

教与学，追求的都是“真、善、美”，其中，“真”是第一位的。

十余年前，我曾写下的一篇随感，标题为《一个孩子能够教给我们的》，部分摘录如下：

一次外出，偶然在机场见到一本关于当代文化批评的书②，买下来准备打发飞机上的无聊时光。但就是这个简单的习惯行为，却让我经历了一次难得的心灵震颤。航班时间很晚，三万英尺的高空中窗外几乎什么也看不见。机舱里很安静，很多人闭眼沉睡。只有寥寥几盏阅读灯亮着。书中有很多文章，一页页地翻过去，没有什么特别。时间一分一秒过去，书也逐渐翻到一半。正准备合眼休息的时候，看到一篇文章里引用的一首诗，一首孩子写的诗。很特别，于是目光停留了下来。

这是第二次世界大战时期，一名叫玛莎的女孩写的一首诗。当时，她正被囚禁于德国纳粹集中营里，静静面对即将来临的死亡。她写道：

这些天我一定要节省。
我没有钱可节省；
我一定要节省健康和力量，
足够支持我很长时间。
我一定要节省我的神经和我的思想和
我的心灵和我的精神的火。
我一定要节省流下的泪水。
我一定要节省忍耐，在这些风暴肆虐的日子。
在我的生命里我有那么多需要的。情感的温暖和一颗善良的心。
这些东西我都缺少。
这些我一定要节省。
这一切，上帝的礼物，我希望保存。
我将多么悲痛倘若我很快就失去了它们。

这首诗语言质朴，很容易与它擦身而过。但不知为何，这13行文字却震动了我。这个孩子的写作（如果可以把她当时的情形轻描淡写地称为“在写作”的话）没有技巧，只有真心。这是个孩子的故事，哪怕这个故事得以记载的仅仅这13行文字。其他的，我们几乎一无所知。对于这个孩子的盼望，除了良心之外，没有人能回答。虽然没有原文可查，而诗的翻译难度素来极高，不清楚文字中的细节和韵味是否已经折损，但之所以它能够打动我，我想，除了“真实”二字，再没有其他理由。

第二天给12个学生上课，我把这本书带去了。

图纸之外，我们有太多需要体会的东西。希望这不是无中生有。

接下来的四篇文字，分别应对着我关注建筑学教学的四个基本思考和行动维度：理解城市、视野拓展、实践操作和精神理想，也希望这几个片段，能够浅浅地传递出讲台上的真实。

① 参见《新牛津英汉双解大词典》中相关词条。
② 余开伟. 世纪末文化批判. 长沙：湖南文艺出版社，2004.

湖广会馆与东水门长江大桥 | 重庆

修缮前的湖广会馆 | 重庆

旧城探新：
城市设计及高层建筑教学札记

1

未来，将有数以十亿计的人们进入城市生活。城市的状态，就是我们的状态。“为什么我们的城市是这个样子？”——维托乌德·雷布津斯基（Witold Rybcznski）[①]曾提出这个关于巴黎的疑问。城市作为人类持续聚集地介入自然、改造空间的承载和反映，呈现出迥异多彩的景象。我们不仅要能够描述城市的表象差别，更要揭示这样的差别为何而来、未来怎样。这也是令所有关心城市的人们着迷的问题——虽然至今也没有权威而系统的答案。

城市设计的职责需要回答这个关于“城市的样子”的问题——关于形式、形态、形体（“形”的问题）以及其他。无论是“图”还是“底”，“形”本身应当是什么，显然是城市设计最终绕不开的问题。但是，调查、推演、分析、评价……甚至预测，绝非是形式范畴本身可以讨论周全的。形式作为以视觉感知为基础建立起来的城市的基本属性，与其他大量非视觉属性隐秘地关联在一起。如何触探那些形式表象下面的逻辑与机制？如何研究从个体到集体的行为特征以及快速变化的移动运转方式，尝试以感性切入、理性推进，最终回到综合感知？城市设计的整个生成过程，显然还有太多话题需要讨论和关心。

刻意绕开，是为了更好的相遇。于是“城市之变”成了映射入“城市设计”这面镜子的客观景象。那么，城市到底在怎么变化？短短几周的教学怎么容纳下这么复杂的问题？抓主要矛盾——当前我国城市空间发展范式正处于转型时期，城市设计思想和方法也基于对城市新特性、新问题的持续研究而不断拓展丰富、调适优化。城市→城市设计→城市设计教学，形成了关联紧密、逻辑清晰的思考和行动链条，也自然衍生出讨论城市设计教学时必须审视的三个基本问题：

城市如何演进？——从新特性到新思路
城市设计如何发展？——从新问题到新对策
城市设计如何教学？——从新需求到新体系

城市设计教学明确了核心目标及关键问题，包含两个层面：1）观念目标——建立正确的城市设计认识：围绕“过程导向”与“多维评价”这两个关键点，总结出简洁明确的城市设计价值观要点；2）手段目标——掌握城市设计基本方法：建立起城市设计必须综合考虑环境、社会、功能、经济、形态、管理六个维度的基本意识。

综合交通目标导向下的城市设计
（菜园坝+两路口片区）
设计：米锋霖 何金辉 田晓晓　　指导：褚冬竹

城市设计除了对城市空间（尤其是公共空间）、建筑形态进行“物质性”操作这一基本职能外，也作为空间、时间和各类行为的组织体系，发挥着其他设计类型难以整合的重要作用。当代城市设计理论与实践着重强调两个明显特征：1）城市设计不再是关于城市物质形态终极蓝图的描述（结果为导向），而是一个以过程为导向的空间场所培育与制造过程；2）作为一个过程的城市设计不能以形态或美学为唯一评价维度，而应该综合环境、社会、功能、经济、管理等多维评价标准。

城市设计是建筑学教学体系中的重要环节，是建筑学、城乡规划学、风景园林学以及交通运输、社会学、经济学等学科交叉联动的重要领域，也是建筑学学生深度思考城市问题的难得机会，具有高度的综合性、复杂性和关联性。城市设计也可能是建筑学学生最能感受到设计“权力”的一次机会——大量城市要素都在设计者笔下安排配置，决定所设计区域未来的发展路径和潜质。同时，城市设计丰富的思考维度和多样化的选址特色，虽极易导致成果表达上呈现视觉冲击，但仍需冷静剖析场景表达与理性推演之间的逻辑关联，既能让人“看得热闹”，更要“看出门道”。

因此，教学高度重视设计主观创造和技术理性之间的微妙矛盾，学习在设计生成过程中关注评价和支撑，建立起对城市设计有效性、可靠性的认知理解，避免过度追求视觉效果而忽略了必要的理性评判，更失去了城市设计必须具备的导控职责。城市发展没有固化样本，空间建构规则更不能简单搬用。如何引导学生开拓视野、建立方法，理解城市及特定设计范围多样、开放的特质，建立起对动态城市问题研究的敏锐和兴趣，在纷繁芜杂的城市现象中聚焦关键问题、梳理主要矛盾，从宏观、微观双向切入，以“战略家”和“外科医生”的双重身份投入课程之中——既关注整体政策、体系建构，又重视“手术刀”剖解、调整城市局部特定问题，成为城市设计教学中的基本思路。

2

早在20世纪80年代，重庆大学建筑城规学院（时为重庆建筑工程学院建筑系）已开始了城市设计的引介与教学，并基于重庆特色，在空间形态多样性、复杂性的处理上，取得了特色鲜明的教学成果。但彼时的城市设计教学存在着关注问题（空间、视觉）和表达方式相对单一、针对性不足、地域性逐渐标签化等问题。城市的激变导致在既有问题尚未解决彻底的同时，又产生新的问题，这也为城市设计教育改革创造了机遇和挑战。

重庆是我国当前城市轨道交通发展最快城市之一，也是空间特征最复杂，建设密度最高，交通体系多样化、立体化的代表性城市之一。我曾选择市区范围内的沙坪坝马家岩片区、渝中区两路口+菜园坝片区、曾家岩+大礼堂片区等极富地方性和挑战性的地块与学生共同探究。这些地块，均有复杂的交通线路汇聚，也有多变的地形高差，部分地块内还有历史遗产、城市地标。对于本科学生而言，其实都是一次次的挑战，但希望我们的学生能够接受挑战，因为他们未来面临的职业要求和城市问题将会比我们更为严苛，更为复杂。在新形势下，城市设计的核心任务正在从“制造新空间”逐步迈向“优化旧空间”。精细化“需求”必然提出对精细化“条件”再认识。精细化城市设计针对城市局部空间系统的关键问题或专题事件。它更强调解决问题本身的细微程度和深入程度，更体现在对特定空间、特定人群、特定问题的深度剖析。

因此，从每份任务书的拟定开始，更像是一次次向未知的无畏进发。无变化，不教学。改变，成为压抑在规则外衣下的自我革命，更成为身处这个时代传递观念、表明态度的客观要求。教学计划中的课题只是一面镜子。时间推移，课程名称坚定不移，映射的东西却翻天覆地，命题即态度。每次教学前相当长的一段时间，围绕命题的思考，便自然是面对这个不断变化世界的态度显现过程。

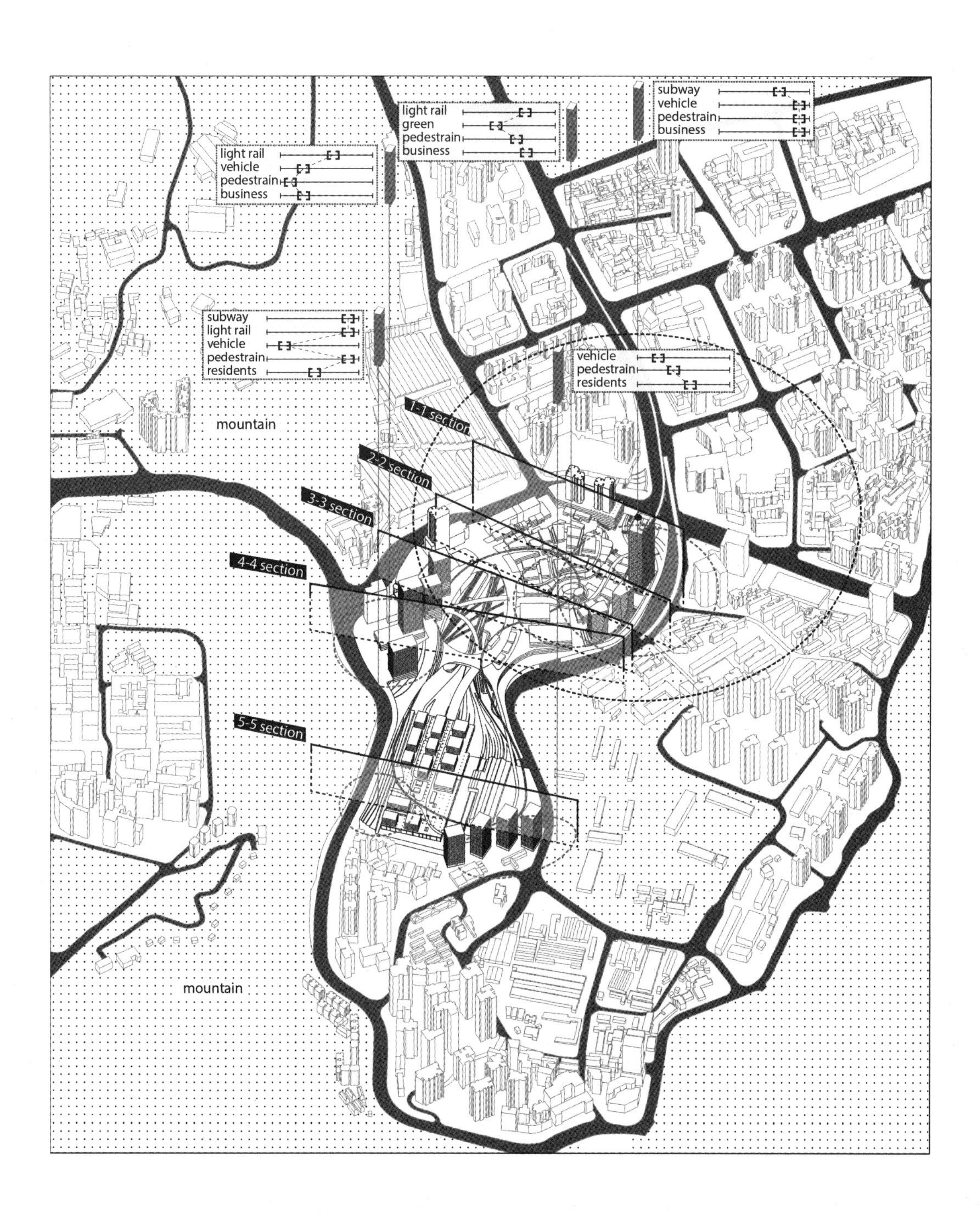
light rail
vehicle
pedestrain
business
light rail
green
pedestrain
business
subway
vehicle
pedestrain
business
subway
light rail
vehicle
pedestrain
residents
vehicle
pedestrain
residents
mountain
1-1 section
2-2 section
3-3 section
4-4 section
5-5 section
mountain

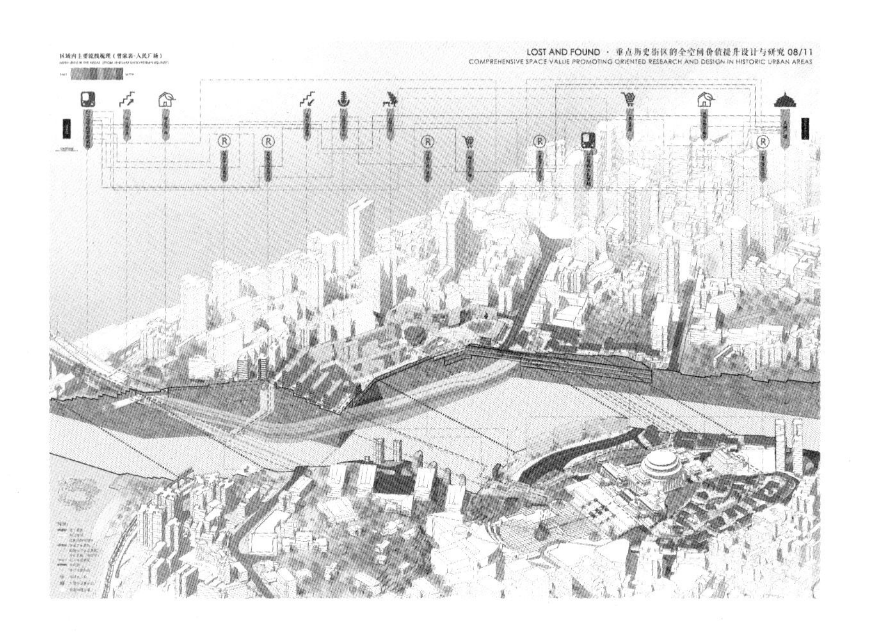

我不变的命题态度是：必须在命题中呈现复杂城市环境下公共空间“质量提升”这一基本目标，进一步加强理解城市交通这一技术因素在丰富变化的城市空间及视觉体验中的基础意义和影响方式，需要学生进一步认识城市时空层叠、拼贴下的理性与非理性，体验城市独特性与戏剧性并尝试以设计回应甚至强化。同时，学生还需理解，随着城市化走向成熟，可被城市设计运作实施的空间已呈现逐步小型化、破碎化趋势，众多零星地块而非大面积整体地块成为城市空间品质亟待提升的主体，而未来的职业现实，也必将与这样的状态直接对应。如何获得空间升级的新机会？如何获得未来职业发展的新机会？这些零星的、非连续用地成为可能获得“二次价值”的基本原料。

因此，在一次任务书的标题串联了这样几个重要的关键词——空间机会、关键点、价值、链接，旨在传递一个可能的“转型”。存量时代，更是“碎量”时代，机会要自己找寻。大礼堂、人民广场、三峡博物馆、曾家岩、中山四路、轨道交通、嘉陵江……几乎不用任何渲染，重庆人也懂得这些地名意味着什么。这里是重庆过去百年的文化、历史及空间的切片，民国、抗战、中华人民共和国、西南局、新重庆……这些地点印刻着重庆的厚度和温度。于是，以重庆人民大礼堂—中国三峡博物馆为核心，勾画出一系列跳跃的、非连续的地块，作为主持设计的任务基本范围。

重庆主城有组团布局、有机分散、点面共存等空间特点。城市轨道交通站点选址多为人流量大、环境敏感、位置关键的地段，其“以点连线、网络并联”等特征本可以高度契合重庆特有的城市空间格局。倡导“针灸式”而非“手术刀式”的发展优化，成为重庆必须高度关切的前进之路。所谓“针灸”，即从系统问题的现象出发，通过对某些关键点（灸点）的诊疗，实现整体的优化与改善。设计中，交通要素须成为一个内在因子加以考虑，将建筑与交通的并置关系，转化为互相作用的融合系统。通过优化城市“穴位”，疏导交通“经络”，将建筑空间与交通系统高度整合，建立渗透、复合的空间联系模式，最终带动城市综合品质的提升。

命题是烧脑但愉悦的，因为它融入了教师对学生的期待和好奇。期待他们能够领悟命题思想，呈现精彩回应。欣慰的是，每一届学生都没有让我失望，短短8个星期的设计过程，让我看到了令人惊喜和值得尊重的年轻思想。

3

百尺高楼，手摘星辰。欲目千里，更上层楼。

不乏浪漫和抱负的中国人一直将登高远眺作为展阔心胸、标定志向的重要且意味深长的行为。西方传说中的巴别塔也奋力登攀，直上云霄。当代，摩天高楼更是构成大都会意向的关键角色，当然也是建筑的重要挑战。

重庆大学的高层建筑设计课程已走过了30余年，这也正是整个中国迅猛发展、城乡巨变的30年。世界高层建筑建设的重心由20世纪六七十年代的北美逐步转向亚洲，其中热点尤以中国为最。由于人口规模、经济状况、山地背景、两江局限等多方条件综合作用，使得重庆渝中半岛不足10平方公里的核心城区内，高层建筑密度竟居中国之首，且仍在持续增长。高密度、山地、复杂性等自然成为设计教学中的基本关键词。需要引导认清自身环境特征与地区差异，深度思索如何立足重庆乃至西部现实，将地域性与全球化、普适性与特殊性、建筑品质与环境负荷等诸多矛盾紧密结合，切实走出一条基于西部欠发达现实的建筑学教学之路。在这样的认知下，高层建筑设计教学核心目标明确定位为“基于城市特性与建筑技术的设计整合训练”，旨在引导学生在合理“限制”中寻求设计“发展”的机遇。

高层建筑设计（两路口地块）
设计：李超 钟祁序　　指导：褚冬竹

高层建筑设计（鲁祖庙地块）
设计：邱融融 田晓晓　　指导：褚冬竹

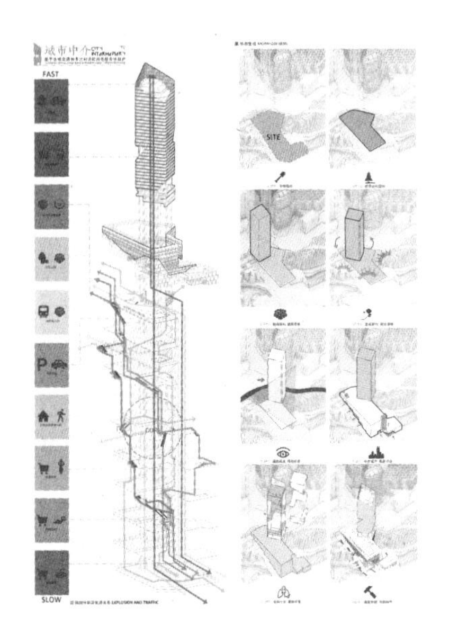

教学围绕一系列关键矛盾展开，限定与创造、技术与艺术、个体与城市，并不断向特色化、多样化方向发展。在强化高层建筑（综合体）相关特定技术问题之外，还高度关注以下几个基本问题。

（1）强调建筑可持续内涵认知。西部地区的发展现实决定了建筑师面对建筑可持续问题应当持有更为谨慎的态度。教学过程中深入剖析建筑可持续性的基本内涵，以建筑的气候适应性为教学核心，同时兼顾关于能耗模拟、绿色建筑评价体系、被动式绿色建筑的空间措施等内容，使学生掌握设计前期以绿色、节能为基础要求的设计要点与基本步骤。

（2）强调设计生成逻辑与方法。鉴于高层建筑的高度复杂性、综合性，单以个人经验、原则甚至直觉的方法深化设计已难以获得优质成果，教学要求学生深入环境，对设计综合信息的调研、分析、转译等过程进行深入学习和探讨，并结合案例、文献、政策、规划等信息建构起设计生成过程的信息处理、加工流程，借助恰当的设计分析方法和技术手段，形成设计发展的逻辑关联。

（3）强调设计工具应用与拓展。数字设计工具发展迅速，在三维建模、形态表现等方面全面使用计算机的基础上，课程中更进一步引导学生在建筑表皮生成、空间建构分析、物理性能模拟、使用者行为仿真分析等多个方面适度深化，在有限的设计周期内形成较为鲜明的特色。

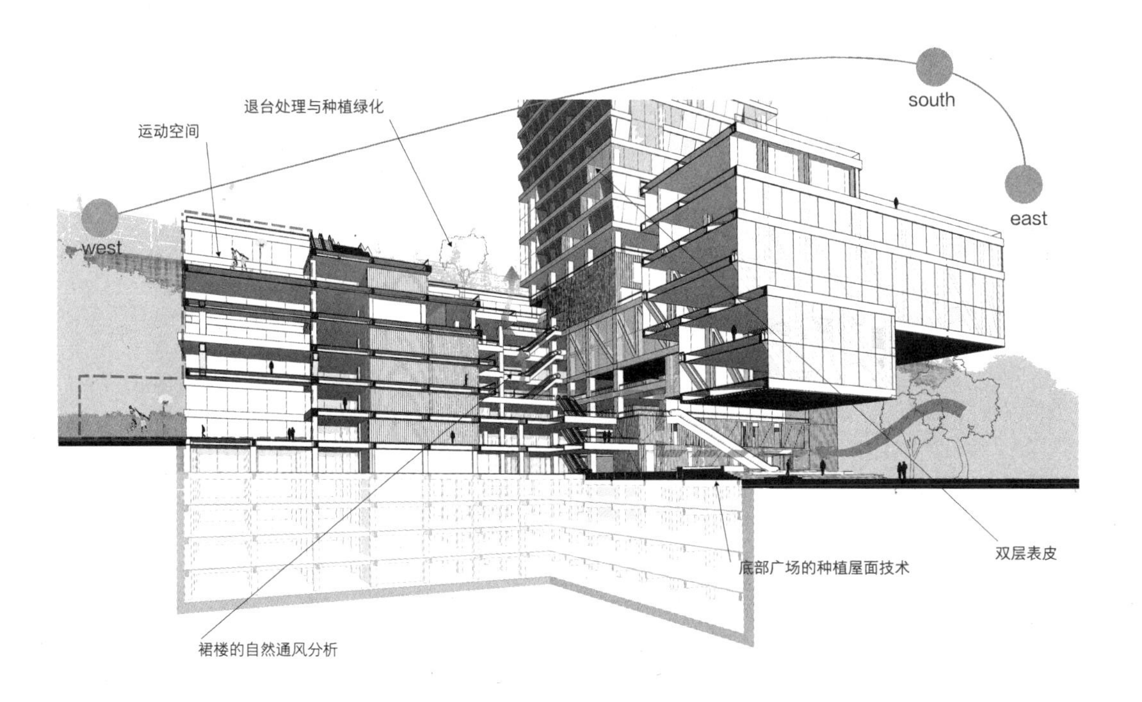

（4）强调异地选题的快速切入。学生未来的去向遍布全国乃至世界，近年来，除继续坚持地域特色与技术核心外，积极拓展选题区位，在更真实的设计与职业背景下对学生进行全方位的培养。异地、异国选址旨在训练学生以不同视角分析切入，克服生活背景和资料匮乏的劣势，尽力在可能的条件下融入当地，深入了解其文脉和背景，由环境新鲜感激发出探索欲和表现欲，并将这种激情在设计成果中充分展现出来。这恰恰是学生未来将要面对的工作常态。

（5）强调理性视角下探索未来。衡量可持续建筑的重要标尺之一，是在不降低品质的前提下尽可能延展使用周期。优秀建筑的重要特征不仅在于它能够解决当下面临的问题，更在于还能适应更长远的未来。这层意义对于尚在校园内学习的学生更为重要。引导学生探索未来可能性，将正在发生或即将到来的技术手段、社会变化、审美观念探索性地融入设计研究过程，成为进一步讨论高层建筑及其他大尺度复杂建筑难得的新机会。

高层建筑是当代以及未来一段时期内中国城市发展中重要而大量的建筑类型。一门只有半个学期时长的课程显然并不能回答所有现实中面临的问题。课程设计所起到的作用，就是要在这场预演性的虚拟设计中，使学生建构正确的设计观念、掌握行之有效的设计方法，使之能够适应未来的种种挑战，这也是教师对于这门课程最大的期许和责任。

① 维托乌德·雷布津斯基，加拿大裔美国建筑师、教授、作家，执教于宾夕法尼亚大学。

林肯纪念堂（建筑师：亨利·培根/Henry Bacon）| 华盛顿，美国

West End地区街景与生活｜布里斯班，澳大利亚
当地居民的生活方式和文化习惯，成为教学过程中重要的讨论议题。

MORE STALLS
MONTEITH'S
MONTEITH'S
MONTEITH'S

异国浅行：布里斯班实验

随着高校国际交流日益频繁和纵深，越来越多的教学任务直接选址于境外，让中国师生担当“外国建筑师”，体验陌生环境下的解题和创造。

2017年夏，我承担了首届本科四年级实验性境外贯通课题（城市设计+高层建筑设计），选址于澳大利亚布里斯班，与昆士兰科技大学（QUT）合作，促使学生以更宽广的视野学习和审视当代西方城市设计及公共建筑建设若干问题，实现了一次对异国城市的探究之旅。这次教学改革的特点，不仅是选址海外，还在于城市设计先行，调换了重庆大学建筑城规学院执行多年的“高层建筑在前、城市设计在后”的教学流程。希望基于这个小组的实验，强调城市设计与高层建筑设计之间的真实联系，探索教学内容前后衔接的另一种可能，也实验十多年前在多伦多大学感受到长期设计课题的连贯和快意。

现代意义上的城市设计学科及其基础理论源于西方，此次将设计与研究对象放置于西方国家，本身具有强烈的学术意义。通过观察、调研、检索等多种与研究对象的联系方式，获取西方国家，尤其是新兴移民国家在近现代城市建设过程中的基本规律与现象，思考城市未来发展可能性，并站在另一种文化背景下做出判断和推演，是设计课程的一次突破和挑战。同时，在完成作业的同时，学生也需要保持对中国城市发展特点、现实的平行思考，建立起中西方城市发展的批判性思维。

城市设计具体选址于南布里斯班区北侧West End地区的滨河地带，是商业、文化、工业、居住的混合使用区。面对任务，最重要，同时也是最困难的环节在于如何真切有效地掌握异国相关背景、习惯、规范，准确定位设计问题，捕获设计方向。教学中，除了前期现场调研获知的相关信息，回到国内展开设计过程中，希望师生尽可能将自己“放置”于那个遥远的环境，以一种“沉浸式”的状态进入设计的全过程。于是，教室里开始逐渐添置了与澳洲紧密相关的元素，包括考拉卡通玩偶在内的图片、报纸、新闻、规范、导则以及小物件……被安放、张贴在教室里。师生观看纪录片、各类新旧新闻视频，热烈讨论着布里斯班的历史、气候、洪水和挑战，讨论着20世纪80年代的世博会滨水建设，讨论着澳洲的文学与电影，讨论着铁轨穿越场地后造成的隔离与挑战。因场地内有一条名为“边界”（boundary）的大街，更讨论着澳洲移民初期原住民与新移民的关系及城市营建，也深入挖掘和试图理解当代布里斯班的城市发展雄心和潜力……

所有的努力，都指向着一个目标——为布里斯班做设计。

OrGreenized 以生态化产业共生为导向的城市设计 4

多元·交融·活力·持续——澳大利亚布里斯班 West End 地区城市设计与研究

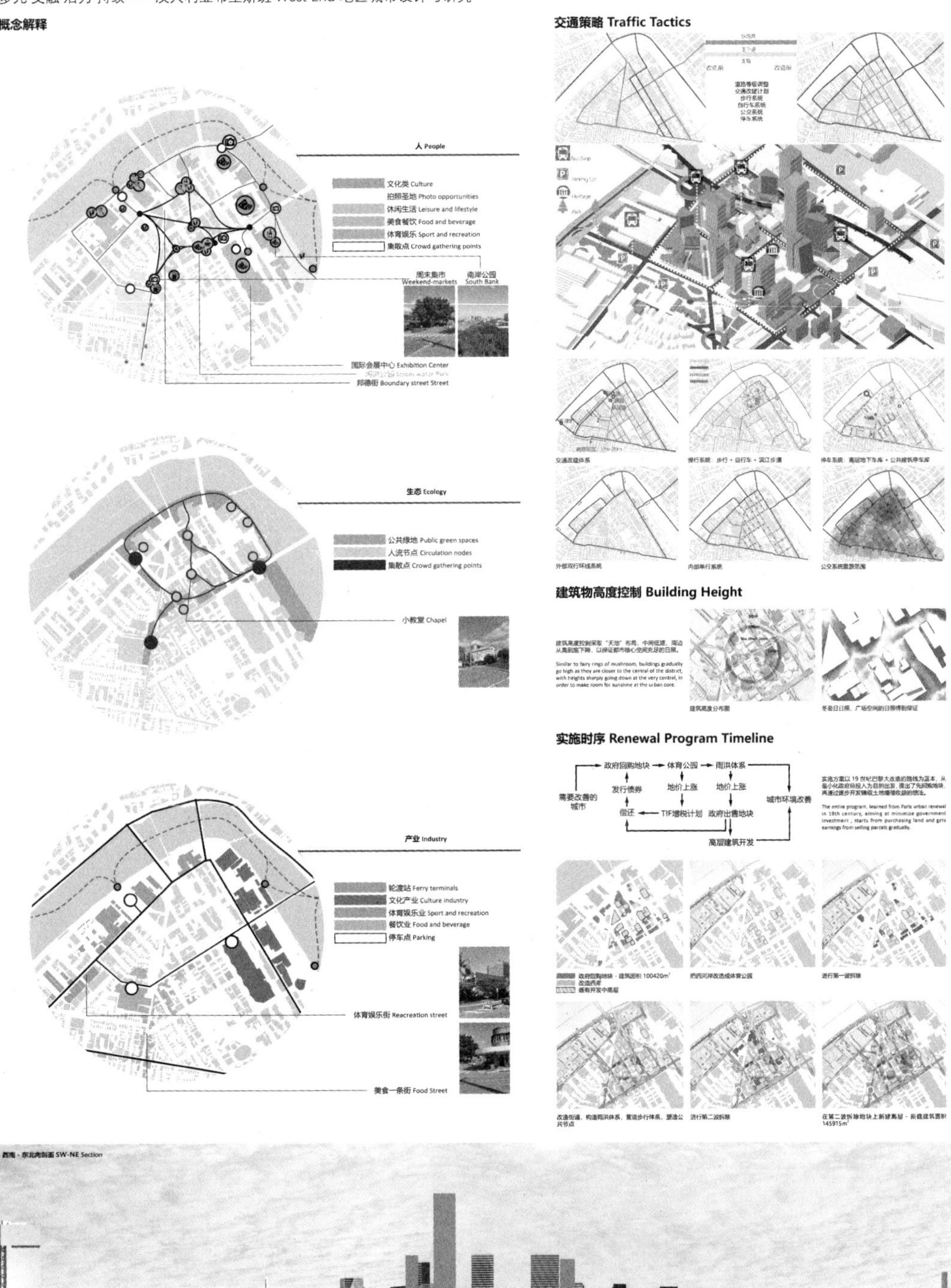

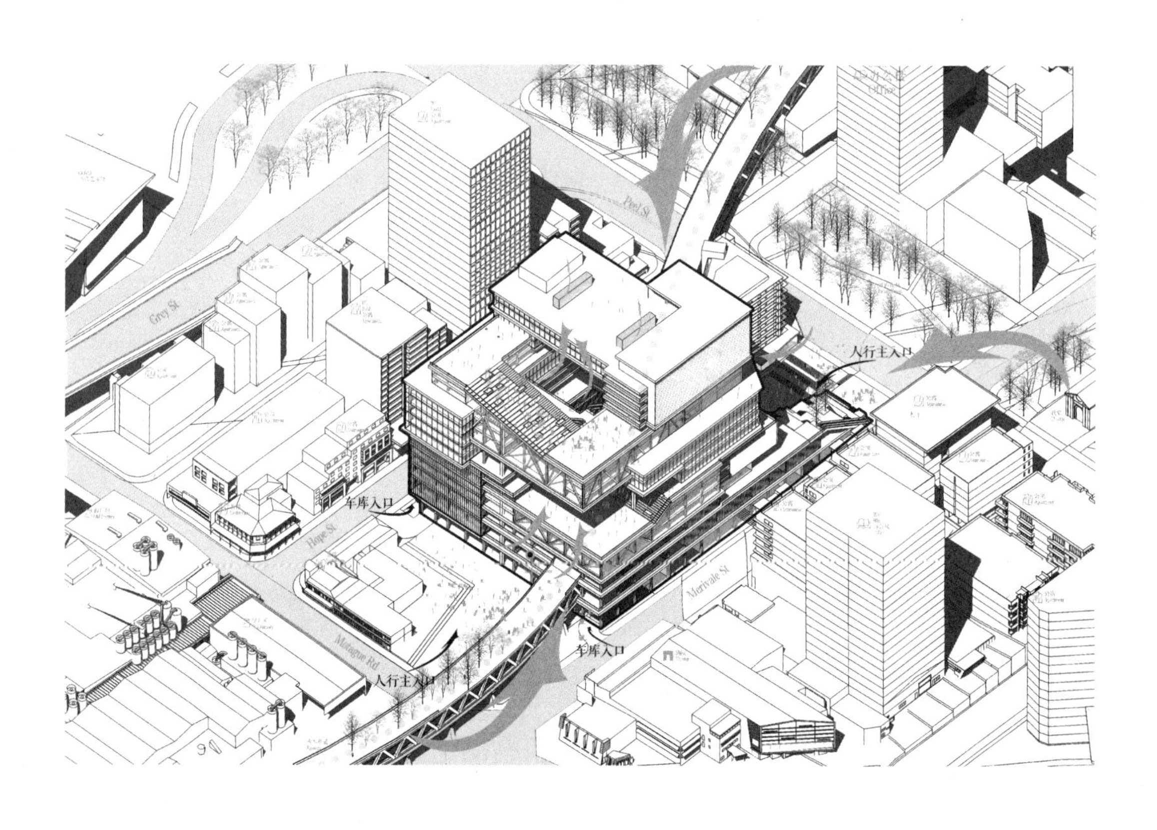
Grey St
Peel St
Hope St
Melbourne St
Montague Rd
Merivale St
人行主入口
车库入口
车库入口
人行主入口

学生热情地投身其中。在第一环节——城市设计课堂上，在充分检视了历史、现状和未来后，学生不断提出各种解答可能性，既关注研究地块本身的线索和细节，更将其放置于更大的时空关系中找寻机遇。一个个鲜明、大胆却不失理性的想法逐步呈现。过程中，我多次邀请行业专家课堂评图，在畅想与规则之间、愿景与现实之间、国际化与地域性之间、他者视点与居者体验之间……不断碰撞、研讨，不断对设计进行“打磨”，为布里斯班的城市更新献上了一个个可能的发展路径。

高层建筑设计作为紧跟其后的第二个环节，在已完成的城市设计基础上，进一步获取城市的特性、现象与规则，同步思考当代高层建筑未来发展可能性。先完成城市设计，再基于城市设计成果，选择合适地块深入单体建筑的方式，更契合实际工作流程，也更有利于学生建立宏观意识、城市意识，成为一种认识城市、辨析方向、定位局部的新机会。

从实际体验来看，这样的调整具有更强、更自然的连贯性和映射性。过程中，始终对学生强调要不断检视城市设计。这不仅有助于培养以城市视野来追寻单体建筑答案，更重要的，是给已经完成的城市设计成果一次自省、评价的过程。因此，在高层建筑设计接近尾声时，增加了一项新任务——评价和优化上一轮自己完成的城市设计。这项任务的意义在于，交图不再是城市设计课程完成的句号，而是必须经得起后续环节推敲和参照的导向。随着单体建筑设计的深入，对很多关于城市空间的具体思考也在不断加深，回头重新评估并修改自己曾信心十足的城市设计，本身是一件有强烈目的的教学安排。我持续关注的设计“生成”与“评价”一体化[①]，在这次教学中贯穿始终。

为了梦想带来的技术挑战，永远是设计进化的重要动力。对学生设计中迸发出的那些畅想的火花，作为教师，尽力和学生一起捕获、保护，并力争使它们更加光亮。无论是摩天轮植入办公楼、森林与建筑共呼吸，还是体育场馆竖向叠加，都在这次的课程中坚持到底。

① 褚冬竹. 可持续建筑生成与评价一体化机制. 北京：科学出版社，2015.

布里斯班高层建筑课程作业｜“Nature Montage”：回应自然与传统的垂直森林
设计：王逍 李丹瑞　　指导：褚冬竹

布里斯班高层建筑课程作业｜共生呼吸：基于阳光切割的悬挑单元
设计：吴家怡 刘世昂　　指导：褚冬竹

布里斯班高层建筑课程作业｜形式逻辑：综合效益驱动下的竖向渐变
设计：伍洲 吕品　　指导：褚冬竹

布里斯班高层建筑课程作业｜天空竞技：体育场馆的竖向叠加
设计：高秀千 籍梦玥　　指导：褚冬竹

布里斯班高层建筑课程作业｜旋转的浪漫：摩天轮植入后的空间异化
设计：古宴韶 汪钰乔　　指导：褚冬竹

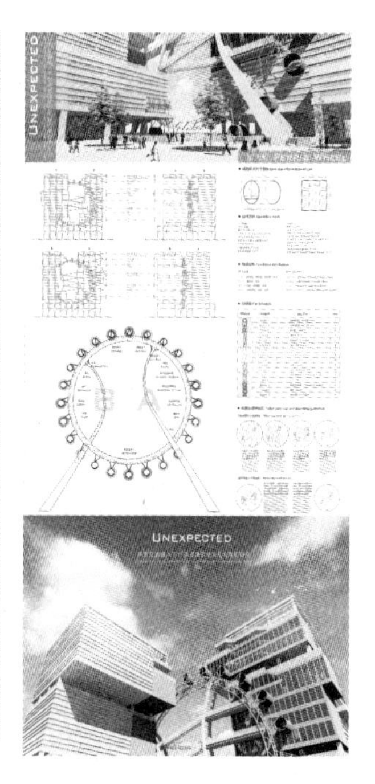

真题建造：学做建筑

建筑师都有一个愿望，把房子盖出来。尤其是在学生时代，这种愿望更成为一种梦想。做教师以来，一直在寻觅合适的机会将真实建造的可能性引入校园。2014~2015年，我与上海天华建筑副总建筑师聂欣、重庆龙湖地产胡剑（现为龙湖集团总规划师）反复商议，为学生策划了一次能够真正实施建筑设计的特别活动——真题建造。龙湖提供了一个非常重要的机会，一个可以不受通常设计周期限制的幼儿园作为这次真题建造的对象。我们把真实的建设程序引入校园，设计了一次全新的选拔人才与作品的全流程。

这个12班幼儿园位于龙湖地产的某大型住区临街的西北角处，呈不规则梯形，处于沿街商业屋面之上，南北56米，东西66米。与幼儿园教学课程中颇为宽松的用地相比，这是个更为苛刻和现实的选题。我们提出了明确的职业化要求：必须符合幼儿、运营方及家长的身体及心理需求；必须符合幼儿园经营、维护的便捷性及经济性需求；必须严格符合国家及地方相应规范，同时必须考虑独特性、经济性和可实施性。

2014年9月17日，“真题竞赛——建筑新人培养计划”设计团队选拔正式开始。竞赛向全部在校学生开放，由学生自由组队报名。来自本科三年级以上共39组学生团队登台演讲、展示团队。我们邀请了学院教师、职业建筑师、规划管理部门等专家作为评委。在长达8小时的选拔会上，各申请团队分别用形式多样的演示、演讲表达自身团队构成、设计能力和项目理解。经严格评选，6支团队当场脱颖而出，获得奖金，并进入正式设计竞赛阶段。

随后，6支队伍用3个月时间完成各自的幼儿园方案设计，其间有包含幼儿园管理方在内的多方导师参加的研讨课，并在同年底开始了“6进2”的专家评审。最终，来自本科五年级的于思、李益、游航、沈冲团队和三年级的陈艾文、欧阳玉卓、姜黎明、谭琛团队的2份优胜方案进入公众与业主投票环节。经过层层选拔，最终于思团队获胜，并参与天华建筑的施工图设计阶段。目前建筑已投入使用。

能够在求学期间参与真实项目，并将创意付诸实施，对学生而言有着极大的训练效果和吸引力。竞赛本着“先选人、再选图”的思路，遴选出优秀且具有敬业精神的学生团队进入设计环节。我将其不仅视为一次竞赛活动，更作为一次重要的课堂拓展。引导教学向设计本质回归，带领学生打开与校园迥异的外面世界的机会。从策划开始，整个活动持续了两年。这两年的幕后筹备、环节控制、竞赛选拔、方案报建、

“39进6”竞争现场（2014年9月17日）
学生记者摄

“6进2”投票现场（2014年12月23日）
学生记者摄

“2进1”现场：公众、业主与使用者投票（2015年5月16日）
学生记者摄

最终优胜方案（A）模型
设计、摄影：于思 李益 游航 沈冲

施工图纸、实施建造，感慨良多，也感恩多方的支援。我发自内心地希望能够帮助年轻学生实现一次建筑学子的梦——那是我们在这个年纪没机会实现的梦。

优胜方案模型

设计、摄影：于思、李益、游航、沈冲

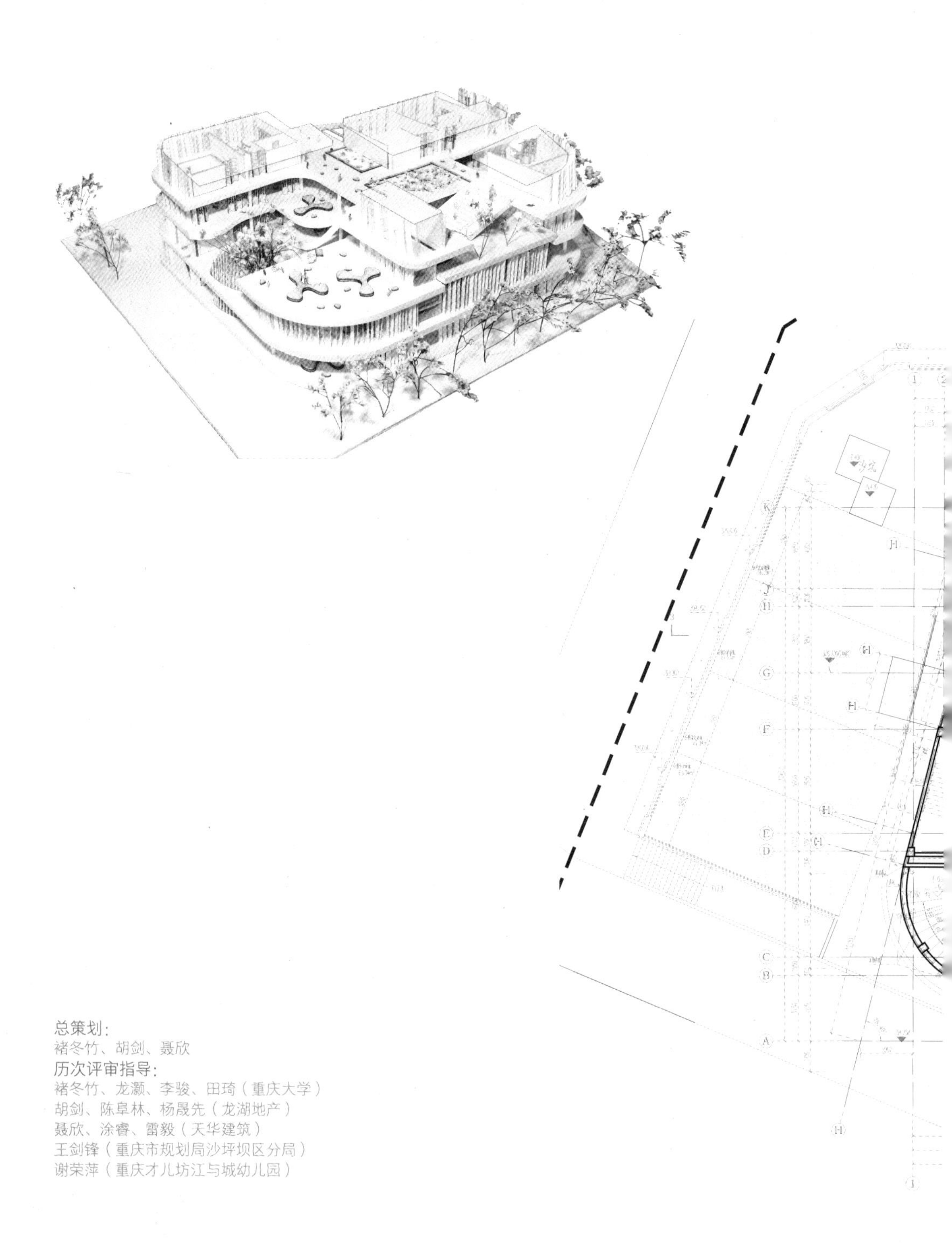

总策划：

褚冬竹、胡剑、聂欣

历次评审指导：

褚冬竹、龙灏、李骏、田琦（重庆大学）

胡剑、陈阜林、杨晟先（龙湖地产）

聂欣、涂睿、雷毅（天华建筑）

王剑锋（重庆市规划局沙坪坝区分局）

谢荣萍（重庆才儿坊江与城幼儿园）

优胜方案施工图（首层平面）
来源：重庆天华建筑设计有限公司

“39进6”入围学生团队名单

1 陈艾文、欧阳玉卓、姜黎明、谭琛
2 高长军、刘译泽、伍玥、杨南迪
3 郑世中、刘亚之、蔡坤妤、黄真
4 田晓晓、罗天、朱丹妮、郭晓芸
5 李社宸、陈思宇、郑语诗、钟易岑
6 于思、李益、游航、沈冲

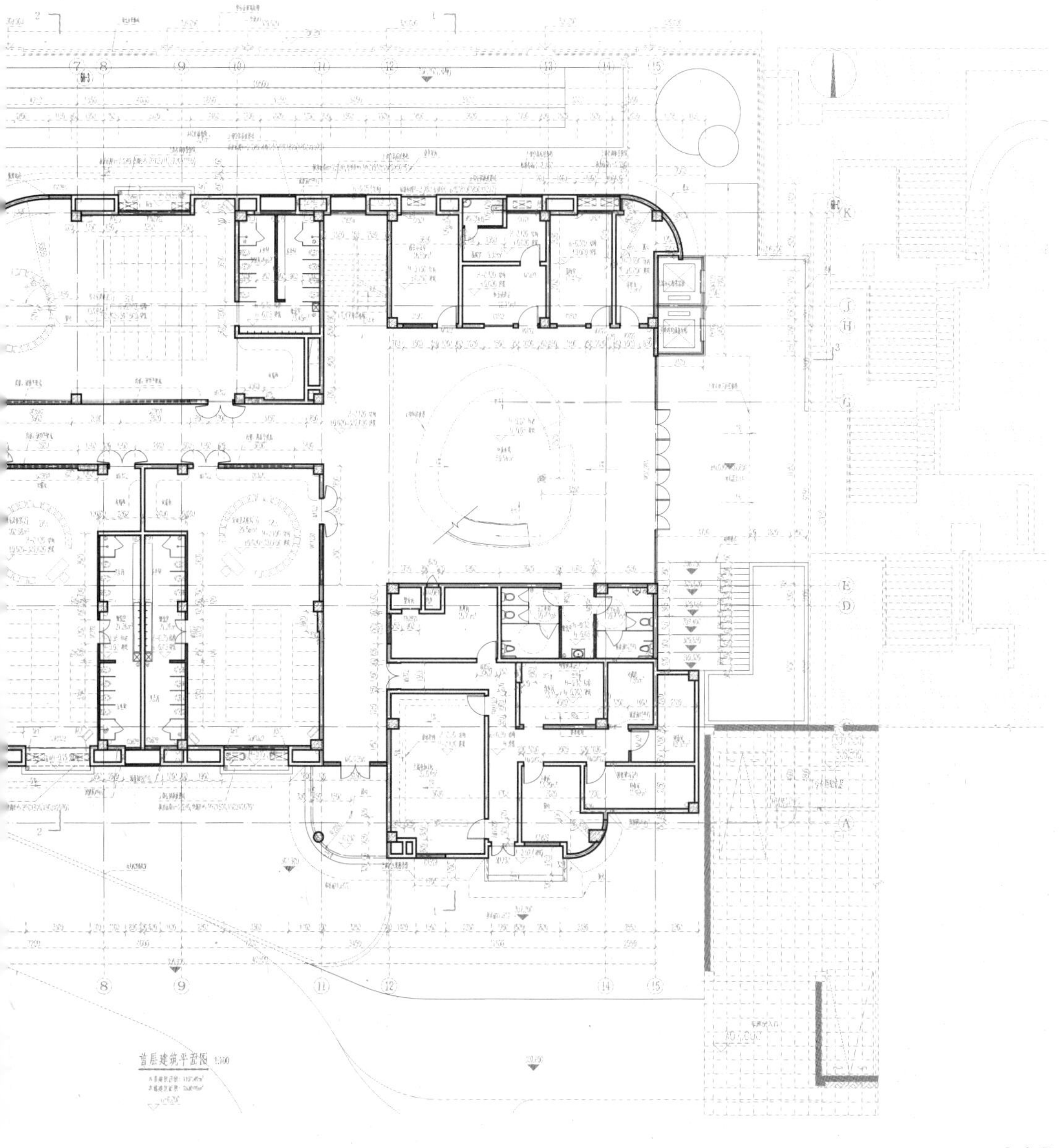

攀登者与勘探者：谈谈大学精神及研究生教育

研究生教育作为国民教育体系的顶端，是培养高层次人才和释放人才红利的主要途径，是国家人才竞争和科技竞争的重要支柱，是实施创新驱动发展战略和建设创新型国家的核心要素，是科技第一生产力、人才第一资源、创新第一动力的重要结合点。没有强大的研究生教育，就没有强大的国家创新体系。

——教育部　国务院学位委员会《学位与研究生教育发展“十三五”规划》（教研〔2017〕1号）序言摘选

研究生教育是现代大学的重要职责和主要阵地，在“科技创新、产业结构转型升级、优秀文化传承”[①]中发挥着重要作用。作为“本科毕业之后”（postgraduate）的提升学习阶段，研究生教育理应具有与本科阶段不同的要求和期待。世界范围内，使用“postgraduate”一词

阿尔卑斯山勃朗峰（Mont-Blanc）| 夏蒙尼（Chamonix），法国（近法、瑞、意三国边境），瑞士

来定义本科学习之后的继续研究阶段，首次出现在1858年，而将其明确指代一类特定的学生，则已是1877年[2]。中国也积极探索研究生教育这一高层次人才的培养方式。1913年，北洋政府教育部颁布的《大学规程》中，已有研究生类别的前期雏形，效仿日本的“大学院生”。所谓“大学院”，即“大学教授与学生极深研究之所……由院长延其他教授或聘绩学之士为导师”。1917年，北京大学文理法三科研究所相继成立并开始招生（当时称为研究员），标志着我国研究生教育正式进入实践阶段[3]。1929年，国民政府颁布《大学组织法》，第八条规定：“大学得设研究院。”由此，高校研究院招入的学生，便开始称为“研究生”。1935年，效仿英美体制的《学位授予法》颁布，规定学位分学士、硕士、博士三级，这也是中国现代学位制度的开端，但动荡时代何谈教育？自《学位授予法》颁布至中华人民共和国成立的14年里，全国授予硕士学位仅232人。

是的，仅有这232人。今天，一个稍大的院系每年授予的硕士学位数量已可超过那14年的全国总和，而1个导师指导的在校研究生总数能与当时的全国年均授位量（不足17人）相当。从1981年到2017年，我国授予硕士、博士学位已超过800万。在《学位与研究生教育发展“十三五”规划》中提出，要“保持研究生培养规模适度增长”，到2020年，全国“千人注册研究生数达到两人，在学研究生总规模达到290万人”。若按每年60万左右的研究生总招生数量看，这个规模已是民国时期年度平均的3.6万倍了。

1：36000——如果按此比例绘制为一张挂在墙上的地图，基本可容下一个大城市的主要城区。是的，从一张纸到一座城，就是这样的扩张关系。作为教育工作者，对此没有理由不自豪，更没有理由不慎重。2015年起正式启动的“双一流”建设工作，成为提升我国高等教育综合实力和国际竞争力的重要举措[4]。面对宏大战略目标，学校、院系、团队、个人，百舸争流，唯恐掉队。一流的研究生教育，也成为“双一流”建设中的重中之重。此处暂不书写任务的开展与执行，先谈几点思考：

大学精神何在？大学精神与民族、权力、政治和理想相关。西方的大学制度历史悠久，大学历史自意大利发端。1088年，欧洲的第一所大学，也是世界现存最古老的大学——博洛尼亚大学（Università di Bologna）建立。不难查到，皇帝费德里克一世（Frederick Barbarossa，1122~1190）曾于1158年颁布法令，规定了大学不受任何权力的影响，作为研究场所享有独立性，以培养能够引领社会发展的精英和栋梁，因此已有千年历史的博洛尼亚大学以独立、向上、自由和创新精神闻名于世，也激励着全世界的学者。但凡提及这所古老大学时，都不能不提及这位皇帝的开风气先河之举。

但大学研究真的可以独立吗？不妨细看历史。这位来自德国，曾6次远征意大利的费德里克，直到1155年6月18日才在罗马圣彼得大教堂加冕为神圣罗马帝国的皇帝——那是他第一次远征后的最重要成果。当天罗马人进行了抵制暴动，但毫无悬念地遭受镇压。上千罗马人死亡，数千人受伤。当然，这并不妨碍历史上对费德里克一世的综合评价。不少历史学家认为他是神圣罗马帝国最伟大的中世纪君王之一，不仅因为他在战场上的过人谋略，更因为常人所不能及的政治敏锐和治理思维。他清楚仅靠血腥战争无法解决所有问题。征讨意大利期间，费德里克颁布了法规《土地的和平》(*Peace of the Land*)[5]，篇首阐述了这部简短法规的精神，其中一句写道“do wish to preserve to all persons whatever their rights”（愿维护所有人的一切权利），道出了费德里克赢取人心的关键。费德里克太清楚法制规则的意义。因此，他对欧洲的重要贡献还有重建《罗马法典》（*Corpus Juris Civilis*，或称*Roman Rule of Law*）。关键的是，它制衡了教皇权力。

而在费德里克出生前34年便已建校的博洛尼亚大学，原初目标正是研究法律。当时众多被称为注释者的语法学、修辞学和逻辑学学者们聚集一堂，共同评注古老的罗马法法典。而这样的机构正契合了费德里克心中所愿。出于对法律的重视和与教会的矛盾，才真正触发了他对这所大学的赋权，规定了其研究不受任何权力的影响——这里对抗的“权力”当然来自教会。1158年6月，即赋权大学研究自由的当年，费德里克开始了第二次意大利远征。这次远征最终强占了米兰，并开始了与教皇亚历山大三世的长期斗争。数年后，费德里克从米兰圣尤斯托乔教堂（the Basilica di Sant'Eustorgio）取走具有重大宗教意义的东方三贤士金神龛（Biblical Magi）[6]，作为礼物（战利品）送给了德国科隆大主教莱纳尔德（Rainald Von Dassel）。今天，它们仍留在距离米兰600公里以外的科隆大教堂。赋权给大学以研究自由的费德里克，却靠权力轻易夺走他人的权利。这便是历史，作为一名高超的政治现实主义者，费德里克抓取了那个时代的盼望和精神，这份自由精神出于十足的现实需求，与它所在的时代紧密相关。

此处之所以不吝笔墨，是因为必须明确，任何大学从未游离出它所在的时代与土地。13世纪初，博洛尼亚大学开始限制学术自由，大批师生从博洛尼亚大学脱离，搬到博洛尼亚以北的帕多瓦，建立了帕多瓦大学（Università degli Studi di Padova）。这是后话。

既然如此，那接下来的问题我便有了答案。

大学为何存在？布鲁贝克（John Seiler Brubacher）在《高等教育哲学》[7]中将大学的存在视为哲学问题。20 世纪，大学确立地位的主要途径有两种，即存在着两种主要的高等教育哲学：一种哲学主要是以认识论为基础，另一种哲学则以政治论为基础。认识论哲学观认为大学应首先承担起学术责任，是启迪民智、增强国力的重要途径；政治论哲学则追求大学对社会需要的适应，主张大学的主要价值在于社会服务、促进国家经济和社会发展。如果说认识论强调知识自身的逻辑，出发点是知识，那么政治论哲学则突出知识背后的价值，其出发点虽然也是知识，但着力点是指向所要解决的社会问题[8]。大学的存在与价值观不会是单一的。无论是研究学术，还是服务社会，两者并没有真正对立。服务社会是目标，但如何服务社会，那必然依赖于研究学术和培养人才。研究生制度，便是在这样的背景和期望下建立。

作为众多推进国家进步和人类福祉的组织机构和执行形式之一，大学及研究生教育承担了沉甸甸的担子。

研究生的教育质量关系着国家创新力、影响力、竞争力，世界一流大学无一不重视研究生教育，通过一流的研究生教育来实现其一流学术成就和学术声誉。如美国近年来发布了一系列提升研究生教育创新力和竞争力的法案和报告，其重要目的就是保持研究生教育的领先地位。1999年6 月，29个欧盟国家教育部长曾齐聚博洛尼亚，共同签署了《博洛尼亚宣言》，揭开了“博洛尼亚进程”（Bologna Process）的序幕。该计划执行以来，欧洲一直致力于整合欧盟的高等教育资源，建立统一的欧洲高等教育框架，竭力提升欧洲高等教育尤其是研究生教育的吸引力。各国已有充分共识——“没有强大的研究生教育，就没有强大的创新体系”[⑨]。

在《学位与研究生教育发展“十三五”规划》的千字序言中，3次提及“服务”，4次提及“竞争”，5次提及“国际”，8次提及“质量”，9次提及“培养”，14次提及“创新”，16次提及“发展”。服务、竞争、国际、质量、培养、创新、发展，可构成当代中国研究生教育思考与行动的核心关键词——服务为职责，竞争为鞭策，国际为视野，质量为根本，培养为途径，创新为关键，发展为目标。在从教育大国迈向教育强国的路上，中国从未懈怠。

那么，当代研究生应如何？在扩展了3.6万倍规模的研究生群体里，是否依然只懂得研究“高深学术”？这个快速变化、努力前行的时代，本身充满着竞争和挑战，更需睁开双眼看到窗外的变幻景象。谨以攀登者和勘探者来表述一种期待：

攀登者是向上进发，仰望目标，脚踏实地，在攀登过程中即使遭遇艰险困苦也有继续前行的勇气和毅力，以及对路径、方法、工具的充分准备和熟悉，并可能在特殊意外面前以创新的办法妥善解决。

“为什么要登山?”

“因为山就在那里。”

英国探险家乔治·马洛里（George Mallory）1923年的这句回答早已如雷贯耳。它是攀登者的信仰，瞄准目标，理智进发。而勘探者不同，目标还不明朗，也许是大致范围，甚至连大致范围也可能不甚准确，他们必须深入野外，探寻查找。学问和成果都是“用双脚走出来”[10]的，深钻详探，在既有技术条件下尽可能保证勘探的准确收获。资源不是随便拂去尘土便可直接呈现的，它不仅需要往深处探知，更需要在广阔范围内逐步搜索，逐渐收缩范围，接近目标。

攀登者与勘探者，虽没有穷尽我所理解的研究生诸多素养，但他们涵盖了我期待的关键素养，包括瞄准目标不放松的坚持和纵深探求不跳跃的理智，当然更关系着环境、科技、体能和团队，以及一点点运气。

再说回古老的大学。1222年，由博洛尼亚出走师生组建的帕多瓦大学在创立初期，以“自由学者组织”形式存在。学生根据生源地划分建组，并以此通过学校章程，选举校长，招聘教师，甚至教师薪酬都由学生募款而来。因此，保卫学术自由成为帕多瓦大学的精神核心，在800年学校历史中从未遗忘。时至今日，帕多瓦大学依然践行着“为帕多瓦、宇宙以及全人类的自由而奋斗”的校训。

我曾参观过这所古老的大学。伽利略、但丁曾在这里授课，哥白尼、圭恰迪尼[11]、塔索[12]曾在这里学习。在它古老的医学院内，看到了那个已存在400余年的解剖学教室。那是世界上最早的解剖室，平面近似椭圆，近10米高的空间完全与室外隔绝，照明靠的是顶棚的蜡烛和解剖台旁助手手里的烛光。底部中央为演示区，围绕中心逐层上升、渐次放开的是学习区。上课时，教授于底部中央进行现场教学，学生则站在上层木质围栏边观察聆听。当时，即使是教学，解剖人体仍是被禁的，加之防腐储存条件限制，授课都在冬天秘密进行。解剖台可升降，一旦发现有教会侦探或警察到来，解剖台立即下降，尸体被降至暗道里藏起来。就这样，帕多瓦大学医学院培养出一批批杰出人才，为这个国家乃至欧洲贡献了智力、知识与健康。

从这个略显昏暗拥挤的教室出来，仿佛亲临了一堂烛光摇曳的解剖课。走出医学院，便是帕多瓦老城中心。强烈的阳光洒在古老的铺砌路面和浅白色大理石墙上，有些睁不开眼。在路边咖啡馆坐下，看着熙攘行人，突然想，当年伽利略、哥白尼从这里走过时，天空是否也是这么灿烂?

大学发展，如千帆竞发、百舸争流。世界大学之竞争，可粗分三档：第一档为领袖精神之争，这类大学历史悠久，影响深远，如今虽规模不大且不全在顶尖名单内，但只要走进那数百年前的讲堂、教室，一种屏息凝神的力量自然袭来，真实而强烈；第二档为现世影响之争，在当代引领科技、文化的孕育和成长，也直接推动国家和民族的建设发展，今天世界各类榜单上的名校便是其中翘楚，以论文比拼为代表的核心判断依据虽已被全球学者诟病，但事实上，大致围绕的依然是那几项关键指标；第三档为硬件条件之争，容易理解，暂不赘述。

“一流之人能识一流之善”[13]，最终大学比拼必将回归精神引领的影响力。未来中国，将会有“若干所大学和一批学科进入世界一流行列”，也会向着世界一流的研究生教育目标迈进。在学科建设、培养质量、硬件设施的背后，我们与世界顶尖大学之间，必定还存在着理念之辩。对大学精神的讨论，是由大变强过程中显然绕不开的问题。

荷兰代尔夫特理工大学建筑学院原系馆火灾现场（摄影：邹可）

2008年5月13日，代尔夫特理工大学建筑学院一场因咖啡机故障引发的大火整整燃烧了三天，将这幢1964年由“Team 10”重要成员贝克马（Jacob Bakema）、凡·登·庞茨（Van den Pants）共同设计的教学大楼彻底摧毁。

灾后，大学与学院迸发出了惊人的组织执行能力，凭借一贯的果断、创新、务实之风，竟将一场悲剧演变为一次发展机遇和专业教育范本。火灾后数日，帐篷教室搭建完成，教学活动不间断进行；6月初，系馆建设工作组成立，代尔夫特理工大学原主楼（原本已设计为公寓）被确定为临时建筑系馆，并委托设计工作由Braaksma & Roos、MVRDV、Fokkema、Kossmann de Jong、Octatube等5家建筑事务所协同分工，承担改造设计工作；7月上旬，设计方案出炉；暑假，深化设计，同期进场施工；9月，部分师生开始入驻“新”系馆；当年底，系馆整体投入使用；次年5月13日，一场名为“创造未来”（Making of the Future）的学术研讨会在新系馆举行，会议感慨地回顾了那不平凡的365天，而这幢原计划仅供临时使用的建筑因其改造高质量也将持续使用下去（位置见本书194页照片所示）。今日，这所被火灾重创的建筑学院仍在持续攀登，位列世界建筑学科排名榜单的顶端。大学精神，不在大楼，不在硬件，而在聚集其中的头脑、态度和远见。

---

① http: //www.moe.gov.cn/srcsite/A22/s7065/201701/t20170120_295344.html.

② https: //www.merriam-webster.com/dictionary/postgraduate.

③ 中央教育科学研究所编．中国现代教育大事记（1919—1949）．北京：教育科学出版社，1988.

④ 2015 年国务院印发了《统筹推进世界一流大学和一流学科建设总体方案》，明确提出要加快建成一批世界一流大学和一流学科，提升我国高等教育综合实力和国际竞争力，为实现“两个一百年”奋斗目标和中华民族伟大复兴的中国梦提供有力支撑。

⑤ 来源参阅https: //avalon.law.yale.edu/medieval/peace.asp，其中包含行为约束、争端解决及惩处措施共计19条，甚至详细至何种情况下会被钳子拔头发作为惩罚。

⑥ Biblical Magi也被称为东方三博士、三智者，在马太福音和基督教传统中，他们带着黄金、乳香和没药作为礼物，在耶稣出生后拜访了耶稣。

⑦ 约翰·S. 布鲁贝克．高等教育哲学．杭州：浙江教育出版社，2001.

⑧ 杨桂华．大学理念与大学发展战略．中国高教研究，2010（11）.

⑨ 刘延东．在全国研究生教育质量工作会议暨国务院学位委员会第三十一次会议上的讲话．中国教育报，2015-01-05.

⑩ 温家宝．温家宝地质笔记．北京：地质出版社，2016.

⑪ 圭恰迪尼（1482 ~ 1540），意大利文艺复兴时期标志人物，外交家，人文主义史学家。1482年出生于佛罗伦萨豪门贵族家庭，早年就读于帕多瓦大学，任佛罗伦萨大学教授，后转入政界。

⑫ 塔索(1544 ~ 1595)，意大利诗人，文艺复兴运动晚期的代表，曾在帕多瓦大学学习法律，但对古典文化和哲学十分热爱，代表作是叙事长诗《被解放的耶路撒冷》。

⑬（三国魏）刘劭《人物志·接识》：“故一流之人能识一流之善，二流之人能识二流之美。”

孟加拉国工程技术大学（BUET）
建筑学院｜达卡，孟加拉国

至今仍是世界上最不发达国家之一的孟加拉国，却不仅拥有如路易斯·康这样的现代主义建筑大师作品，更在本土建筑教育的路上走得艰辛但坚定。1962年，达卡Ahsanullah工程学院升级为大学（即今天的BUET），迫切需要建立为本土培养专业人才的建筑院系。美国德州农工大学（Texas Agricultural and Mechanical University）派出教师、建筑师参与援助创建。理查德·埃德温·弗鲁曼（Richard Edwin Vrooman）任首任院长，并担纲设计了这座建筑系馆（该建筑也被称为孟加拉国现代建筑教育的象征）。该建筑的标志性特征是外立面的预制混凝土百叶板，既为栏杆，同时也为建筑带来了柔和的光线和空气。

1966年是孟加拉国建筑办学史上具有里程碑意义的一年。这一年，首批5名建筑学专业本科学生毕业。另外还有6名在美国学习建筑的孟加拉年轻人重返祖国，开启了师资队伍本地化的历程。目前，建筑学院拥有专业教师近40人，包含硕士生在内的在校生近400人。

大学精神在于扎根本土，即使条件艰苦但仍不离不弃、奋进前行。家国情怀，在任何一个国家都是被赞颂激励的宝贵精神。

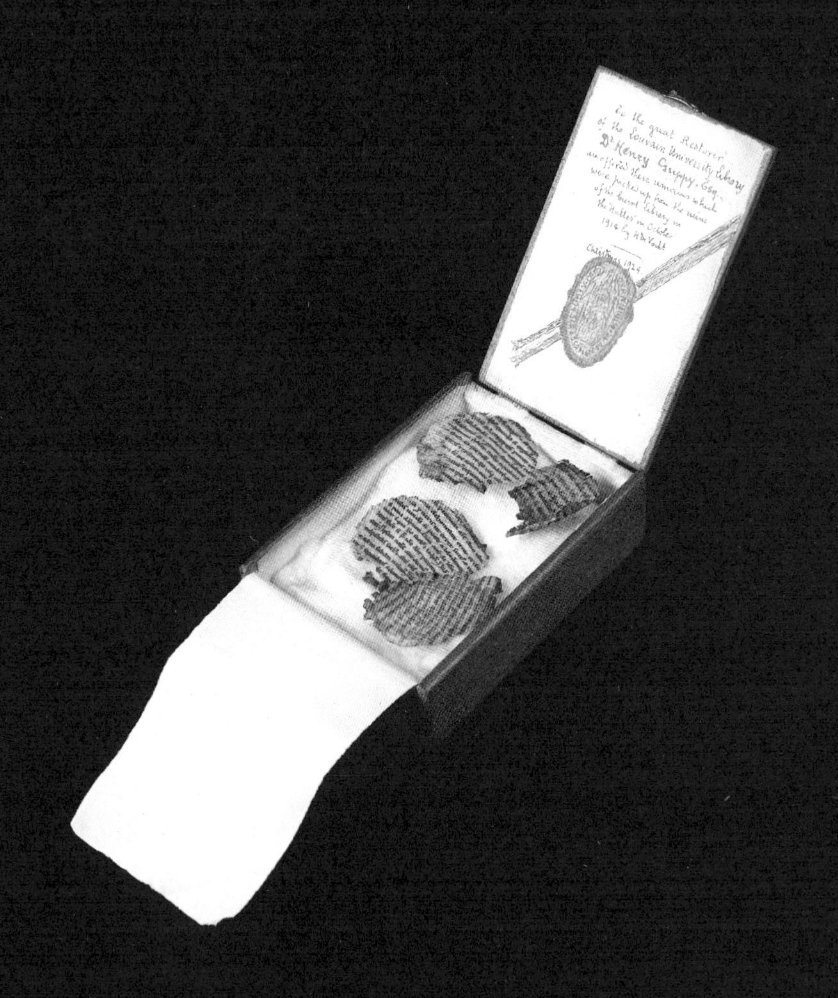

这座历史悠久但命运多舛的大学图书馆重要藏品曾在19世纪被掠至法国，建筑更在前后两次世界大战中被德军彻底损毁（1914,1940），大量书籍和珍贵手稿永远消失。目前建筑是“二战”结束后，根据“一战”后的重建图纸复建的结果（即一套图纸建了两次，“一战”时被毁后由美国建筑师惠特尼·沃伦（Whitney Warren）完成设计，但重新修建的图书馆在“二战”英、德交火时不幸再次被毁）。战争对文化的野蛮摧残引起了国际学术机构和学者们的普遍愤怒，并于“一战”后在英国曼彻斯特大学约翰·瑞兰德图书馆亨利·古皮（Henry Guppy）等人的倡议推动下，展开了国际化的捐赠帮助。遗憾的是重新收藏的书籍、手稿、艺术品在“二战”中被再次付之一炬。大学精神，体现为对人类文化的珍视和对野蛮的不屈。

1924年，鲁汶大学图书馆赠送给亨利·古皮（Henry Guppy）的战后留存的手稿碎片，赞誉古皮为“鲁汶大学图书馆的伟大修复者”。
来源：曼彻斯特大学数字图书馆

鲁汶大学图书馆｜鲁汶，比利时

贰

研究

RESEARCH

科学研究与建筑学研究

发现是科学的全部。

——N.R.汉森（N.R.Hanson），《对发现的剖析》（*An Anatomy of Discovery*），1967

1

建筑学虽必有研究，但“科研”早已不再单纯围绕设计展开，而是建筑学（尤其是建筑设计）教师必须面对的新增挑战和思维转型。它不仅需要紧密结合设计、服务设计，更需要跳出设计、放眼城乡、凝练问题、引领设计，已形成相对独立的“科研”语言、语境和方法。在讨论建筑学研究之前，先看看科学研究的来历与特征。

科研，即“科学研究”，是“为了增进知识以及利用这些知识去发明新的技术而进行的系统的创造性工作”，还是“对已有知识的整理、统计以及对数据的搜集、编辑和分析研究工作”？是“利用科研手段和装备，为了认识客观事物的内在本质和运动规律而进行的调查研究、实验、试制”，还是“探求反映自然、社会、思维等客观规律的活动”？可能没有哪一种定义可以完美精确地表述科研，但至少可以明确几层共同确立的含义：

（1）科研是面对问题和目标的发现、探索的过程；
（2）科研是实事求是地探求客观规律的过程；
（3）科研具有创造性，但不是每项科研任务都具有创造性；
（4）科研具有明显的探索性、迭代性和发展性，原地踏步不是真科研；
（5）科研是新知识生产的重要手段，而知识的来源则是科研立足的核心。

知识生产与科学研究关系密切，拉丁语中“scientia”（知识）便是“science”（科学）一词的起源。理解知识来源，就是理解科学研究的第一步。关于这一点，欧洲的古典经验主义（英国哲学学派，代表为培根、洛克、贝克莱和休谟等）和古典理性主义（大陆哲学学派，代表为笛卡尔、斯宾诺莎和莱布尼茨等）之间曾有旷日持久的论争。英国学派坚持认为，一切知识的最终源泉是观察，而大陆学派则坚持认为，知识的终极源泉是对清晰明确的观念的理智直觉。这场争论，孔狄亚克（Etienne Bonnot de Condillac）[①]在书中也没有给出令人信服的答案。卡尔·波普尔（Karl Popper）[②]在《猜想与反驳：科学知识的增长》[③]中认为并“不存在终极的知识源泉”。他反对树立权

尼科洛·塔尔塔利亚（Niccolò Tartaglia）的《新科学》（1537）卷首插图

欧几里德控制着知识城堡的大门。城堡内部有一门迫击炮和一门加农炮正在开火，为的是示意炮弹的路径。内部堡垒的入口需要经过数学，塔尔塔利亚本人站在它们中间。内部最核心是哲学，由亚里士多德和柏拉图陪伴。

威，“观察和理性都不是权威。理智的直觉和想象极端重要，但它们并不可靠：它们可能非常清晰地向我们显示事物，但他们也可能把我们引向错误。观察、推理甚至直觉和想象的最重要功能，是帮助我们批判考察那些大胆的猜想，我们凭借这些猜想探索未知”。

波普尔在剖析知识源泉的同时道出了我所理解的科研之魅力——批判与探索。无论哪个领域、哪个学科的发展，都离不开对既有知识的质疑与修订，离不开对新问题的客观求真和反复探究。“对一个问题的每一种解决都引出新的未解决的问题；原初的问题越是深刻，它的解决越是大胆。”问题是科研的起点。问题的质量决定了成果的质量。

但必须明确，批判和探索的前提，首先是先前知识的积累和稳固。每一次研究的突破离不开对传统的深度洞察，批判是为了更好地传承。于是，科学研究的特征便已浮出水面——传承、批判、探索、客观。

事实上，“科学”一词的现代意义用法并不久远。英国科学促进会（British Association for the advancement of Science）成立时（1831年），“科学”（science）才获得了现代的含义，开始专指物理和生物学科。因为物理和生物需要具备不同于其他学科的严密性与确定性，由此出现了狭义的科学方法和技术要求。而这样的方法和技术逐渐被其他领域借用（或是误用），以此证明其结果的严密与正确。对此，哈耶克（Friedrich August von Hayek）曾直接批判，模仿科学的方法而不是其精神实质的抱负一直主宰着社会研究，它对我们理解社会现象却贡献甚微。[4]这样的批评听上去似曾相识，因为这种尴尬也正在建筑学领域中不时上演。

因此，方法是科研的关键。法国哲学家、物理学家、数学家笛卡尔曾出版了《屈光学》《气象学》和《几何学》三本书，后于1637年合并为一本书出版。笛卡尔在该书序言中阐述了自己的方法，序言名为《谈谈在科学中正确使用理性、寻找真理的方法》（一般简称《方法谈》，亦有译为《谈谈方法》）。笛卡尔最初给这篇文章拟的题目很长——《关于一种能够最大限度改进我们本性的普遍科学的规划》，最后改用《方法谈》。虽然笛卡尔坚称，这篇文章算不上“论”，只不过是一则“通知”(avis)，但这篇序文最大的贡献，是列出了4条关于科学的箴规：

第一，任何事情只要我不能确知为真，就不可接受为真。这意味着，不要仓促下结论，不要

笛卡尔
（Rene Descartes, 1596~1650）
维特鲁威
（Marcus Vitruvius Pollio，约公元前1世纪）

有先入之见，在作判断时，只考虑那些我清晰明确地意识到没有任何怀疑理由的证据。

第二，把我考察的每个难题分解为尽可能多的子问题，以便更好地解决它们。

第三，让我的思想遵循恰当的顺序，从最简单、最易知的对象开始，逐级向上，直至最复杂的知识，即使在没有自然顺序或优先级的对象之间，也要假定某种顺序。

第四，在整个过程中列举要尽可能详尽，考察要尽可能彻底，确保毫无遗漏。⑤

时至今日，这四条来自近400年前的箴规仍然可以引导我们的工作，即使是用以讨论建筑学科研也毫无障碍。伟人确实是伟人。

2

当代，关于科学领域划分有了一定共识，一般认为，科学分为自然科学、社会科学和思维科学三大领域，其中，自然科学研究的是自然界运动规律，社会科学研究的是社会运动规律，思维科学研究人类思维活动规律。作为三大科学的研究“工具”，把哲学与数学作为三大科学的共同“方法科学”列出，因而又把科学划分为自然科学、社会科学、思维科学、哲学、数学五大门类——哲学揭示一般规律，数学揭示数量关系。

问题来了。即使基于最粗浅的建筑学知识也可以判断，建筑学与上述五大门类都有关联。几乎每一项建筑设计和建设任务均包含显而易见的客观规律和共性原则，包含对自然、社会、思维的特定问题及规律的剖析和运用，包含在不同维度、不同领域深入挖掘

的可能性。但我们知道，科学研究强调和倡导的是揭示规律、问题导向、聚焦矛盾，显然越是模糊多义，越不利于研究开展，那“八宝粥”似的建筑学研究应当如何定位、如何开展，便成了一个不大不小的麻烦。

归根结底，这还是关于建筑学的属性疑惑，就像追问“斑马到底是黑条纹的白马，还是

白条纹的黑马”[6]一样。建筑学学科虽归于工学门类，但其目标、职责、实践已经决定了它所涉及的科学研究必然是多重叠加的——自然科学、社会科学、工程科学、设计科学。[7]前两项不必赘述，其内涵和外延已能够明确。工程科学也是现代科学的重要组成部分，是现代科技、历史经验、文化、艺术及传统生存技能的共同结晶，是以基础科学（自然科学）原理通过各类技术途径（结构、设备、信息、材料）应用于人类生活、建设及其他工程实践中的各类应用学科集合。设计科学则是基于设计这一特定创造性思维及实践活动，研究设计全过程相关科学问题的特定集合，具备自然、社会、工程三个科学属性并基于它们的基本规律、基础条件和约束规则，利用设计思维及执行规律，在各类设计工具的支撑和辅助下，综合性、创造性、艺术性（有条件和需求时）地解决具体问题，完成具体设计对象，形成设计产品。

当然严格地说，这四个科学属性并没有在一个归类层级上。通常广义的自然科学和社会科学已包含后两者相关内容或部分内容，但过于模糊和宽泛必然会遮掩事物的具体症结，故在关于建筑学科学研究的探讨中，将四个属性一并列出，提取各自最核心和相对狭义的属性，才有助于呈现基本特征、明确特殊性，也有助于推进接下来关于建筑学研究与理论的讨论。

建筑理论是对建筑实践认知、思考、评价、诠释、规定的系统化文本表达。公元前1世纪，罗马帝国首任元首盖维斯·屋大维·奥古斯都（Gaius Octavius Augustus）雄心勃勃地开启了空前的建造——从制度到城市。一名服役于罗马军队的工程师，决心用一部建筑指导用书服务于这个前所未有的时代，并期望“把（建筑）这门伟大学科的所有知识整合成一个完整的体系”。这个信念最终促成了真正意义上建筑学理论的诞生。

但是，如果这位名叫马库斯·维特鲁威·波利奥（Marcus Vitruvius Pollio）的工程师仅对当时具体的技术、工具、流程进行如实记录，那么这部名为《建筑十书》（*De architectura*）的著作依然难成为影响至今的“建筑理论”。作为建筑学知识建构与传承的根本方式，建筑理论的生产、传播、留存是公平且有条件的。“试错”和“筛选”成为凝结理论、生产知识的基本途径。大量曾经行之有效的实践经验在时间推移中可能被淡忘或遗弃，而那些证明有效或有价值得以广泛传播的文本才成为理论体系中的关键和内核。因此，从这个角度看，除了奠定多学科关联整合的建筑学独特视角外，维特鲁威持续至今的最大贡献并不仅是那些建造具体技法和相关学科记述，也不仅是“firmitas”“utilitas”“venustas”——建筑学发展历程中最重要的三个关键词——坚固、实用、美观，更在于他在96篇短文中构建了时至今日都与建筑学理论清晰相关的若干重要话题——建筑教育、城市选址、水文评测、气候适应、建造机械、工艺方法……无论这本关于建造的指导用书是出于对奥古斯都的献礼还是对工程本身的热忱，维特鲁威已经掀开了建筑学最秘不可言的那个盒子。《建筑十书》的写作体例也成为后人不断效仿的对象，据此诞生过多部建筑论著，如《建筑十书》(阿尔伯蒂，Leon Battista Alberti)、《建筑四书》(帕拉第奥，Andrea Palladio)、《建筑五书》(塞利奥，Sebastiano Serlio)等。自此，建筑实践与理论建构便并行开展，在本体、主体及边界各层面逐渐丰富并确立着这个学科的内涵和存在。限于篇幅和学识，下文暂以“设计”为对象，粗浅展开近代“研究”在建筑学中的位置、角色和意义的讨论。

3

18~19世纪，工业技术、建筑材料、机电设备、交通工具等近代技术文明剧烈地推动着建筑发展。对建筑设计理论、设计方法的研究开始呈现出与古典分野的现代性萌芽。有趣的是，在那个呼唤新认知体系的时代，走在建筑学理论变革最前端的竟是“非专业”人士。

法国神甫劳吉尔（Marc-Antoine Laugier，1713~1769，亦有译为洛吉耶）在寻求建筑学理性源泉方面颇为热切而彻底。在《建筑学论文》(*Essai sur l'architecture*，1753)一书中，依据维特鲁威提出的虚构场景，他将建筑原型的起点直接追溯原点：最早的建筑即为原始棚屋——这是由四根树干和一组三角形屋架构成的基本结构。劳吉尔主张最好的形式应该根植于功能或结构的需求，建筑基本系统只有柱子、门柱和山墙，而拱顶、拱门、基座和壁柱都不是这个系统的一部分，甚至连古典建筑中的重要元素拱廊也被列为“滥用”，以鲜明态度在古典建筑时代掀开了早期的“理性主义”萌芽。劳吉尔本人也被认为“或许可被称为第一位现代建筑哲学家”⑧。

1809年，英国国会议员兼历史学家米特福德（William Mitford，1744~1827）出版了《建筑设计原则：依据建筑观察》(*Principles of Design in Architecture*)一书，原书名副标题拥有一个极为夸张的长度：*Traced in Observations on Buildings Primeval, Egyptian, Phenician or Syrian, Grecian, Roman, Gothic*

《建筑学论文》(Essai sur l' architecture)一书卷首插图
画面右下方的充满装饰意味的残垣断柱直接表明了作者的态度。

or Corrupt Roman, Arabian or Saracenic, Old English Ecclesiastical, Old English Military and Domestic, Revived Grecian, Chinese, Indian。通过37封与友人通信,米特福德将古罗马、埃及以及欧洲其他部分国家的建筑进行了案例式的解说,由此分析建筑设计的基本原则。该书开创性地以建筑师视角思考设计,对后来揭开设计思考的序幕起到了重要的启发作用。半个世纪后,英国规划师、教育家格迪斯(Patrick Geddes,1854~1932)则提出了设计的三个阶段,即SAD(Survey-Analysis-Design)模式——“调查—分析—设计”,对现代设计(建筑与景观)模式的影响至今依然存在。关于“设计原则”和“设计阶段”的提法,大大突破了传统的思维观念,建筑设计不再仅仅是满足历史形制的“空间外壳”,而是需要通过合理的逻辑推证过程、结合多种关联因素的过程。它需要理性的指导,需要被视作是“过程”而非“结果”。

20世纪,现代建筑运动的兴起大大激发了建筑师对于现代建筑设计方法的研究,试图找寻清晰、准确的“路线”来描述并指导其发展过程。20世纪60年代的“设计方法论运动”(Design Methodology Movement)使得人们开始注重设计过程的研究[9],并逐渐拉开了“设计研究”的序幕。对设计与研究的分离讨论是一个现代性的问题,因为在“传统的”建筑学时代,建筑不是研究出来的,而是实践出来的。现代意义上的建筑研究,不仅要考虑从实践中得出的经验与方法,更需要在实践之外相对独立地、前瞻性地开展。设计不仅是设计过程本身,也包括设计者、设计对象、生成与评价、预期目标、评估体系等诸方面,与设计相关的研究则通常包含了设计理论研究(theory)、设计过程研究(process)、设计生成研究(generation)、设计方法论研究(methodology)、设计评价研究(evaluation)等主题。将“设计”作为研究对象,探究设计与研究之关系便成为一类新兴议题和学术范畴——“设计研究”(design research)。

“设计研究”是不同设计领域共同探讨的一个基础性范畴,其基本特点是将设计行为作为研究“对象”的同时,也作为研究的“工具”与“载体”进行“研究”。“设计研究”的基本目的是阐述设计是什么,它是如何发展推进的,如何得到推进或支撑——即描述与解释设计过程,这需要通过严谨科学的理

阿尔伯蒂《建筑十书》（“*The Ten Books of Architecture*”，中文译名亦常作《论建筑》，1452）篇首插图

图中借女神之手展示了阿尔伯蒂的肖像，画面上方小天使手中的飘带上书写着“它可以闪耀出最伟大之美吗？”

论体系。要获得设计整体上的高品质，必须依赖于实践与研究两个方面的协同努力。基于设计研究的视角，设计行为不仅是一种专业实践，更被视为一种特别的思维模式下的求知过程。在知识生产模式和科学知识结构深刻变化的背景下，面对日益复杂的研究课题，以跨学科和综合性方法展开研究的要求已成为必然。

“设计研究”包含了三位一体的结构，即“关（基）于设计的研究”（Research about/on Design）、“为设计而进行的研究”（Research for Design）和“通过设计实现的研究”（Research through/by Design）这三个方面，既是“设计研究”领域的三个主要的研究倾向，也可能是在同一个研究课题中涉及的三个方面：“关（基）于设计的研究”是以“设计行为”本身为对象的研究，旨在揭示设计行为和设计思维内在的特点和规律；“为设计而进行的研究”是为实现更佳设计成果、更优设计程序为目的的研究；“通过设计实现的研究”则更可视为一种研究方法的理论模型——将设计行为本身作为研究媒介和工具，但其驱动力并非是要解决具体设计需求，更多的是认识论层面上更具普适性的研究问题，能够以知识的普适形式脱离设计过程本身而存在，为设计研究范式在真正意义上成立奠定了认识论基础，它是设计范式方法论发展的必要条件。

由于设计的复杂性，对设计科学的定位和合法性判断也并非众口一词。1995年5月，英国设计研究协会（Design Research Society）在伦敦大学学院（University College London）召开了一个名为“设计的对话：壹”（Design Dialogues: one）的研讨会，其主题提出“设计的通用理论：设计独立理论领域是可能的吗？”（Universal Theory of Design: is a domain independent theory of design possible?）会议上对1985~1995年以来缺失的设计研究进行了反思，探索设计作为一个独立而理性的研究领域的可能性。对设计的深度研究与探索，设计与科学关系的探讨越来越频繁。有学者认为设计科学作为一种独立的科学领域将会得到重视与发展，设计科学关注设计过程与设计系统中的问题分类与决策部分。而有些学者则认为“设计”与“科学”仍有着显著不同，如设计思维研究代表人物奈杰尔·克罗斯（Nigel Cross）认为设计应当作为一门学科（discipline），它的建立是基于“设计的科学”（science of design）而非“设计科学”（design science）。“对于设计来讲，‘设计科学’意味着一个组织明确、合理和全系统的方法，不是在人工创造物中的科学知识运用，在某种意义上指的是科学活动（a scientific activity）本身……而‘设计的科学’指的是那些试图通过‘科学的’（即系统的、可信赖的）方法提升我们对设计的理解的部分”。无论是从整体上将设计视为一种特殊类型的科学种类，还是明确设计中包含有科学成分，设计与科学的密切关联已经有目共睹。两者相比，基于对设计研究的进一步分析，我更主张承认设计科学的合理存在。设计并非狭义或基础科学，但却具备了成为科学的基础条件——理性原则、实践原则、可重复性原则、逻辑完备性原则及简单性原则[10]，承认设计科学的存在，便是承认设计中理性成分的合法。

2000年11月，荷兰代尔夫特理工大学建筑学院召开了题为“以设计为研究”（Research by Design）的国际会议，专门讨论建筑学研究的方法论问题。该会议是对始于1998年的研究项目“建筑的介入……与荷兰的转型”（Architectural Intervention…and the Transformation of the Netherlands）的一次总结研讨。会议中，“设计研究”作为科学方法与教育资源两种角色在会上展开了探讨。与会学者和建筑师充分地讨论了建筑学研究与设计之关系。会议结论做出了4个判断，清晰道出了设计与研究的角色关系：

（1）设计作为一个学科的核心特征是：它有将互为矛盾的需求转化为一个整体的能力，这使得设计成为所有技术科学的中心学科。

（2）建筑学作为对空间的设计必须要整合场地与功能需求，同时通过建造技术使其产生意义。它通过将这些要素转化为建筑形式而得以实现。

（3）将建筑设计作为一种研究方法意思是指：在起点时，将一个整体作为起点的指导原则，而不是最终将其作为一种结果。因此，作为研究方法的设计应该成为建筑学院中的核心研究内容。

（4）城市与乡村的转型越来越多地受到偶然性项目与建筑介入的影响，而未来发展的规划产生的影响却正在缩减。面对这些带有偶然性的设计项目，通过不断进行的设计，这些偶然性将成为研究的主题。

琳达·格鲁特（Linda Groat）和大卫·王（David Wang）在《建筑学研究方法》一书中承认了设计与研究的相对独立性和二者结合的困难，并从哲学的角度分析了两者的最根本区别：设计的“生成性”与研究的“分析性”。“生成设计过程实际上是一个‘主观’过程——因为它不能完全由有规律的命题来定义。”若将设计等同于研究，则是“试图把一个生来就非命题性的存在包含在命题性活动（分析研究）的领域里，这就导致的逻辑的矛盾”。而若把设计过程视作研究的对象，则是“通过一个明确的命题结构，进一步了解设计的非命题性过程”，“没有逻辑问题”。但同时二者哲学基础的差异性并没有使二者从表面上泾渭分明，比如“什么时候草图是‘研究’，什么时候草图仅仅是草图”，“至少一些建筑师认为‘探究’相比起‘研究’，更适合描述他们的工作”。

设计者的工作与思维方式有着明显的特殊性，与通常科学研究所倡导的“从问题到结论”式的线性思维过程有显著的区别。设计过程虽常表现出抽象、模糊的一面，却是科学领域中的重要一员，这已从20世纪后半叶的研究中逐渐得到公认。设计研究关注设计过程与设计系统中的问题分类与决策层面，已不单是一个孤立的发现问题、解决问题的过程，而是一个完整的综合、系统问题。克罗斯曾指出："'设计科学'是一门包含设计原则、设计方法和设计过程的科学；'科学化的设计'则是一种现代理性的设计方法，一种对当代设计实践的反映。在新世纪中，科学和设计方法不应该一成不变地被区分，科学不应该永远的被贴上理性客观的标签，而设计也不仅仅被考虑成为感性和主观的梦想。我们不希望把设计行为变成一种对科学的模仿，也不愿意把设计行为看成一种神秘的艺术。相反，设计与科学应当相互交换，并且相互学习彼此的特点，进而相互融合。"当代的设计研究从机械照搬科学方法论道路走向了一条探索新的研究范式的道路，这种新的范式将科学方法、人文方法都置于设计师特有的设计专长和设计师式的思维模式之下进行超越学科地综合运用，形成在研究和设计实践之间没有隔阂的设计研究方法论。

密斯（左）与斯特芬·韦佐特（右）交谈
来源：A. Forty. *Words and Buildings: A Vocabulary of Modern Architecture*.

对于设计区别于科学的特殊性，朱丽雅·鲁宾逊（Julia W. Robinson）曾指出：现在的建筑学研究领域基本有一个"二分系统"。她用"科学"和"神话"两个词来形容共存于建筑学研究中的两种知识体系。"科学"通常是指由数学的描述和相关的因素构成来揭示活动，工程和行为事件方面的研究主要体现了这样的知识体系，它是能够被预见，被描述的；而"神话"则表达了设计中连续性的、整体的、发散的并且生成性的含义，这种知识体系多被应用在艺术和人文主义观点出发的建筑学研究里[11]。勃罗德彭特（Geoffrey Broadbent）曾对某些企图依赖于某种方法实现设计"自动化"作出了警告："建筑设计最终不能成为一件彻底自动化的事情。其他有什么设计领域能够彻底自动化也颇容质疑。"[12]还好，勃罗德彭特的表述中用了"彻底"这个词，避免了今天日新月异的技术发展带来的判断失误。事实上，关于自动化这件事，人工智能（AI）正在试图改变这一点。人工智能最大的价值，不在于机器帮助人类做了多少原本应该由人力去完成的事务，而是不断地从人类自身职责（或是权力）中剔除掉"可替代"的那一部分。机器学习能力愈是强大，这样的可替代部分就越多。减轻人类负担、提高劳动效率、提升劳动质量，这样的美好目标到了现实，都会变成一批批地人被闲置、边缘，直至离开岗位。

这样的判断，已经把关于设计的不同维度性质剥离开来。关于设计的科学研究，尤其是在自然科学为方法规则的体系下，更要精确瞄准那些可探索、界定、计算甚至被技术置换的那一部分，直击要害。建筑科学技术，必须和设计融合才能在总体趋势上贡献力量；反之亦然，没有孤立悬置的设计研究，那些设计中的"神话"部分，则更要谨慎识别其中可能的科学成分，避免一场关于理念和想象的自说自话。

4

理论终究应该来源于实践，并走在前方引领新的实践。

1967年，密斯（Mies van der Rohe）扬起手臂对斯特芬·韦佐特（Hermann Stephan Waetzoldt）坚定地说道："Build, don't talk！"我很难揣测坐在密斯对面的这位德国艺术史学家接下来的反应——作为家学深厚的史学研究者，韦佐特对语言及其价值的认知显然胜过常人。

建筑活动天然不是思想，而是实践；载体天然不是语言，而是空间（及界定空间之物质），但建筑（architecture）一词本身蕴含的"系统、构架"之义，已与语言微妙同构——通过某种规定性系统（语法/syntax）组织真实有效的材料资源（语料/corpus），呈现出特定表现形式（语形/morphology）的同时也生成了明确功用与含义（语义/semantics），并通过所处语境和内在联系实现其意义（语用/pragmatics）。

建筑理论的两个传统来源是明确的：一方面来自于以同时代实践为基本对象的现象与经验提取；另一方面则来自于不断丰富的历史，从更为悠长的时间尺度来寻求当下及未来的参照。大部分时间里，理论与实践并非齐步前行，而是略微滞后。记录、解释、总结那些成功实践经验记述于文本，也为后来实践提供可靠参照。但理论并不甘于仅仅追随实践，与建筑学本身丰富的包容性、关联性一样，建筑理论亦是最具吸收性的理论类别，来自众多社会科学、自然科学、工程技术的视角、方法、成果，正被当代建筑理论广泛学习与吸收，与不断推进中的建筑实践相互辉映，甚至领先实践半步。在建筑理论的解释性、系统性、规范性三大基本属性外，更高级、更富挑战性的使命和意义日益凸显——"探索性"和"前瞻性"。这是建筑学走向成熟、学科地位日渐坚固的重要标志——任何一个试图确立"科学"成分的行业，理论的建构与引领作用已毋庸置疑。爱因斯坦26岁（1905年）发表的改变物理学发展走向的重要论文中，竟没有一篇是从传统实验中分析归纳的——当然这不是建筑学的常态，但谁又能否认"物理"本身是研究"物质之理"呢？

至此，似乎突然对建筑理论寄予了沉甸甸的期待，那是因为在这个历史最悠久、最广泛改变着我们栖居星球面貌的行业作坊里，太需要窗外的清冽空气了。我们心中藏着一个理想建构之梦，就必须同时建构起真正的理想。

5

建筑学研究，除了向技术领域进发的可能性，留给建筑学科研还有另外一条通道，也正在蓬勃兴起——城市研究。

城市是“社会生活的所有因素聚集和冲撞的一种形式”（列斐伏尔），而城市性（urbanism）是城市研究的一个基本概念和命题。荷兰代尔夫特理工大学建筑学院目前分为四个系，其中涉及城市的名为“Urbanism”，直译过来就是“城市主义”或“城市性”，我更乐于将其理解为“城市研究”。在荷兰做访问学者时，我虽然归属于建筑系，但由于“Urbanism”名称的兴趣，曾深入该系观察和交流，也理解了为何没有选择“urban design”或“urban planning”这样的标签。在该系介绍中，关于办学目标和特色是这样表述的：

本系包含并结合了城市设计、空间规划、景观设计和环境建模……以“荷兰方式”为特色的城市主义而闻名，这种方式将设计的创造性与学术研究方法结合在一起，形成的“一体化”城市研究在专业实践、研究和教育领域享有很高的国际声誉。本系提供有关可持续及公平的城市及地区发展知识。我们质疑城市和区域环境质量与社会、经济和环境绩效以及公民福祉之间的关系。我们的学生学习如何在塑造城市发展的过程中发挥独立和积极的作用，但同时也具有批判性和反思性，表现出对专业干预的潜力和局限性的认识。我们与许多其他国家的合作伙伴一道探讨了荷兰城市发展中的关键问题，且始终对当地条件和文化保持敏感。

事实上，城市性也是从没有被透彻解答的一个持续问题。因为城市本身也在发展，自身变化的同时亦造成背景变化。简言之，城市本身既是对象，也是背景。当对象和背景均在持续变化时，新现象、新问题也随之生成。包含城市设计在内的城市研究，早已成为建筑学分内之事。每个社会都有自己特定的社会结构和空间形态，技术与基础设施发展直接引发出持续的时空压缩（time-space compression），时空的实物形式和心理感知变得日益碎片化、瞬息化和拼贴化。与城市规划专业不同，建筑学范畴展开的城市研究更看重相对具体的空间与人群、空间与行为、空间与形态、空间与时间，并基于建筑及建筑群尺度实现城市研究的演绎，而前述的变化正促成了建筑学介入城市研究的前置条件，催生着建筑学研究新领域增长，也建立起当代建筑学进化变革的一个个新基点——城市、气候、科技……

1919年，格罗皮乌斯（Walter Gropius）将德语中“房屋建造”（Hausbau）一词拆分倒置，创造出“Bauhaus”为一个全新的设计学校命名。一个从颠覆中诞生的“生词”实现了它被赋予的重托，并影响至今——思想与目标的刷新确立了设计新走向。30余年前，仍是德国，年轻人曾把自己绑在铁轨上，以抗议核能项目的扩张。而与此同时，一群年轻的工程师正在斯图加特热力学和热能工程研究所工作，寻找放弃核能的替代方案，设计、建造和测试如何利用太阳能，以证明不利用核能实现可持续和高质量生活方式仍是可能的。作为模拟复杂能源系统的专家，这群年轻人受邀协助一次可持续住宅社区总体规划，他们的提案令人大吃

一惊——利用被动式和主动式太阳能解决方案的组合，并与建筑紧密结合，创造了低能耗、低技术的解决方案。这群年轻人意识到，是时候建立气候、建筑和技术系统之间的密切合作了。于是，一个与建筑设计、城市设计紧密相关的研究咨询团队于1992年创建，且至今遵守着三个认知原则：1）遵循集成设计过程，这个过程能够导向最成功的解决方案；2）不断质疑假设和惯例，因为建筑物性能总是可以改善的；3）以完善的技术分析来充实设计理念。

这是三个年轻人——托马斯·莱希纳（Thomas Lechner）、马蒂亚斯·舒勒（Matthias Schuler）和彼得·福伊特（Peter Voit）的故事。作为世界顶尖的建筑物理咨询团队之一，他们成立的Transsolar Klima Engineering[13] 正在与世界各地的建筑师紧密合作。这份合作名单包括努韦尔（Jean Nouvel）、福斯特（Norman Foster）、卒姆托（Zumthor）、OMA、盖里（Frank Gehry）、SANAA、赫尔佐格与德梅隆（Herzog & de Meuron）、斯蒂文·霍尔（Steven Holl）、亨宁·拉森（Henning Larsen）、贝尼奇（Behnisch）、KPMB、COBE、墨菲/扬（Murphy/Jahn）、穆勒·莱曼（Müller Reimann）……大量高品质城市与建筑空间在他们的共同协作下实现。今天的建筑与城市，正以惊人的发展与变革前行，建筑学研究，伴随着思想、目标、科技而不断革新发展，也正蕴含着下一个可能的跃升。也许，这个故事能够在讨论建筑学研究的尾声增加些许新的思考，并提供给“研究为何”这一基本问题以新的注释。

---

① 埃蒂耶那·博诺·德·孔狄亚克（1714~1780），18世纪法国著名作家、哲学家，曾著有《人类知识起源》（中译本由商务印书馆于1989年出版）。

② 卡尔·波普尔（1902~1994）出生于奥地利，1928年获维也纳大学哲学博士学位，1949年任伦敦经济学院逻辑和科学方法讲座教授。

③［英］卡尔·波普尔. 猜想与反驳：科学知识的增长. 傅季重，纪树立，周昌忠，等译. 上海：上海译文出版社，2015.

④［英］弗里德利希·冯·哈耶克. 科学的反革命：理性滥用之研究. 冯克利译. 南京：译林出版社，2003.

⑤［英］汤姆·索雷尔. 笛卡尔. 李永毅译. 南京：译林出版社，2010.

⑥ 很多问题，若只看现象会引人困惑。关于这个问题科学研究已经辨明，要真正确定黑白两色先后问题或是主次问题，就要回到斑马胚胎的孕育过程。研究发现，斑马胚胎开始发育时先生长出黑色外表，再逐渐发育成为黑白相间。这个来自“胚胎学”的证据告诉我们：斑马实为黑皮白斑——这便是科学的价值。

⑦ 近年来各高校有多项建筑学领域研究成功获得国家自然科学基金、国家社会科学基金和国家艺术基金资助，也间接说明了建筑学研究的多重属性。

⑧ 出自英国著名建筑历史学家约翰·萨默森（John Summerson，1904~1992）。

⑨ 1962年，西方设计理论界在英国伦敦皇家学院召开第一次设计方法研究会议，并出版有关设计方法的著作，其中有代表性的是莫里斯·爱斯莫（Moils Asimow）的《设计入门》。该书提出的设计方法主题来自系统工程，认为设计过程包括分析、综合、评价和决策、优化、修正、补充等环节，成为以后设计方法研究的基础，也被看作西方现代设计方法研究的起点。

⑩ 王德胜. 划分科学和伪科学的判据. 北京师范大学学报(自然科学版)，1996(4).

⑪ J. Robinson. Architectural Research: Incorporating Myth and Science. Journal of Architectural Education，1990，44（1）.

⑫（英）勃罗德彭特. 建筑设计与人文科学. 张韦译. 北京：中国建筑工业出版社，1990.

⑬ 在本书“研究”篇“Teculture：技术哲学视角下的建筑学态度”和“设计”篇“寒冬暖意：加拿大曼尼托巴水电集团办公楼”会再次提及这个团队。

远郊三线建设工业遗存在地改造策略研究（硕士学位论文）
作者：罗丹娜　导师：褚冬竹

华盛顿，美国

戈尔德（Gordes），普罗旺斯，法国

承启楼（土楼）内的空斗砖墙｜龙岩，福建

这座城堡建于12世纪末，曾做过官邸、办公、铸币厂、监狱、棉纺厂，1907年修复后向公众开放。

Gravensteen城堡入口 | 根特（Ghent），比利时

本体

Teculture：技术哲学视角下的建筑学态度

1

2013年春，应《新建筑》杂志之邀，赴武汉探讨一个质朴但深沉的主题——“由基本问题出发”。建筑学中称得上“基本”的问题，数不胜数：关于空间、关于材料、关于构造、关于心理、关于生理、关于地形、关于气候……每个问题看上去都那么基本，都那么不可或缺。显然，追问的结果使得这个看上去是探寻“原点”的行动“失焦”①了，那个本应聚集为一点的话题突然呈现得离散而难以捕捉——抓住它们中的任何一点，似乎都可以堂堂正正地成为“由基本问题出发”。

这显然不是初衷。研讨“基本问题”的目的，应当是剥离那些裹覆在“建筑学”外层有意无意地遮蔽了实质的东西，进而以相对“纯真的眼光”去发现那些重要但可能忽视的“硬核”。建筑，在它成为建筑学之前，或是在以建筑学的视角去讨论之前，可以成为这场研讨的话语背景——因为它足够基本。要把建筑回归到这样一条底线，先以一个坐标系来诠释。

先建立坐标系的第一条轴线——需求与条件。这是一条关于建筑存在基础的轴线：无论建筑的规模、性质、造价、文化……有多大的差别，必然会从这对基本矛盾出发。需求是建造建筑的动因，而条件则是实现需求过程的背景与基础，包含用地、材料、投资、环境特征等诸多支持或限制因素。这对矛盾是建筑与生俱来的基本性质，也可以成为探究诸多更复杂建筑学问题的起点。

但“建筑”之所以能成为“建筑学”，还因建筑并非仅实现“满足需求”这一个目标。在实现从“条件”出发满足“需求”的全过程中，另外一组要素也随之参与进来——技术与文化——它们作为第二条轴线构建出这个“基本理解”层面的坐标系。这是一条关于建筑学基础架构的轴线：以恰当的技术方式，将适合的材料组织与建构起来，形成相对固定的空间或构筑体，使之满足物质或精神层面的需求。从人类诞生伊始，这个过程便以难以统计的天文数字不断地在地球表面四处发生，并随时间推进不断获得更高层次的技术水准与需求满足能力。建筑逐渐演变出规模性的趣味、习惯或规则——形成建筑文化的前身。

这个坐标系产生出四个象限，构建出“需求—技术”“需求—文化”“技术—条件”和“文化—条件”这四个交叉关联区域。许多建筑学领域的研究、思辨问题，便可以在其中寻求自身坐标。作为一对关键性要素，从技术引发文化，成为需要进一步诠释的基本关系。

2

不妨来做个英文词汇的变形：architecture→architeculture→teculture。首先，为了将建筑学与生俱来的“建造过程”“从无到有”的意义加以体现，借助词根“cultūra”的含义，在architecture之中植入“ul”，即获得“architeculture”这个“词”；第二步，若是去“archi”（主要的、首要的）这一限定性修饰，则得到“teculture”。

生造出“teculture”并不是要在浩瀚的英文词库中无中生有，而是希望借这个“词”传递一层关于技术与文化融合交织的意思。“teculture”的前半部分，即“tec”，指代了建筑从图面构想变为客观存在的最基本力量——技术。它也同时构建出建筑的内核——这至少包含了两个层面及阶段性的问题：一是与设计相关的技术，二是与建造相关的技术。技术贯穿建筑生成始终，使建筑得以实现的同时也将自身渗入其中。凭借技术，建筑在各个层面获得了不断提升的品质，而人类对建筑提出的各种不断增长的需求，亦刺激或推动了新技术的涌现。

技术作为人类世界的构成方式，不仅包含了实现目标的手段或工具，更是人类社会得以建立和持续存在的基础，也伴随人类的进化成长，并映射了每一阶段的基本特征[②]。从根本上讲，技术的本质是功用性的，是逻辑思维的产物。技术本身并不能孤立存在，必然要因解决某种特定问题而诞生并发展。譬如，针对超大跨度的结构技术、针对建筑物理性能的数字化分析技术等，都具有明晰的解决特定问题的目的。引领技术不断发展、革新的，正是上述坐标系中的一个最基本要素——需求。建筑需求内涵的不断丰富与层次提升，对技术所能满足、解决的程度提出了正向的要求，最终促使技术水平的提升或新技术的诞生，即呈现出“需求-技术”关系本质。

而作为“规模性的趣味、习惯或规则”，文化则是在通过技术解决问题后逐步形成的衍生物，甚至在客观上可能成为技术革新的障碍，虽然这样的障碍通常是隐性的、难以察觉的。建筑历史上有多次重大技术革新都是对当时文化的巨大挑战，这一点只要稍做回想便不难理解。技术在催生新的集体习惯时犹如吐丝的春蚕——当吐丝结网到最终成熟，也成为蚕茧被束缚其中。而真正成熟的文化也会在自身内部产生反思与内省的涌动，并孕育、包容新思想、新需求的存在，直到破茧而出，形成新的生命。阿布扎比卢浮宫博物馆是个精彩的案例，它将功能、文化、气候、场所多个复杂问题用巧妙简洁的手法一气呵成。各展厅相对独立，错落设置，平面组织如亲切的地方传统聚落。展厅以外几乎完全开敞，轻柔的海风从展厅之间拂过。最具个性的是，直径180米的巨大穹顶屋盖巧妙地“悬浮”于展厅上方，仅有的4个竖向支撑结构被巧妙隐藏。在Transsolar Klima Engineering[③]的支持下，建筑师制造了一个空间的童话。8层交错的屋顶结构经过精确计算，既巧妙编织了伊斯兰传统图案元素，也叠加出繁茂树枝交错层叠之感。当强烈阳光被结构缝隙过滤，以“光雨”的方式倾泻而下，投射于展厅、地面，不仅实现了建筑师在最初方案中公布的一张浓密树荫照片——一类在当地最宜人舒适的阴凉之处，更以诗人、科学、工匠完美结合的气质抓住我在其中观看的每一秒。当然，这确实是个昂贵的

阿布扎比卢浮宫博物馆总平面图

设计：让·努韦尔

阿布扎比卢浮宫博物馆屋顶设计理念

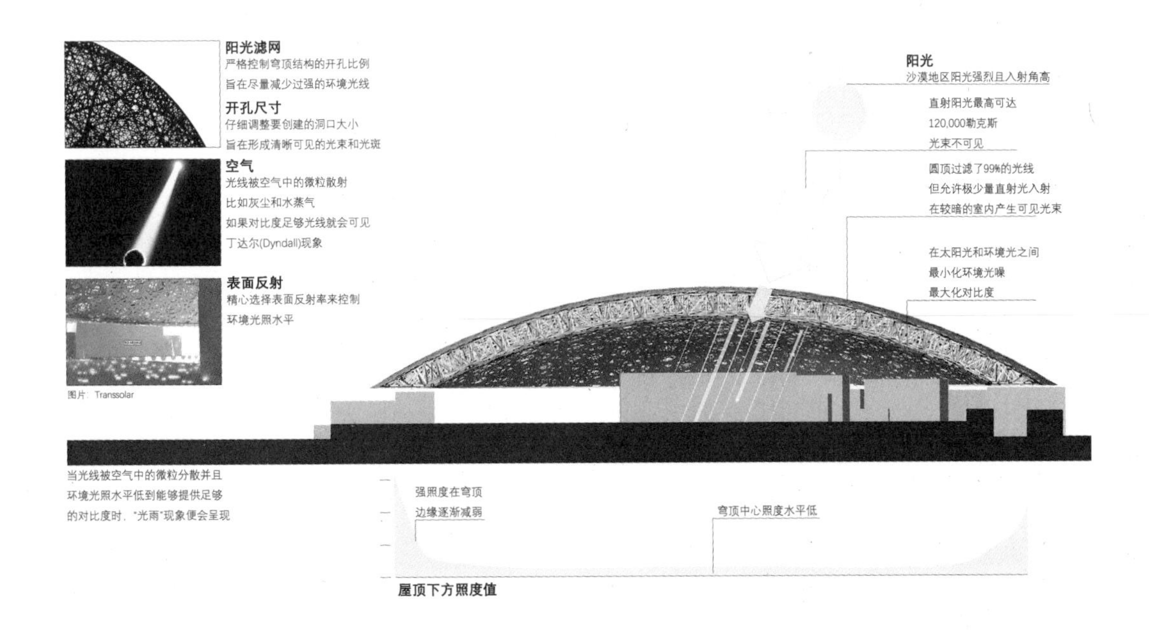

阿布扎比卢浮宫博物馆平面图（局部）

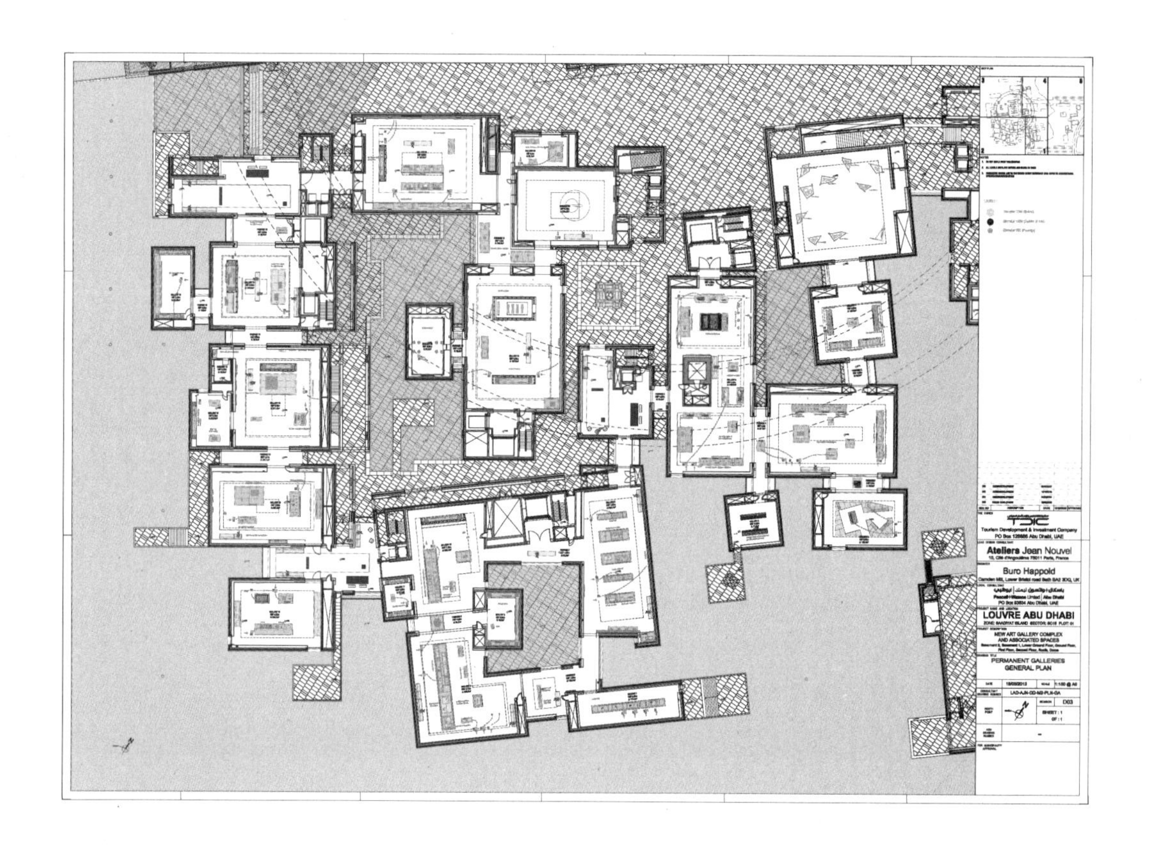

建筑。但反观某些投入同样不菲的大型文化地标，与那些绞尽脑汁制造出个性十足却不知所云的奇怪外壳、乏善可陈的空间组织以及孱弱的空间系统逻辑相比，这个建筑称得上是真正的贵族。

技术与文化的互动，犹如蒸汽机车上的巨大车轮连杆，在不断往复运动中联动车轮的持续旋转，将火车驶向前方。从这个意义上，技术与文化实际上构成了“一个整体”，是“人类有意无意地选择、智能活动和奋斗的结果”④。

3

技术是因为解决问题、满足需求而存在的。回归基本问题，建筑依然需要在坐标系中找寻自身的定位。技术的不断更新与文化内涵的持续丰富使得建筑从“限制”中正逐步走向“自由”。工具作为技术体系中最基本的要素，也在不断发展中为“更好地设计和建造”提供了更为有力的支撑——建筑从未变得如此自由奔放。

与科学不同，技术本身并不独立，而是具有明确的指向乃至价值观，其正确的发展方向并非是客观探索世界“是什么、为什么”，而是是否真正有益于人类乃至整个赖以生存的自然界协调发展。与数学中的坐标轴可以向两端无限延长不同，建筑坐标系中的轴线是有限度的：既然建筑成立的“条件”不可能无限制增长，那么对应的“需求”也必须有所限制，以免透支后世资源，这便是今天随处可见的“可持续发展”，一个其实十分朴素的概念。

每一种不同的背景条件，都会对可持续理念带来全然不同的线索。以我曾访学的荷兰为例，这个只有两个半北京大小的国家有着如此清晰、坚定的设计方向与令人赞叹的专业影响力。这不禁浮出了一个问题，他们想的到底是什么？

在荷兰这个人均收入位于欧洲前茅的国家里，大部分建筑并不像瑞士、德国、英国那样造价高昂，那么注重精美的材料与节点构造，甚至因为常用低廉材料而呈现出一种隐隐的“临时性”。这样的感觉与“高品质”似乎是无缘的，而这正是荷兰建筑师对可持续的独特理解。荷兰的地势低洼，在历史上多次遭受洪灾，国土安全隐患问题已经深入建筑业的各个层面。建筑的临时性，也自然变成了某种独特的地域性，与这个国家的环境特征紧密关联。正如库哈斯（Rem Koolhass）曾抱怨其在荷兰的作品最不为人理解的一面就是“廉价”——这对他而言有着意识形态上的意义：“它与最小化地使用各种手段有关……这绝不意味着我们只作便宜的东西，但我认为研究怎么用尽可能少的钱创造出尽可能多的功能是非常有意思的。”[5]

今天，作为口号与目标的可持续发展观念几乎无人质疑，堪称“真理”。而面对当下的实际状态，在文化、技术、经济、利益……诸多要素的拉扯碰撞中，距离纯粹理论意义上的“可持续发展”依然隔着千山万水。既然“实践是检验真理的唯一标准”，那么当下的实践是否检验出另一个真理？柯瓦雷（Alexandre Koyré）[6]曾有质疑：“两套真理，那就是没有真理！”事实并非如此。通向真理的道路何等漫长，每个人所能投身于真理探索之路的时间又何等短暂。纵有旷世奇才，也只能在有限的时间里比一般人走得更远、更快一些而已。

4

英文中有一个词叫“anachronism”，意指那些不合时代、不合潮流的人或事。建筑在实现可持续的过程中，地域特性的重要意义已无须赘述，而时间维度更需获得应有的尊重。立足现实，真正认识当下以及可预见的未来，理解建筑学探索的时空坐标，才有完成这有限行程中各种要务的基础。“可持续”不是“皇帝的新衣”，讲真话的孩童正是以“纯真的眼光”看到了那根本不存在的遮羞物。拂去累积在建筑上的种种噱头，从特定空间和时间的河流中探寻建筑本真的建构之路，而不是迷恋于借鉴甚至抄袭。要知道，很多彼处的“可持续”移到此处，那它就再难“可持续”下去了。建筑与建筑师，切不可担当“anachronism”式的角色。事实上，我同样期待真正的“vanguard”或“pioneer”（先锋、先驱）的出现，他们似乎也敢于“不合潮流”，只有源于看得更远的超越和反叛，那才是真正触摸到了未来。根植于泥土里的实践，往往比激扬的说辞更为“先锋”。

在哲学家的心目中，建筑学（建筑）是坚固的、结构性的、体系连贯的。胡塞尔（Edmund Gustav Albrecht Husserl）这样表述：“未来哲学体系：……以一个确定无疑的基础开始，像任何一座出色的建筑物一样，自下而上的耸入高空。”⑦

建筑本质理应如此：“自下而上，耸入高空。”——这几乎是人类共同的古老梦想。

阿布扎比卢浮宫博物馆（建筑师：让·努韦尔）| 阿布扎比，阿联酋

① “失焦”是摄影中的一个现象，清晰成像对应着一定的焦距和焦平面，超出清晰范围（景深），成像就会模糊，即失焦现象。

② 吴国胜. 技术哲学演讲录. 北京：中国人民大学出版社，2009.

③ 创建于德国斯图加特的建筑物理（专注热工、气候、生态等）顾问公司Transsolar也参与了加拿大曼尼托巴水电集团办公楼设计，我也曾随KPMB建筑事务所共同工作其中，参见本书“设计”篇章中相关叙述。

④［美］刘易斯·芒福德. 技术与文明. 陈允明，王克仁，李华山译. 北京：中国建筑工业出版社，2009.

⑤ 大师系列丛书编辑部. 瑞姆·库哈斯的作品与思想. 北京：中国电力出版社，2005.

⑥ 亚历山大·柯瓦雷（1892~1964），法国著名科学史家、哲学家。

⑦ 胡塞尔，“哲学作为严格的科学”，载于：胡塞尔. 文章与演讲. 倪梁康译，北京：人民出版社，2009.

巴别塔上的那块砖：刍议材料的角色

1

我本是一块平凡无奇的泥土，悠闲地躺在幼发拉底河的河滩，清凉河水不时掠过身体，享受着日复一日的阳光与轻风。每夜，我仰望幽蓝的夜空，浮想联翩，却从未想过，柔弱无力的我竟然能撑起那万丈高塔，离闪耀繁星那么接近。

突然有一天，香甜午休被一阵忙乱嘈杂惊醒。只听“有人在彼此商量：‘来吧！我们要做砖，把砖烧透了！’”[①]。紧接着，我和周围同伴们被铲离地面，挤压成四方块，码放齐整，推进了熊熊大火。高温，出奇的高温！我咬牙坚持，但身体已经开始脱水。渐渐的，发现自己发生着奇妙的变化，瘫软的躯体开始变得有力，颜色也由深褐变得通红。离开大火，冷静下来。我听见有人在高声议论。只言片语中，我明白自己已不再是“泥土”，从此叫作“砖”了。紧接着，人们“就拿砖当石头，又拿石漆当灰泥”。与成千上万的“砖”一道，我被推上了木板坡道，与灰泥结结实实地压在一起。我们又变成了一个叫作“墙”的东西，更多的“砖”加入进来，“墙”变得越来越高，越来越厚，最后我们成了“塔”。

塔“自下而上，耸入高空”，几乎可以触摸星辰。

可惜我已无法动弹。

2

鹿特丹Boymans-van Beuningen博物馆，我站在彼得·勃鲁盖尔（Pieter Brueghel）的油画“巴别塔”（ Tower of Babel）前，久久凝视。那不足半平方米的画面描绘的不仅是传说中的通天塔，更是构筑塔的工作状态，真实而细腻。修建工作繁忙却有序。砖被不断运送上塔身，砌筑于恰当的位置，也有碎砖从脚手架上滑落，堆积成一座座暗红色的小山。我的视线与思绪全给了一个主角——砖。与雄壮巍峨的通天塔相比，“砖”小得近乎如蝼蚁，但就是这样微不足道的碎屑材料，却构筑成这无与伦比的世界奇迹。

材料的前身是物质。依据自身性质，通过有目的的加工、定位，物质成了材料。以某种加工方式，将泥变为砖，再以某种筑构方式，将砖置于某个确定的位置，便完成了从物质到材料，从材料到建筑的全过

油画“巴别塔”（彼得·勃鲁盖尔绘，1563年）

程。建筑师如导演，材料则是演员。一部电影精彩与否不在于角色数量。高明的导演能够选出最适合剧情的演员，也能激发每个演员的个性与潜能。建筑何尝不是如此？只要被赋予恰当的位置、合理的构造方式，保证其物理性能要求，普通物质都可能成为“建筑材料”，甚至是纸、布、草……

关于材料，即使一座最简单的房子，也包含两个层面的价值：一是使建筑能够站立起来，满足基本使用需求；二是使建筑看上去具有某种知觉特征（视觉、触觉等）。基于这两个层面，衍生出使用材料的两类专业工作者：工程师与建筑师。同样的材料，由于看待角度不同，其使用方法与职能可能相去甚远。就像“在地质学的命名中，岩石的种类也就300多种，而在世界范围内工匠眼中，天然石材的名称却有几万种。二者之间的数量差别，也正是‘作为基质的物质’与‘文化行动中的物质性’的差别”②。

在《走向新建筑》中，勒·柯布西耶曾写下这样的话语：“墙壁以使我受到感动的方式升向天空。我感受到了你的意图。你温和或粗暴、迷人或高尚，你的石头会向我说。”③此时，建筑材料不再是冰冷建造的无生命物质，也不是材料科学中不带感情色彩的客观描述，而是承载人类感情的容器，表达情绪的手段。通过造型，建筑师可以与使用者的眼睛对话，而通过材料，却能够与心灵交流。很多外观质朴无华的建筑蕴含着令人心动的力量，材料可以散发出神圣的光芒。

工程师发掘出了材料理性功用，而建筑师则赋予了它精神。依据这两个不同角度，不妨将建筑材料分为两大类：1）工程性材料，指那些直接因循结构、设备等“技术性”与“工程性”需求下使用的材料，多具有客观性、逻辑性与经济性，表达着建筑的最基本特点，是建筑得以正常运营不可或缺的保障；2）建筑性材料，指那些由建筑师掌控确定的，表现建筑性质、风格或建筑师观念，满足使用者更深、更细的使用要求和心理感知的那部分材料。在大部分情况下，建筑性材料不具有整体上的结构意义，却传递着建筑师的态度、追求。

此处并非为了创立概念而将二者刻意区分，这在强调综合性的建筑设计面前，实在是毫无意义。事实上，这样的区分取决于材料所承担的职能与建筑师的使用态度。面对一个具体的材料，若建筑师将设计观点、策略、喜好等因素附加上去，考虑到使用与表征状态，那它必然归属于“建筑性材料”，无论它是否具有结构承重的作用。因此，无法用列表的形式将两者的具体内容罗列出来，无法建立刚性的标准，唯一的考量因素便是建筑师如何看待它。

3

在传统建筑，尤其是民居建筑中，材料通常是纯朴的，由于不同特性而被置于恰如其分的位置，具有本质上的合理性。在很大程度上，合理即是美，材料的工程性与建筑性是合二为一的。随着技术的发展、材料加工能力的提升以及最重要的——建筑越来越多地承担着精神层面的需求，材料中的工程性与建筑性开始分野，并发展出自身规律。建筑师、工程师也逐渐分工而非集于一身。建筑师能够运用材料表达观点、传递信息，满足更多精神上的需求，但是，矫揉造作也可能随之而来。早在100多年前，约翰·罗斯金（John Ruskin）[④]这样表达了对材料虚假表现的憎恶，对此他不惜用“欺诈”一词：“建筑欺诈大体可以从三方面来考虑：第一，暗示一种名不副实的结构或支撑模式，如后期哥特式屋顶的悬饰。第二，用来表示与实际不符的其他材料（如在木头上弄上大理石纹）的表面绘画，或者骗人的浮雕装饰。第三，使用任何铸造或机制的装饰物。”“材料欺骗则更简单……一切模仿都极其卑鄙，绝对不能允许。”[⑤]

材料的本来面目应当如何？在建筑师笔下，大致分为三类：

（1）作为实现的材料

“实现”一词意指：材料本身的物理特性传递出来，直接表现着建筑师所需表达的质感、氛围。材料的理性属性占据着这类角色的主导地位。就像斯维勒·费恩（Sverre Fehn）[⑥]认为，地球上的经纬线交点都有其独特的气候与风向，建筑则是在自然与非理性之间权衡的结果，成为这样权衡间载体的，就是材料。费恩在威尼斯建筑双年展场的北欧馆（Nordic Pavilion，1962）中，单纯而直接地采用混凝土密肋梁，整齐而精致。在室内有树的地方，梁不动声色地断开，将室外光线巧妙地引入室内。光线从混凝土表面掠过，质朴中透出难以言说的微妙——不知是光强化了混凝土的质地，还是混凝土表达了光的存在。

当然还有卒姆托（Peter Zumthor）[⑦]、艾德瓦尔多·苏托·德·莫拉（Eduardo Souto de Moura）[⑧]……无论是卒姆托在瓦尔斯温泉浴

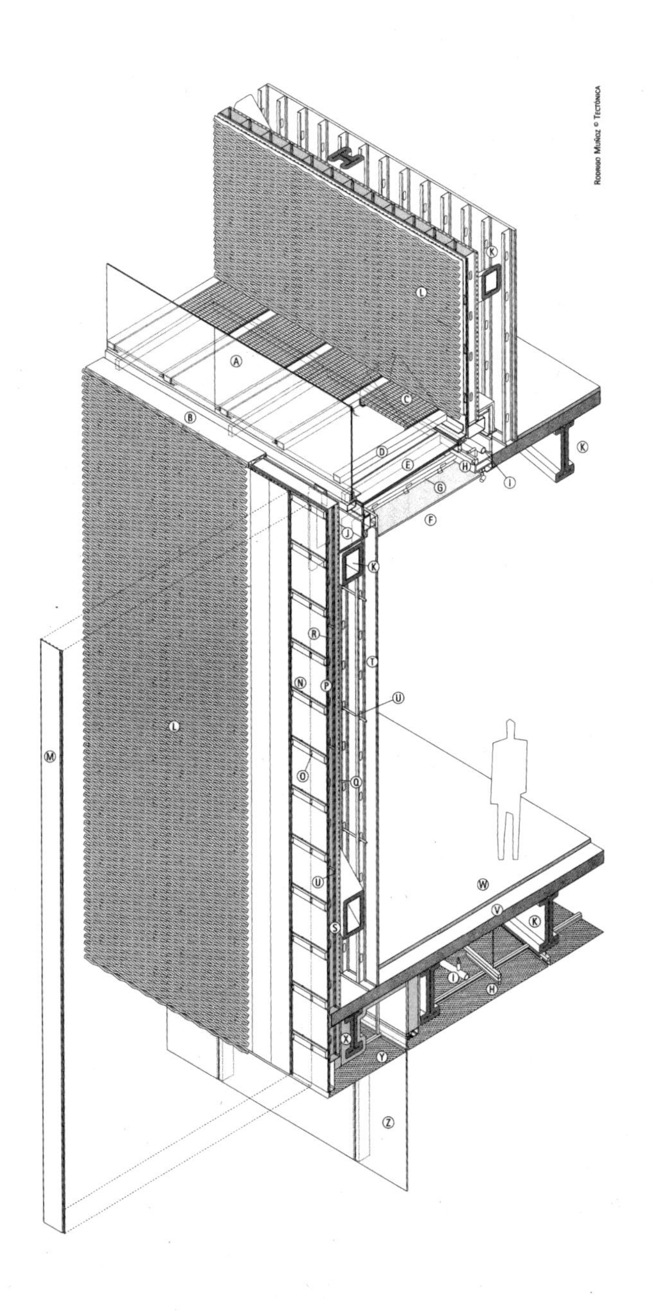

Rodrigo Muñoz © Tectónica
K
L
A
C
B
D
E
H
I
K
G
F
J
K
R
T
N
P
U
L
M
O
O
W
U
V
K
S
I
H
X
Y
Z

场中的片麻岩、Kolumba博物馆中的灰砂砖，还是德·莫拉在Paulo Regio美术馆中用的红色混凝土，都是那样的平静而自信，浑然一体，又绽放着细节的光芒。正如卒姆托所说：“必须不断问自己，在特定的建筑情境中使用特定材料的意义是什么。一个好的回答可以为材料的使用和其内在的感性品质注入新的光亮。”材料实现着建筑师与使用者内心对话的可能。如果将约翰·罗斯金关于“材料欺诈”的愤怒当成一场考试的话，那么他们算是提交了一份优秀的答卷。从材料的原本特性出发，将环境与体验承载于其上，便完成了建筑师构想与客观之间的“实现”。

（2）作为媒介的材料

在费恩、卒姆托等的另一端，是对待材料的不同态度——材料所承担的，并不重在自身质感、触觉的传递，而是构筑空间的工具与媒介。“媒介”一词表示，材料的价值不在其本身，而在于其作为限定物所形成的“桥梁”功能。

库哈斯是其中的典型代表。以他的荷兰乌特勒支大学教育中心（Educatorium，1997）、鹿特丹Kunsthal艺术馆为例，粗看之下，建筑构成关系显得有些漫不经心，多种材料直接并置，并没有执拗于材料、节点的质感、比例。库哈斯根本不认为建筑是个永恒的东西，也漠视建筑外观的精确性。临时性材料（如Kunsthal艺术馆中的塑料波形板）得到大量使用。厚重与轻巧、稳固与移动、昂贵与廉价，材料的矛盾性实则是价值观的反映，也是内部空间特征的反映。规则与非规则、秩序与混沌交织在一起，材料担当了建筑师将建筑作为矛盾综合体这一观念的媒介。

（3）作为态度的材料

建筑并非只是提供起居之用的冷漠躯壳，它还承载着人类情感。建筑形态无论是否经过了深思熟虑，它的材料都负载着某种信息和意图[⑨]。不甘重复、标新立异，也成为众多建筑师的共识——即使在言语和行为上保持低调，但建筑师的目标和态度，其实早已写在了作品中，溢于言表。态度属心理学范畴，是形而上的问题，而建筑物却不折不扣地属于物质范畴，是形而下的问题。两者能否成功转化与共鸣，运作材料的能力便首当其冲。

SANAA建筑事务所（Sejima and Nishizawa and Associates）设计的纽约新当代艺术馆（New Museum of Contemporary Art，2007）是个有趣的例子。在曼哈顿下东区低矮老旧的街区当中，六个银灰色盒子从天而降。周围环境的破败状态已无法令建筑师与之“协调”（事实上很多明星建筑从没打算要和周围协调），于是，“敞开心胸，毫无偏见地接受一切”便成为建筑师面对这样环境的基本态度。艺术馆轻盈而优雅，泰然自若地嵌入老街区，与曼哈顿中心的繁华遥相呼应。通过大量细致的模型比较，建筑师完成了态度“随意的”摆放。积木般的六个盒子竖向叠加，微妙错动。表象简单的建筑往往最不简单。重叠盒子之间不能显示出相互咬合，平台的栏板便几乎透明到消失。为了保证盒子在视觉上的完整性，单一的铝质网板包裹了整个建筑，尽可能不开侧墙洞口，使得整体性得到最大程度的加强，同时铝网的半透明性消解了建筑体量感，并利用未叠合部分创造出天窗采光，“体现出微妙和力量、明确和流畅，它非常巧妙但又不过度卖弄聪明……”“以异于常人的眼光探索连续空间、光线、透明度以及各种材料的本质，从而在这些元素间创造出一种微妙的和谐感。”[⑩]

4

当年巴别塔上的那块砖，从软泥成型、煅烧，到运输、砌筑，就地取材，因地制宜，单一纯粹。但工业发展在大大丰富建筑材料选择的同时，却使得新的问题出现了。材料选择绝不应当是随心所欲的东西，即使它来得实在很容易。通常，建筑物成本的2/3来自材料。而一个显而易见的事实是，建材工业又是资源和能源消耗最高、对环境污染最严重的行业。今天的诗意是否要以明天的匮乏作为代价？城市的奢享是否要以乡村的贫瘠为代价？这是行文至此不得不触碰到的另一个话题。

事实上，建筑材料，不单单只有它置于建筑之中时的物理性能（抗压、抗弯、抗拉强度等），也不仅是只有质感、触摸、感知等关于心理状况的特征。在可持续发展的要求面前，“环境”成为材料的另一个重要因素，它独立于材料的物理性能与感知性能。而“碳足迹”（carbon footprint）、“生命周期评价”（LCA）开启了解读与使用材料的另一扇窗。[⑪]同样是作为建筑材料的石头，是“就近开采”还是“长途运输”，表面相似的结果背后则大不相同。

限于篇幅，讨论只能戛然而止，而把这个话题开放性地存留下来。材料在物理、感知、环境的维度中留给建筑师所要思考的，还有很多……

---

①《圣经·旧约·创世记》第11章。
② 刘东洋．卒姆托与片麻岩：一栋建筑引发的“物质性”思考．新建筑，2010（1）．
③［法］勒·柯布西耶．走向新建筑．陈志华 译．西安：陕西师范大学出版社，2004．
④ 约翰·罗斯金（1819~1900），英国作家和美术评论家。他对社会的评论使他被视为道德领路人或预言家。他先后于1870~1879年和1834~1854年两次担任牛津大学的美术教授。
⑤［英］约翰·罗斯金．建筑的七盏明灯．张璘 译．济南：山东画报出版社，2006．
⑥ 斯维勒·费恩（1924~2009），挪威现代主义建筑大师，1997年普里茨克建筑奖得主。
⑦ 彼得·卒姆托（1943~），瑞士建筑师，2009年普里茨克建筑奖得主。
⑧ 艾德瓦尔多·苏托·德·莫拉（1952~），葡萄牙建筑师，2011年普里茨克建筑奖得主。
⑨［瑞士］安德烈·德普拉泽斯．建构建筑手册．袁海贝贝等 译．大连：大连理工大学出版社，2007．
⑩ 2010年普里茨克建筑奖评委会主席Lord Palumbo发表的评语。
⑪ Forestry Innovation Investment. Materials Matter. Architectural Record，2011(3): 115~119.

砖的乐章｜布鲁日（Brugge），比利时

国家美术馆东馆（建筑师：贝聿铭）| 华盛顿，美国

统万城遗址 | 榆林，陕西

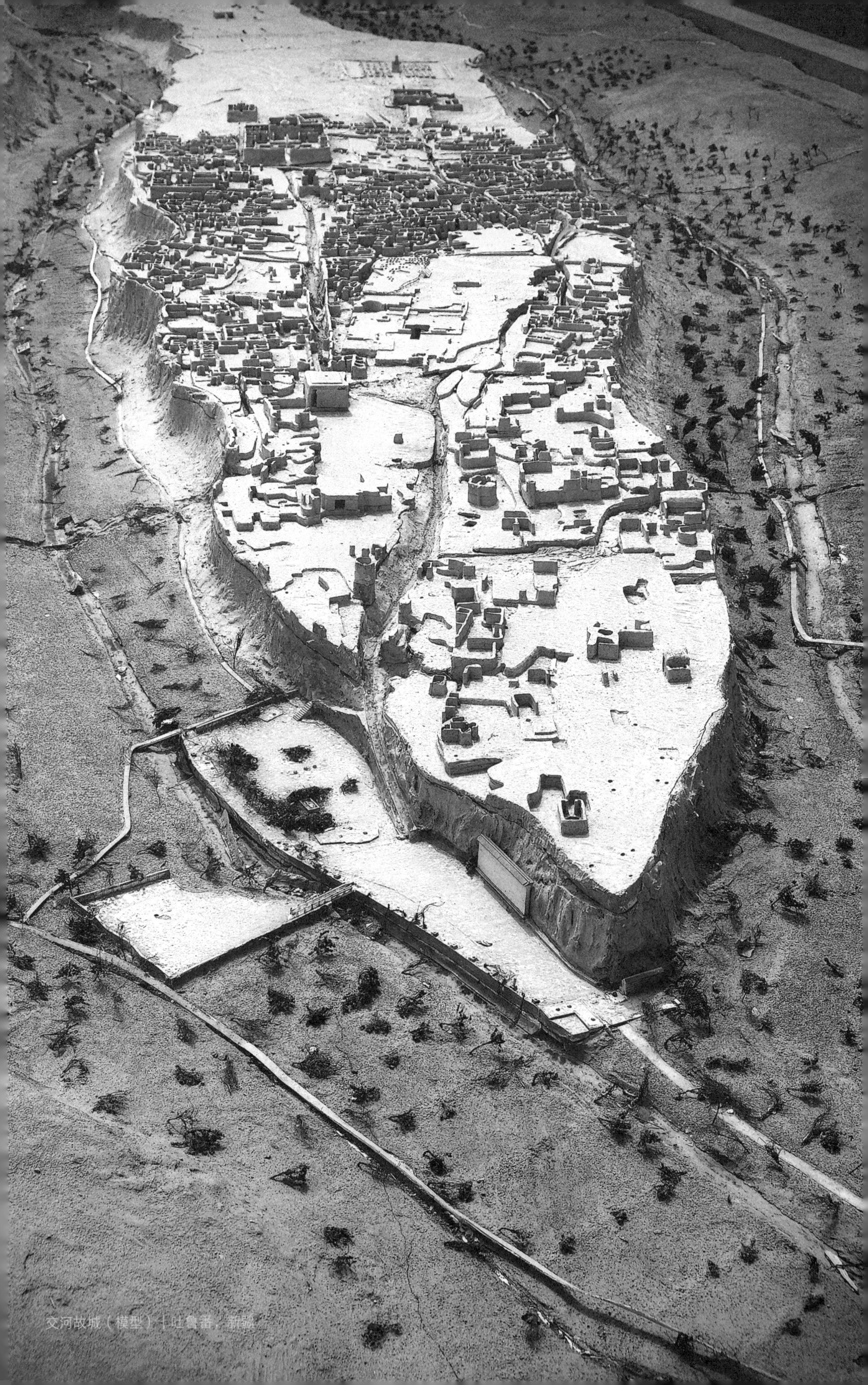

交河故城（模型）｜吐鲁番，新疆

为何有“西部建筑”

重庆弹子石老街速写（褚冬竹，1999）

1

作为一个客观存在的地理方位，“西部”本身与“东部”并无任何特殊之处：它指出了在我国版图上位于偏西的那一部分国土。但“西部”似乎又不单是一个普通的地理方位。“西部建筑”作为一类具有集体意味的研讨对象，已较早地受到了比其他区域更多的关注，表现出与“东部”“南部”或“北部”颇为不同的意味。那么，“西部”究竟是什么？这显然是一个绕不开的基础提问。不同语境下，“西部”这个看似明确的词汇事实上呈现出明显的不确定性：

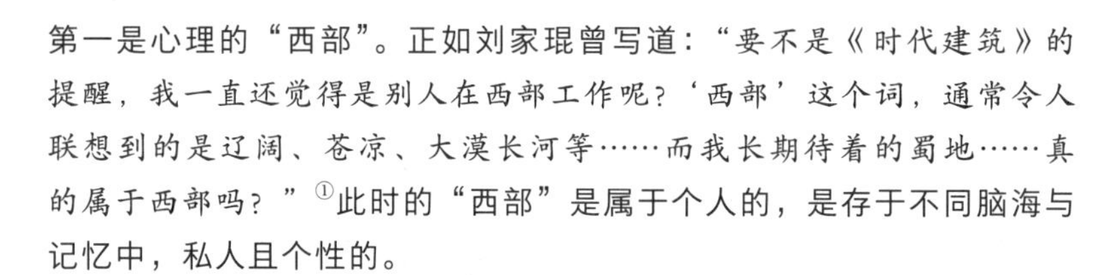
第一是心理的“西部”。正如刘家琨曾写道：“要不是《时代建筑》的提醒，我一直还觉得是别人在西部工作呢？‘西部’这个词，通常令人联想到的是辽阔、苍凉、大漠长河等……而我长期待着的蜀地……真的属于西部吗？”[①]此时的“西部”是属于个人的，是存于不同脑海与记忆中，私人且个性的。

第二是人口与文化的“西部”。北起黑龙江黑河，南达云南腾冲的“胡焕庸线”可将中国粗略地分为东西两个部分。[②]全国96%的人口分布在此线之东，但大部分少数民族却居于此线以西。它不仅是一条人口密度悬殊的界线，“还是一条文明分界线：它的东部，是农耕的、宗法的、科举的、儒教的……一句话，是大多数人理解的传统中国；而它的西部，则是或游牧或狩猎，是部族的、血缘的、有着多元信仰和生活方式的非儒教中国。”[③]

第三是经济地理中的“西部”。“根据中国自然条件的差异以及自然资源的地域分布和社会经济发展水平的不同，可把全国分为东部、中部和西部三个经济地带。”按其界定，这个“西部地带”包括西北5省区与西南5省区等共10个省区，面积占全国57%，人口占全国23%。

第四则是西部大开发战略中的“西部”。该战略界定出了新一轮西部地区的范围：在前一个标准中增加广西与内蒙古，即形成“10+2”格局。而在“经济地带”的划分中，广西与内蒙古却分属我国东部与中部。

显然，上述四个“西部”从模糊走向精确，其所指不尽相同，由此关于“语义”的思考便随之而来——到底西部建筑中所言“西部”指代的是哪一层意义？是否有所谓的“西部建筑”？在上述四层含义中，每一层都可以代表不同视角与标准的“西部”。而基于“西部”概念之上的“西部建筑”，显然也难以被归纳到一个统一精准的类别里。那么，暂时放下西部的宏大与整体，西部其实是鲜活生动的多样个体。此处不妨先讲个故事：

2

这个故事关于我的家乡：四川绵竹，一个西汉（公元前201年）便已定名的西部小城。上大学前，我家住在一个民国早期修建的小青瓦坡屋顶四合院内，木雕窗花上的几只蝙蝠纹样至今记忆犹新。花园内的花木、昆虫、金鱼……是我获得第一手自然知识的生动教具；每年樱桃、桑葚、葡萄的成熟都会成为孩子们的美食节日。一条普普通通的街上，除了各色宅门，油盐柴米、副食小吃、中医骨伤、生活器皿一应俱全。放学后，要好的同学东串西藏，可以自由进出不同家门。附近清澈的河水在桥墩下回旋，没入水下的石缝里能够清晰分辨鱼虾小蟹……

然而，某年假期回家，所有这些都如梦醒般消失了。那条我无比熟悉的街道已经变成了热火朝天的工地。再一次假期回家，工地消停了，取而代之的是一条拓宽四倍的大街，两侧底商住宅嵌着蹩脚却时髦的欧式柱廊与三角形山花。街名依旧，景象全非。改造范围很大，我已无法准确辨别方位，老邻居告诉我，当年的花园，就正好在这大街中央。我们被拆掉的家，已经换成了邻近住宅二楼的一套两居室。就这样，轰轰烈烈的旧城改造把我的记忆都推进了瓦砾之中，连一扇窗框都没留下。那是在20世纪90年代，“故乡”二字，在我心中开始蒙了一层薄薄的灰尘，随着一台台挖掘机的振臂劳作四处飞扬。

作为西部的一分子，我其实早已全程身处并参与这场浪潮之中。建筑学视角下的价值常常与经济发展数据并无直接简单的正比关系。城市经济在发展，有些我以为珍贵的东西在悄然逝去。从蜀地街巷到山寨欧式，城市丢了自己的魂。

3

前不久（2020年4月），有机会造访新疆博尔塔拉蒙古自治州，登上州府所在地——博乐市近郊的小山顶观景台，看着平整、笔直的城市路网和一望无际的海棠树林，当地领导指着远处清晰的连绵青山说，那边就是哈萨克斯坦了。徐缓清风拂过，大地之壮美、空间之敞阔——毋庸置疑的差别冲击着我这个同在“西部”，但来自“超大型高密度山地城市”的人。我开始深深羡慕这个城市人口大致相当于两个重庆大学人员总数的城市了。这便是“西部”对“西部”的震撼和刺激，它来自差异巨大的基础条件和人居对策，来自对不同土地、不同历史、不同文化的精准回应。

因此，“西部建筑”可以理解为对相对弱势地位的反思与身份的自觉建立。面对西部的种种特征——文化多元交杂、土地广袤且气候多样、历史悠久但重视不足、经济落后且分布不均、城镇化迅猛但专业指导相对薄弱……确立理想的同时认清现实，显然更胜过一路高歌猛进。当前西部建筑遭遇到的最根本问题与挑战，不是城市空间形式是否得以保留、建筑风貌是否具有地域特色，而是迅猛的经济发展速度与必须深思慎行的地域可持续性之间的矛盾。在以经济指标排名的游戏规则里，西部地区发展的当务之急显然不是文化、风貌、地域特色。放大视野，西部的处境，又何尝不是中国当今在国际社会中的处境？

就如无法找出一个真正的“中国菜”代表，“中国建筑”几乎是一个将永远探索下去的集体课题。类似的，要将西部辽阔的土地整体包含，以集体而笼统的视角建构“西部建筑”概念，也只能浮于表面，难以参透。显然，没有哪一类建筑可以被定义为西部建筑。

西部建筑是一种态度而非类型。这种态度要求建筑更为妥帖与敏感地与（宏观与微观）环境共生，也需要更为关注建筑经济性与建筑品质的关系。穿透笼统模糊的概念，以专业的手段，沉下心去探索那些根植于土地上的信息——在西部做设计的建筑师也许可以这样做。

正如经济发展的阶梯性前行方式，西部建筑的整体品质提升也不会是一朝一夕、全面铺开的。星星之火，可以燎原。以“点”开始，最终完成全面迈进。由此，建筑之于西部，就有了三个不同的发展层次。借用三个英文介词来解读——“in、for、of”，即那些“在西部”“为西部”和“属西部”的建筑。

“在西部”的建筑：这是最为基础的层次，表达了建筑本身的客观位置。只要建筑身处西部，便客观构成了“在”（in）的状态。

“为西部”的建筑：作为第二个层次，表达了建造的主观目标。要注意，并非所有存在于西部的建筑都有主观为其存在的意图——此处的意图表示设计与建造明确知晓了任务的特殊性、现实性、针对性以及某种程度上对未来的前瞻性。回归西部现实，坦诚面对当前西部建设环境的主要矛盾，也许是“为西部”考虑的正确方向。

“属西部”的建筑：这一层次表达了建筑的地域特性与身份归属。西部建筑的部分优秀实践，已经逐渐展露出一种初具群体特征的姿态。这个群体特征，就是要在差异显著的地域性、多样鲜明的民族性、务实合理的经济性面前，以更为“聚焦”的心态与工作方法，直接触及问题的本质，避免以“空话”“套话”的方式简单冠以“风貌”或“风格”，将“地域”推向了更为具体的“地点”。将建筑“锚固”在“那个地点”，便成为真正属于那个地点的建筑，属于“西部”的建筑。

4

在本书撰写过程中，重新翻看那一份份在西部城市的设计实践，我再次主动应对着这三个与西部关联的层次。无论是面对西部历史旧城核心的更新，还是在迅猛发展新城中的各类校园，抑或是走进大山深处感受那曾经的隐匿激情，西部给予设计的，不仅是多变复杂的场所、跌宕蜿蜒的历史、稍显窘迫的投资，更是设计最需要、最宝贵的限定载体。这些载体，恰恰是孕育创意的重要基地。在和中建西南院钱方总建筑师共同筹备第二届“西南之间”论坛时，我们提出“地缘创造｜Geo-Creation”这一主题，便是意将建筑师的创造视角与西南地区特殊地域问题联系起来。我们在释题文字中这样写道：

具有广袤地理空间的中国西南，不仅拥有中国陆地面积的1/4，拥有复杂多样的地形地貌、气候类别、生态资源、人文风俗，更重要的，这里分布着中国种类最多的少数民族。作为中国古人类重要发源地之一，西南地区以悠远绵长的胸怀和迤逦秀美的山水，滋养着数以亿计乐观耐劳的人民，也孕育出多彩绚烂的民族文化。西南地区错综复杂的地理环境形成了大量独特的地域单元，这些地域单元保持着相对独立的文化与生活方式，也作为一个个基本元素共同建构出灿烂的中华文化。在漫长的发展进程中，西南地区也聚合发展出中国最具个性的城市，成都、重庆、昆明、贵阳、拉萨……它们以独特的性格与面貌丰富着“中国城市”的内涵，也紧密协同乡村在快速的中国经济发展中贡献着自身力量，形成了城市与乡村交互辉映、文化与自然协同并进的“西南面貌”。

没有创造，便没有西南。在长期的人居与自然共生过程中，西南人民面对多变复杂的地缘特性及来自自然的重创，他们以智慧、坚韧与乐观的特质进行创造——营田、水利、山居、交通……时至今日。在当今城市“标准化”扩张、文化“快餐化”消费、信息“数字化”流动、物流“效率化”使用的情境下，在复杂的城市聚集和城乡统筹要求下，令人惊叹、源于地缘传统的智慧在多大程度上还能佑泽后人、发挥重要作用？

以“地缘创造”为主题，正是期望当代建筑师通过对这片土地和文化的再阅读、再审视、再批判、再发掘、再创造，建立起开放创造与地缘传统基因强有力的关联，扎实读懂这片土地，读懂这方文化，在地缘传统中探求理性创造，并展示地缘价值。唯有如此，才能在更具挑战性的未来城乡建设中，孕育出与这片美丽之地相匹配的优秀作品，将今天的智慧转化为新的传统。

既然当前西部建设的矛盾常体现在“迅猛的经济发展速度与地域可持续性之间的矛盾”，那建筑就不是一个简单的工程技术问题，更不是一个建筑面积的增量问题，而是认识观、价值观叠加融合后的哲学思辨和工作立场问题。康德把哲学比作“建筑术”，认为“人类理性在本性上是建筑术式的，即是说，它把一切认识都视作属于一个可能的体系”[③]。但在建筑技艺上升为学说之前，“建筑术”这一概念将建造房屋这一本来质朴的事件表达得似乎更为贴切。面对西部建筑的诸多问题，需要更多的以“术”为立场的对策。由众多西部建筑构建出来的西部城市，在承担功用等物质任务的同时，也承担起托承文化的载体。“城市就是人类文明的明确产物。人类所有的成就和失败，都微缩进它的物质和社会结构—物质上的体现是建筑，而在文化上则体现了它的社会生活。”[④]

① 刘家琨．我在西部做建筑．时代建筑，2006（4）：45.
②《先锋·国家历史》编辑部．发现西部．先锋·国家历史，2009（2）：5.
③ 倪梁康．“建筑现象学”与“现象学的建筑术”——关于现象学与建筑/建筑学之关系的思考．载：彭怒，支文军，戴春主编．现象学与建筑的对话．上海：同济大学出版社，2009：40-46.
④ 约翰·里德．城市．郝笑丛 译．北京：清华大学出版社，2012: 8.

丹巴，甘孜藏族自治州，四川
沙溪，剑川，云南

主体

开始设计：从技能到意识

1

在我所有发表出来的文字中，《开始设计》（机械工业出版社，2006年第一版，2011年第2版）一书无疑是最特别的，不仅因为它是我独立著述的第一本书，更因为它是在我最为无知无畏的年龄呈现出来。它讲述设计如何开始，而当时我的工作也其实刚刚开始。

2003年，在成都举办的青年建筑师奖设计竞赛颁奖会上，我结识了机械工业出版社赵荣老师。她向我约写一本书——建筑快题设计。这是当时很受欢迎的选题，它意味着足够的阅读需求和码洋。掂量一下，对快题设计似乎略懂一二。于是，还不满28岁的我就这样冒冒失失答应了。没想到，这次关于"快题设计"的邀约，最后却促成了关于设计如何渐进的"慢镜头"解读。

次年，带着部分文字和提纲，我作为访问学者赴加拿大，开始了在多伦多大学和KPMB建筑事务所的工作。第一次出国，异国的景象、人物、工作几乎每天都在刷新着认知，我像一块干燥的海绵在快速地吸收着水分。在多伦多大学，我承担了一门本科三年级设计教学（在前文"学步"中已有粗略记述）。在教学过程中，试图去感受不同国家的思考角度，并本能地与国内教学遇到的情况进行比较。逐渐意识到，我们的教育差异其实更多来自中低年级，特别是低年级。低年级的教学观念与方式将中西方的建筑教育逐渐开始分开。于是，一个为低年级写点东西的想法逐渐明朗起来。另外，除了上课的时间，我还在KPMB建筑师事务所工作。KPMB在加拿大是一个具有很高声望的事务所，在那里我接触到一种严谨、理性的设计态度与方式。这段经历对于本书的写作也是至关重要的。经过很多次的思考、反复，最终下决心把已经写了大半年的"快题设计"内容几乎全部删去，重新开始了另一个命题——设计如何开始。

框架慢慢建立起来，目标也越来越明确。虽然中途不断地因为各种原因停笔，甚至险些放弃，但最终还是艰难地将其生产出来：

墙 理解

1 设计到底是什么？——基本问题的探讨

1.1 设计——作为一种思考方式

1.2 设计的特征

1.3 设计的过程

2 建筑设计有章可循吗？——探讨设计模式

2.1 不可能的任务——"完全信息"假定

2.2 SAD，PAD及其他：认识不同的方法

门 行动

3 鸡蛋是如何竖立的——灵感从那里来

3.1 设计的起步问题

3.2 草图的力量

3.3 图示笔记——一种"建筑学"的信息记录方式

3.4 避免凭空猜测——设计与研究

4 一场障碍赛——从初始构思到深度解决

4.1 设计过程，就是寻找并解决问题的过程

4.2 构思的推进

4.3 时间管理——不仅要跨越障碍，更要控制时间

4.4 从图纸到修建——设计的最终目标

4.5 温故知新——设计的评价与决策

5 传递信息——设计的表达与沟通

5.1 对设计表达的理性理解

5.2 从设计工具看设计表达的类型与特征

5.3 作为思考方式的视觉表达——图解
5.4 知彼知己——建筑设计评图体系
窗 思考
6 综合提升——“设计意识”的培养
6.1 实际操作的意识
6.2 创新超越的意识
6.3 整体系统的意识
6.4 开放吸收的意识
6.5 综合感知的意识

写作中，特意以墙、门、窗三个建筑基础组件作为划分全书的三种隐喻和引导，大致是因为：墙是限定建筑空间的最基本、最常见要素，决定了空间的基本构型，因此作为基础，引申为“理解”；门则是空间跨越和行为转化的界面，也是墙体围合后必须的基本要素，承载着最大量的日常流动，故引申为“行动”；而窗则是关联内外的接口，也是最富有灵气的建筑要素之一，故引申为“思考”。

由于这本书的主体基本上是在加拿大写成的，多伦多大学建筑学院时任院长拉里·韦恩·理查兹（Larry Wayne Richards）教授曾阅读了大纲和部分正文翻译稿，多次谦和耐心地与我交流，提出了很多中肯建议并欣然应允作序。同时，KPMB的四位合伙人，特别是布鲁斯·桑原（Bruce Kuwabara）对这本书的帮助与影响也是难忘的。

该书后记里写了这样一句话：“把这本书献给我所教过的为数不多的学生。正是你们，真正促成了这本书的完成。”彼时，我只开始工作了两年，其中还包含着担任学生辅导员的一年。教过的学生也寥寥可数，但那时真的没有胆怯、顾虑，就这么一口气做下来了。换作今天，真不敢保证自己有勇气去书写“开始”。

2

建筑设计是难以言传的，就像会骑自行车的人很难向他人描述车为什么不会倒下——它太难以用语言讲明。因此，与家用电器不同，几乎没有人会通过熟读“用户手册”学会骑自行车。

但是，与设计过程本身的难以言传相反，建筑教育的天然要求则需要将设计过程描述并传达出来——这也是建筑教育面临的第一个问题。正因为如此，东西方古老的建筑教育都不约而同地采用了“身教”而非“言传”的方式：通过模仿、实践、总结，最后“练”出自己的技能。但是，在这样的模式下，形制、做法、规则是传授的主体。整个过程忽略了对创造性思想的传授，也许这根本无法传授。现代建筑教育当然无法回避它。于是，建筑教育又面临另外一个方面的问题：应该培养什么样的人才？熟悉专业技能与规范的“准”建筑师？还是具有相当创造力与思考深度的“未来”建筑师？再进一步，是否每一个毕业生都必须是“建筑师”？……有太多问题需要考虑。

对于学生而言，也面临着相关的问题。相当多的建筑学专业新生会在大学里受到一种“冲击”——他们将要身处一个全然不同的新世界。在短短的一两年里，学生就会经历两次重要的转化：首先是由高中阶段的逻辑推理思维方式转向以视觉思考为核心的领域；紧接着，又要从纯视觉思考（构成、造型训练）转向对功能、技术、经济等要素的综合权衡（含有功能要求的设计）。这是两次很难被轻易领会直至掌握的转化过程。学习设计，需要从起点开始，理性而有统筹观念地看待整个过程——这就是我所希望阐明的“基本设计”思路。

在学习设计的起步阶段，暂时放下“文化、地域”等概念有助于我们更清晰、理性地理解与切入设计。如果我们相当数量的建筑连基本的共性品质（功能、材料、构造、工艺、交通关系、建造质量……）都难以保证，要在这样的情形下谈“文化”与“民族”，只会掩盖我们事实上的虚弱。

3

关于“设计”

与英语“design”一样，中文的“设计”也同时承担名词与动词的意义——可以指从事“设计”这项工作的成果，也可以指工作的过程。在本书中，动词的“设计”，也就是作为过程的“设计”是探讨的重点。无论什么领域，为“未来”提供计划、方案、图样的，大致都可以称为“设计”。例如结构工程师把计算梁柱尺寸的过程描述为“设计”；设备工程师会认为“设计”是在建筑物中合理排布各种管线；服装设计师则会以“设计”引领流行趋势……“工程”与“艺术”，它们之间似乎离得太遥远。而“设计”则犹如一条弹性的纽带，联系着精确严谨与感性幻想。

优秀的结构工程师在“设计”中仍旧需要相当强的想象力与创造力，结构设计带来的突破甚至会比单纯的建筑造型变化更激动人心，也更加难以模仿。相对的，优秀的服装设计师的思维也决非天马行空，仍旧需要熟悉面料、工艺等技术知识。各种类别的“设计”均需要精确与模糊、系统且发散的辩证思维模式——必须具备丰富的想象能力且兼有严谨的数据处理能力。在建成环境设计领域里，如建筑设计、室内设计、城市设计、景观设计以及工业产品设计等，其共同的基本要求都是：“创造感观（视觉、触觉等）愉悦与功能适用的终端产品。”这一领域的设计成果往往与大量使用者紧密关联。设计的失误可能带来使用的不便，或是付出高昂的代价。相反，优秀而自然的设计则不仅为使用者带来功能上的便利，更可以渗入人的生活与心灵。

关于“开始”

“开始”有两层意思：一是指面对新的设计任务，如何启动直至完成；其二是指对于刚刚跨进建筑系大门的同学来说，迎面而来的将是一个全新的领域——设计，而这个领域与他们曾经朝夕相处的高中课程迥然不同。

设计要得以完成，必然与诸多要素相关联——城市、历史、文化、技术、场地、设计者个人的知识背景、思维习惯……这些要素可能直接左右设计的方向，也可能潜移默化地渗透到设计的过程之中，甚至令设计者疏于察觉。设计者的专业成长历程就是面临各种新的挑战,不断探索与再学习的过程。从这个意义上来说，设计几乎是“不可教”的，这也决定了设计很难有速成的设计指导方法。设计者往往彷徨地在两种极端中找寻自己所需要的养料：一端是“宪章”“宣言”类的纲领性文件——概括、权威，但是要指导具体的任务却颇有些距离；另一端是各种已有的设计成果——清楚、直观，甚至能够直接“引用”到自己的设计中来，但这毕竟不是每一位有理想的设计者的最终目的，也无法解决每一个具体问题。

这似乎是令人沮丧的言论，但究竟要如何进行设计？是否我们只能摸索在无穷无尽的知识之中而难以迈出第一步？如何“开始”在此处成为一种探索的标识。

设计是一种技能。当然它可以被视为一种高度综合的复杂技能。这种技能虽然难以用单一理论的文字来描述，但也绝非天赋的某种神秘能力，而是有章可循的。

但我们却很难单凭文字去真正掌握设计要领。

举个例子，有这样一段文字：“用嘴和鼻同时深吸气，吸气至肺的底部。使横膈膜向下压，则胸腹部同时向周围扩张将气吸满，然后摆好正确的口形呼气，呼气时将气运到口腔集中，气流缓慢匀速呈直线状吹入吹孔内。气流方向为唇斜下方45度。”这是在讲授吹长笛。但遗憾的是，在起步阶段，这样的文字所起到的作用实在太小。

设计也是如此——只有在对技法想得最少的时候，才有做得最好的可能。

对基本技能的练习、实践是走进设计领域的必经之路。要知道，即使是最具天赋的滑雪运动员也受益于初学时严格的基本动作训练。严格，但不代表僵化，思考与创造是跨越发展的重要动力。同样是体育运动，迪克·福斯贝里（Dick Fosbury）要不是一举打破常规，以古怪的“背越式”惊人一跃并打破世界纪录，人类离高度极限似乎更加遥远。[①]在程序与规定的背后，潜在的革新往往就在那里。

4

在建筑中，“设计”可以有广义与狭义两种理解。广义的“建筑设计”指从接受任务到完成设计成果（其中还需协调其他相关专业），再到监督施工（可能随之调整设计），最终将设计建成并获得使用反馈。此时的“设计”被视作一项完整的全过程，其成果作为备料、施工和各工种在制作、建造工作中互相协作的共同依据。而狭义的“建筑设计”则只是指接受设计任务到设计成果提交的过程，尤其是特指建筑学专业的那一部分设计内容（与建筑设计相并列的，还有结构设计、给排水设计等），亦即是广义设计中的“前端部分”。而这部分恰恰是整个设计过程的关键，它对未来建筑的特性和品质有着最为显著的影响。

单是明确设计程序的每一个环节，并不能有效地指导设计的发展。因为设计程序的本质是某种规定性，它确定了设计者“应该做什么”，而不是“如何去做”。而后者，正是设计中最重要，也是最难揭示的核心。

要深入地讨论设计如何做，即设计如何“生成”的话题，便首先要触及一个基本问题：设计过程的思维特征。事实上，设计活动本身已经形成了特有的思维模式，这个模式与建筑学本身的多重特性相关，既不完全因循工学专业的理性、论证的原则，也不等同艺术创作可以自由挥洒。那么，设计思考过程中到底要关注些什么要素？怎样的思考过程才可能诞生良好的设计成果？为了解答这样的问题，需要研究设计过程与什么要素相关联。为了对这个问题表述清晰，我试着提出这样以下这个设计成果生成的“基本公式”。

$$D = S\cdot(M\cdot T\cdot K+P)^{C}$$

式中D：设计成果的质量（$D\geqslant 1$，1表示解决了最基本的功能问题，D值越大，表示设计成果质量越高）；

S：对城市、场地、环境条件，业主、公众等需求的尊重与分析；

M：合理的方法；

T：清晰的目标；

K：相关专业知识；

P：先例的研究；

C：设计者创造性思维与个性趣味趋向。

说明：

（1）S（对城市、场地条件，业主及公众需求、问题的尊重与分析）首先成为考量最终质量的因子，脱离这个层面的思考，设计成果将无从谈起。

（2）假设设计者的创造性思维为0（这其实是不可能的），那么其结果为1（并非0），表示如果没有创造性思维或设计者在设计中并未表现出特别的个性趋向，那么设计成果只能解决最基本的问题。不是真正意义上的设计。反之，创造性思维越大，其结果呈几何级数增长。

（3）当方法、目标、背景知识三项任何一项为0，那么结果只剩下对先例的利用，换句话说，这种情况就变成了“抄袭”。
（4）P，即设计先例的研究，可以使设计更加成熟，但算不上是最具决定性的要素，关键看对待已有成果的使用方法和态度。所以此处用加法而非乘法。

显然，这个颇具娱乐性的公式旨在阐明与设计相关的主要因素及其关系，并对各要素的重要性与角色定位产生直观简洁的印象。它不是实现好的设计的教条，也不能真正地如数学、物理学科中的诸多公式直接加以运用——建筑设计远比这样的公式要复杂得多。建筑设计位于自然学科与人文学科的交叉地带，其自然学科的特性注定建筑必然要遵从一定科学规律，而人文学科却涉及人的价值观，与主观认知紧密关联，不可能放之四海皆准。因此，设计很难像纯自然学科那样规范大量的“公理、定律”来建立自身的学科框架。曾经在东西方建筑界所规定的柱式、做法也仅仅是在建筑构件上的形态、尺寸规定。到了近现代，这样的“规定”已经很少了，极度多样化的建筑界甚至表面上展现出几乎没有任何约束的状态。曾经，现代主义试图宣称的“理论”，很多被随后的后现代主义质疑。而后现代主义认为：设计是一种权力的展现，是一种意识形态的展现，所以设计方法就是协助了解权力、了解立场，进而以空间与造型来诠释这“权力与立场”的方法。然而好景不长，这样的认识还没有被广泛认同却逐渐离开舞台中心，取而代之的是再度对技术、构造、材料的研究，对城市、景观、基础设施的整体关注。自然科学与人文科学就在建筑设计的体内进行着永不休止的争斗，这样的争斗恰恰又刺激着建筑学本身的成长。

越来越多的事实证明，世界的多元多极特征是客观存在的，由此引发的思维方式也很难统一于一种框架之下。地域性和全球化的辩证关系已经成为当代炙手可热的讨论话题，这也当然包含了建筑界。因此，无论从纵向的时间历程还是从横向的多文化背景的现实，要描述出一个公理型的设计过程显然走不通。设计所承担的角色也丰富多元：对于现实世界中的诸多问题而言，设计是解决问题的方式；对于业主与公众的利益而言，设计是一种需求的满足；对于建筑师本身来讲，设计则甚至可被理解为一种表达态度的立场，不同的立场，开始触发不同的设计成果的诞生。

5

1907年9月，年轻的让纳雷（Charles-Eduoard Jeanneret）开始了横跨欧洲的旅行。虽然他父亲一直希望让纳雷在旅途中要多多观察建筑，但他更希望这趟旅行使自己成为一名真正的画家。于是，他在写给家人的信件中，不断地提到“色彩、雕塑、光、乔托、米开朗琪罗……”。

然而，一条印在旅行手册某页一隅的短小指南，竟然改变了他的一生。这条指南，令让纳雷来到了距佛罗伦撒西南3英里的伽卢索（Galluzzo）山区，因为那里有一个鲜为人知的修道院。它建于14世纪，人迹罕至。就在那里，这个年轻人开始对建筑有了某些重要感悟。

“我发现了一种解决工作人员居住问题的方式——一种独特的形式，”那天晚上，他在给父母的信中写道，“然而，人们恐怕很难再见到那样的景观了……那些修道士是多么的快乐。”伽卢索的独特空间布局给他带来

正在绘制草图的勒·柯布西耶
摄影：瑞士摄影家René Burri

了深刻的印象。在整个旅行结束时，他又来到了这个地方。在众多让纳雷旅行过的地方，这个修道院是他再度拜访的为数不多的地方之一。

十余年后，让纳雷开始称自己为勒·柯布西耶（Le Corbusier）。

…………

很久以后，勒·柯布西耶这样教导他的学生："投身于建筑便犹如进入了某种宗教状态。你必须使自己为她完全投入，满怀信念，付出一切。当然，回报是公平的，建筑将给予那些献身于她的人一种特殊的愉悦。这种愉悦是某种恍惚难言的东西，它来自于艰辛劳动后的豁然开朗……"②

勒·柯布西耶在伽卢索感受到空间的力量，由此产生了对于建筑的飞跃的理解。某种难以言说的意识诞生在这个鲜为人知的场所。对于设计而言，主动的、充满激情的"意识"的建立，是非常宝贵的，因为意识是超越方法的。建筑学所需要的，是一种超越特定方法的综合处理能力。"感觉"是"意识"的前奏。"感觉"里的重要内涵是"意蕴、意义"。正如"sense"这个词，有时译作"感觉""感官"，有时译作"意义"。"意识"是建立在"有意义"的感觉之上的，良好的感觉应该上升为一种主动的设计意识，可以分别从"实际操作""创新超越""整体系统""开放吸收"和"综合感知"这五个方面来理解。

（1）实际操作的意识

作为设计者，最为基本的意识便是“做”——在行动中学习。因为如此，设计类专业几乎都采用“工作室”（Studio）制度作为其教学的基础部分。这就是“做”设计的基本学习模式。就像对现代设计产生过深远影响的包豪斯，正是采用了以“实践”为基本出发点的教学模式，才使得现代设计上升到一个新的高度。

20世纪包豪斯创造性地以功能、实践为特征建立了设计教学体系。包豪斯认为艺术是教不会的，而工艺和手工技巧是能教得会的，这就解释了包豪斯为什么以作坊（类似于今天提到的工作室）为基础。在包豪斯里不分教师和学生，只有“大师、熟练工人和学校”。从学校的角度，“实践”意味着新的教学体系的再建立——从课堂转型为工作室。从学生的角度来看，“实践”的含义在于勤于动手动脑，深入到具体的设计问题的解答中去。很自然地，摆在学生面前的就有了这样一个问题：“学”设计，还是“做”设计？除了显而易见的“动手”“实践”的含义之外，在思想上，“做”设计有两层意思：一是始终坚持对现实问题的关注，同时不断丰富自己的理论结构；二是从现实生活世界的问题中引发对建筑问题的思考与讨论，并为具体设计提供容易忽视的新视点和新答案。这两种方式都可使建筑反过来影响生活世界，最终实现建筑学的意义。

（2）创新超越的意识

练柳体书法的人以柳公权的字为其蓝本，但柳公权本人的字帖在哪里呢？任何事情总会有一个开端，勇于探索这样的开端就意味着迈向创新。

创新精神要有不断自我否定的气量，更要重视原创性思维的培养。面对经典作品或是既定规则，是否只有学习与遵从这唯一的道路？文艺复兴、新建筑运动……每一次的突破都是建立在对于“经典”质疑与超越上。创新精神要有灵活多变的设计态度。不要将设计步骤理解为一个僵化固定的模式。接触到实际设计项目之后，常常会发现设计过程并不完全是一个恒定条件的过程。面对变化就需要创新的思维方式，按部就班、墨守成规的态度很难在设计上有所突破。

创新基本上不可教，但创新能力却可以激发。

（3）整体系统的意识

整体系统的意识是指设计者需要把与设计有关的诸要素结合起来系统加以考虑。任何一件设计产品，其诸要素相互联系又相互制约，顾此失彼难以设计出成功的作品。成功的设计者所要考虑的因素不仅局限于设计产品本身，还会涉及使用者、环境、生产、运输、市场、传播等方面，而且随着时代的发展其重要性日益增强。因为完成一个设计，很难像完成一份数学试卷那样，每一道题几乎都是以独立形式出现。一道题的对错不会影响对另一道题的判断。一个好的设计肯定不会是一堆局部解决方法的堆砌——必将以一种整体的姿态出现。其中，单个设计要素的失误甚至会导致整体失败。

作为一个建筑师，既要有数学家一样的逻辑思维能力，又要有艺术家一样的形象思维能力；既要懂得1+1=2的道理，更要学会1+1≠2的辩证思维方法。皮亚诺（Renzo Piano）在一次与东京大学学生的对话中说道，“1962年和1964年是我建立个人经验的阶段，我将其称之为‘知识好奇’和‘社会关注’时期。……建筑是一座冰山，其真正可见的是浮在水上的很少一部分，而水面下才是建筑的主要部分，其中包含了社会、人类学、气象学、科学和社会科学等，缺少这些建筑是不存在的。”③

（4）开放吸收的意识

对于建筑师或建筑学学生，开放吸收意味着能够敏锐地接受来自其他领域的营养。所谓其他领域，是基于狭义的“建筑设计”而言的。这种吸收方式可以是纵向的，来自历史的养料；也可以是横向的，来自相关领域的营养。

过去的历史为我们留下的财富令人惊叹，有重要的学习研究价值，这一点早已是共识。但是对于设计项目本身，历史所能够带来的价值却往往不是立竿见影的，不是立即能够“用”的。这导致相当部分设计者对历史研究缺乏应有的尊重、历史学习与设计实践的脱节等问题。面对历史恰恰最需要的就是开放的心态：“放宽历史的眼界，更应当避免随便作道德的评议。因为道德是真理的最后环节，人世间最高的权威，一经提出，就再无商讨斟酌之余地，故事只好就此结束。”④

“开放吸收”也意味着对其他相关领域的敏锐感知和学习的能力。建筑设计不是一个孤立的学科，它有自身个性，同时也有作为设计学科一员的共性。但是这样的分类还不足以从更宽的视野来理解建筑设计。从西方艺术史来看，建筑总是被划归为“艺术”这一大类，直到今天也无法否认建筑设计中的艺术修养的重要作用。同时，从设计学科门类来看，建筑设计又是在“设计”这样的一个家族中。这些不同设计类型以及艺术类型对建筑设计本身，都是非常重要的参考与思维刺激。西方学者提出了更广泛的概念——“视觉文化”，并在此基础上生成名为“视觉研究”的新领域。建筑学的发展与研究也与这样的领域紧密相关。跨学科、多元化的研究方式必将深远地影响着建筑学的发展。传媒、网络、影视等技术的日益普及，建筑学的研究与表达方式也不断地拓展着新的领域。

（5）综合感知的意识

感知是我们的思维与周边世界的纽带。

这里提出“综合感知”的建议，意在强调多方位的感知意识。为了说明问题，不妨将与建筑相关的知觉类型分为两大类：一类是视觉感知，另一类是非视觉感知。之所以这样划分，是因为视觉特征已经无可置疑地成了建筑设计中最核心因素。以视觉为核心的学科群正在兴起，建筑正是其中重要的一员。建筑课堂、建筑评论、设计过程……里面的大部分时候都在与视觉问题纠缠。再看第二大类的感知特征，这也是不易察觉的，常被忽略的。尤哈尼·帕拉斯马（Juhani Pallasmaa）曾以诗意语言阐述了作为现象学的知觉在建筑学中的情景，分析了建筑中人的各种感受，强调身体，即知觉主体经验的重要。在他的《建筑七感》（*An Architecture of the Seven Senses*）一文中，在文艺复兴时已经认识到的五种感知类型的基础上，列举了人对建筑的七种知觉——除了“视觉层面的”建筑学，还应该有一种触觉、听觉、嗅觉和味觉等的建筑体验。与其说这是在以现象学的方式理解建筑，不如将其看成是作为优秀建筑师所必须具备的敏锐感受。全面的感知能力是要成为一名优秀的建筑师应必备的。设计的意识，很大程度存在于这样的点滴感受间。

---

① 在1968年第19届奥运会上，一种新的过杆动作震惊了观众。21岁的美国运动员迪克·福斯贝里越过横杆时，不是面朝下，而是面朝上、背朝下地“飞”过横杆。这个古怪的动作随即被命名为“背越式”过杆。这一跃，福斯贝里不仅刷新了奥运会纪录，更使“背越式”跳高风靡全球。

② 节选翻译自：Tess Taylor. *The Monk of Modernism*, Metropolis Magazine, 2004 (4).

③ 安藤忠雄研究室编. 建筑师的20岁. 北京：清华大学出版社，2005.

④ 黄仁宇. 万历十五年. 北京：生活·读书·新知三联书店，1997。这本书的英文版书名为“1587, A year of no significance: The Ming Dynasty in Decline”，直译为“1587，无关紧要的一年：衰落中的明朝”。

朗香教堂（建筑师：勒·柯布西耶）| 朗香（Ronchamp），法国
德国历史博物馆（建筑师：贝聿铭）| 柏林，德国

生成与评价：再议可持续建筑及设计方法

《开始设计》之后，《可持续建筑设计生成与评价一体化机制》(2015)一书继续以设计过程为对象，围绕“如何设计得更好”这一颇为基础却令我着迷多年的话题展开。如果把《开始设计》作为探讨设计过程的“课堂”版本——读者更多是建筑学学生，那么《可持续建筑设计生成与评价一体化机制》可视为某种意义上的“职业”版本——希望它能够在职业实践领域里起到一些思考和推动作用。因此，这本书以更加综合的视角去探讨建筑设计过程的发展，以“可持续目标”为聚焦点，将设计过程中客观存在的“生成与评价”问题进行了剖析，并尝试着建立一种较为明确设计发展模型。当然，作为一家之言，这样的“建立”旨在唤起更多人对“设计过程”“设计程序”以及“建筑师思维”等话题的兴趣和关注，它远不是完善、周详的万能钥匙。

1

建筑与人类的发展交织前行。从遮蔽风雨、阻隔虫兽的卑微，到大兴土木、人定胜天的豪迈，人与自然，经过了漫长而艰辛的共存和较量。凭借技术，人类早已可以移山填海、河流改道，但终究改变不了自身作为大自然一分子的事实。“上帝将地球借给我们生活，这是一个伟大的遗产，它更多的属于我们的子子孙孙……我们没有权利因为我们做错任何事情或疏忽大意而使他们受到不必要的惩罚，或者用我们的权利剥夺他们本应继承的利益。”[①]面对庞大的自然系统，在历经多次惨痛教训之后，人类终于意识到，发展的同时不忘对后世与自然的尊重才是唯一的长久生存之道——而这正是已获广泛认同的“可持续发展”的精神。

面对未来，为获取可持续的发展机会，人类必须用质量性发展的经济范式来代替数量性扩张增长，由此带来对各行业质量的更高、更精细要求，建筑建造的“精耕细作”时代也正在到来，对建筑品质、可持续性等质量性要素将会更加注重。这一转变涉及整个建筑业全过程，且更依赖于整个过程的前端事件——设计环节的科学性和前瞻性。于是，自然引出了一个切实的问题：“如何设计得更好？”

尽管不同机构、组织、人物对可持续发展观念有着不尽相同的表述，但始终围绕着“需求”与“限制”两个核心问题。正如《我们共同的未来》(1987)报告中对“可持续发展”的定义：可持续发展是“既满足当代人需求，又不对后代满足其需求的能力构成危害的发展”——以“满足需求”为基本前提，以“合理限制”为根本手段。可持续发展作为一种智慧的、平衡的、负有责任的思维与战略，将“当下”与“未来”的利益进行权衡，以更长远的眼光决策当前的活动，超越了以“人的发展”为中心的思维和定义，倡导一种更深层次的生态整体主义观念。人类更加敏锐与谨慎地面对着环境与未来，可持续发展观念也已逐渐由宏观战略进入到行业内的具体行动中。建筑作为服务于人们的空间载体，在满足空间、形态、科技等基本准则之后，可持续的发展状态作为未来必须践行的道路，成为一种更高层次的目标与准则。

建筑应当被视为一个和它的使用者、文脉、环境及它自身系统有着密切联系的有机整体。在这个层面，当代(及其未来的)建筑设计明显带有现代科学中的“非线形”特点。从问题的起点到终点全过程是一个综合而复杂的推衍与评价、分析与筛选过程，显然不能用线形的“因果关系”来获取事物间的深层次联系。“环境”要素并非是一个恒定问题：过高或过低地对环境系统的评估都将对建筑性能、成本和舒适度带来负面影响。环境回应也因各种建筑物理标准而变得复杂。随着产品技术的普及与设备成本的降低，可以预见，今天基于能耗、资源角度出发且数量有限的“绿色建筑”将逐步拓展为内涵更为丰富的“可持续建筑”，也必将逐渐成为未来的“普通建筑”。而今天刻意强调的生态、环保性质也必将成为未来建筑的基本要求——简言之，建筑各项品质必将得到更为有效的综合，并逐步提高，真正实现在资源有限的地球上的“更好地建造”。

2

“设计”是整个建筑诞生过程中最为关键的环节，它决定着未来建筑最重要的特性。它是一个“从无到有”的过程，其成果包含了大量尚待发展的“潜力”和“基因”。当代中国的发展速度，包括城市化速度，相对于世界其他大部分国家，要来得猛烈而迅速。与此同时，来自可持续发展的要求甚至是压力也随之增加，建筑设计更被推向了新问题的中心。经济、思想与技术的巨变与建筑设计程序与方法之间，形成了相互要求、相互促进的关系。正如即使是“*行动十分迂缓的人，只要始终循着正道前进，就可以比离开正道飞奔的人走在前面很多。*”（笛卡尔）而在发展的快轨中保持一定程度的冷静心态，对深层次问题与机制进行剖析，将会在未来的发展中发挥更具潜力的作用。

具体到建筑的执行层面，理想和现实依然存在着巨大的差异。面对未来，更好的建设必然需通过更好的设计得以实现。而具体到对设计的研究，依然面临着两方面的难题：首先，设计过程本身具有极大的个体性差异与不同影响因素，在客观上造成了设计过程的个性化、差异性。要在这样的模糊、多变中捕获到共性规律，总结出设计中能够被理性控制或推广学习的程序，有着相当的难度；其次，虽然在管理学、运筹学领域发展起来的评价方法，也因其相对复杂的数学计算方式，在设计（特别是方案设计）过程中，其成果还很难被设计者方便地运用，在客观上阻碍了评价理论进入设计过程。而建筑设计过程中包含着大量的评价行为，探索评价对设计过程的植入是设计本身的需要。因此这一组矛盾关系也是当代设计程序研究的难点之一。

因此，设计再度由“独立走向整合”已成为大势所趋。这并非一个新鲜命题，而是一次“回归”或“复兴”。在现代建筑学发展之前，建筑通常是作为一个完整事件来进行的。建筑各构件肩负着综合的使命。在中国的传统木构建筑体系中，木作通常不仅是构筑建筑的结构要素，也是建筑形态、空间气氛的重要载体；在古希腊、古罗马，石构建筑同样将建筑构件的结构（structural）性能与建筑（architectural）性能紧密结合，难以区分。但随着现代建筑的发展，建筑师作为整体统筹的地位开始发生变化，从直接工作变为间接协调，各个专业（工种）的划分越来越细，建筑中的各个系统逐渐变得相对独立。虽然在理论上，通过专业分工、各司其职地进行设计与建造是可能的，但随着建筑复杂性、建造现代化程度的进一步提升，这样的规定性分离已经遭遇设计者本身的质疑：这样的孤立进行、各自为政如何全面控制建筑的协调？局部利益如何放置在整体系统中权衡、取舍？

如何建立一种新机制，将建筑本身所需要的整合性贯穿于整个设计思路。不仅在物理层面，各个系统共存于一个恰当的空间，还必须展示出合适的视觉美感并达到性能要求。如果说建筑系统内部物理、视觉、功能的协调关系是整合的第一层次，那么设计就是在此之上的更高层次。当前建筑设计任务日益复杂，也意味着建筑师的角色的悄然变化与设计过程革新的紧迫性：专业细分的加剧客观上缩减了建筑师的控制范畴，且设计各方必须保持协调一致，以整体的姿态完成空间的创造。

3

“可持续建筑设计生成与评价一体化机制”（$IMGE^{SB}$）指的是在可持续建筑的设计过程中，设计的生成进程与评价同步融合发展、交互干预的设计原理与模型。$IMGE^{SB}$并不是对传统设计程序的全面更新，而是基于可持续发展的目标与要求，对设计过程中的生成与评价两方面交织互动状态的剖析。与传统设计程序相比，$IMGE^{SB}$的思路重点在于“评价”的角色变化上。通过对设计思维、设计过程的研究已知，“生成”与“评价”这两大设计行为本身是贯穿并交融于整个设计过程之中，将评价问题从交融状态中抽离出来解析，是更进一步分析设计过程，解读设计规律的重要方法。依据设计本身的特质与可持续性要求的日益细化，将设计的生成与评价进行一体化整合，并形成行之有效的设计模型已成为行业发展的重要诉求。

设计是一种特殊的专业性思维活动，但设计的整个发展过程却并非某种单一的思维活动。它涉及设计前期、中期、后期的各种不同思维模式与行为的总和。随着时代的发展，设计的内在机制早已不简单是一

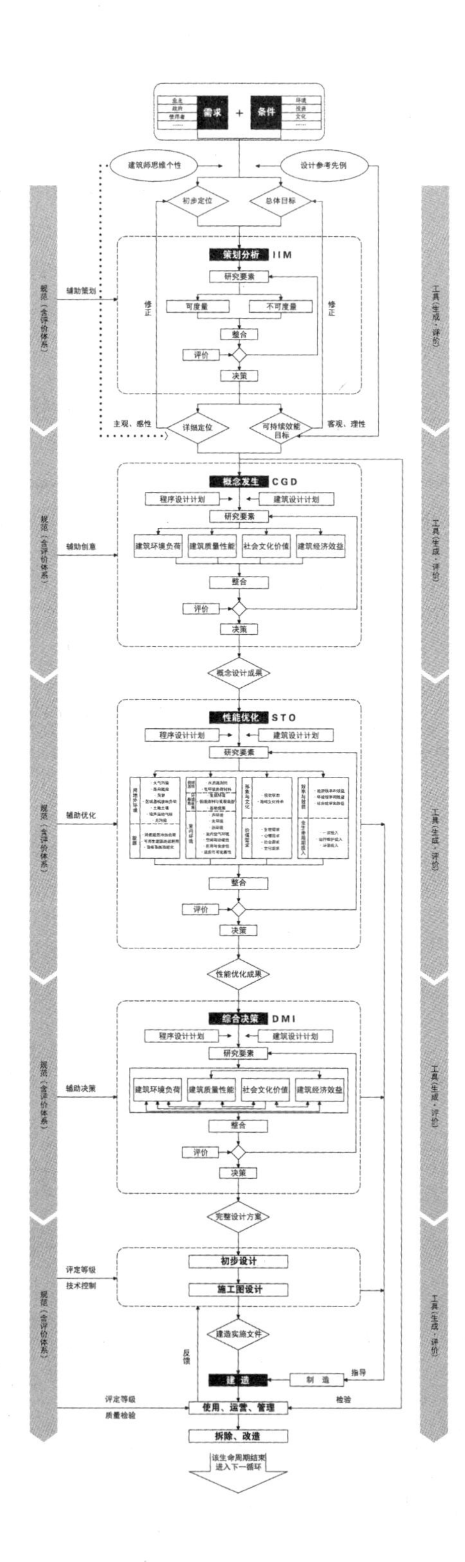

个从内向外的个人创作过程，蕴含着来自多方面的多要素、互动性的特征，已逐渐从“封闭模型”(closed model)走向“互动模型”(interactive model)。设计从产生、发展到确定的全过程，不仅是设计概念逐渐明晰的过程，更是在过程中大量判断与决策的思维过程。

可持续建筑设计集成化包括三个层次的含义：1）建筑构件与系统的整合；2）设计过程中的团队整合；3）设计思维中的主动整合。第三个集成层次相对困难，但也是触及设计最为内核的部分。虽然在设计过程中，可以对照相关绿色评价体系或标准进行工作，但设计人员多采用逐次参与、各自完成的设计方式，整体来看仍属于“线性化”程序。这样的设计程序将各专业分工从时间上前后分离，容易使得后阶段设计受着前阶段的限制，难以对流程前期提出建设性的建议和优化。左图分别从基本环节到整体关系表达了设计程序的发展与要素，有如下几点注解需要明确：

（1）基于可持续目标的建筑设计生成过程是一个综合且多维的体系，不仅表现在自身的发展推进上，也反应在与之相关联的各项限定性因素之中。与常规设计生成过程有所不同的，在基于可持续目标的生成过程中，除了需满足设计需遵循的各项非量化因素，如流线、分区、形象等合理性，必须与可持续目标紧密挂钩，以结果评价为目标，逆向设定设计中的各项决策。

（2）该设计程序以“需求”与“条件”作为设计起点，强调建筑师主观意识的介入（建筑师主观趣味）与设计先例在设计推进过程中的贡献。

（3）“规范”与“工具”是支撑设计发展的重要两翼。这两者均具有限制与促进两方面的意义。规范（含评价体系）一方面将设计限定在一个规定性的框架以内，但另一方面可以借用规范条文制定有针对性的设计策略，尤其是基于各类“绿色评价体系”时；同样，设计工具一方面支持了设计发展，而另一方面，不同的设计工具依然存在着局限性。

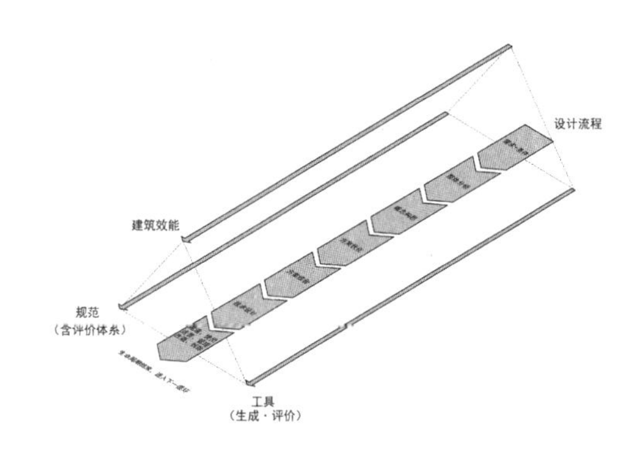

4

无论我们获取的建筑学理论如何先锋、如何激进甚至晦涩，最终，建筑学的实现过程依然呈现出高度的务实与无奈的一面。在这样的执业状态下，建筑理论（包含设计研究）往往并不能直接且令人信服地参与到设计实践中去。正如弗雷德里克·布鲁克斯（Frederick P. Brooks）[②]在《设计原本》（*The Design of Design*）一书篇首传递了这样的观点：“我相信，纯粹的‘设计科学’（science of design）是一个不可能的、确实有误导性的目标。这个释怀的质疑（liberating skepticism）使得我们有了探讨从直觉到经验的权利。”[③]这个观点颇为坦率地对早期设计学研究中对理性、逻辑的执着皱了一下眉头。设计就是设计，它的确称不上是“正统的”科学，而只有尊重了对设计本身独特性质的理解，才可能将其真实剖析。可持续目标的认知应建立在一个广义与动态的基础之上：“可持续建筑”与“绿色建筑”的定义并不重合，而可持续建筑的设计方法论，也应当有别于绿色建筑的设计方法论。[④]这引发出对“理想”“现实”“过程”与“品质”几个关键词的进一步阐释。

从漫长的历史尺度来看，“可持续发展”不过是一个刚刚闪烁出来的“新”概念，但它却不是一个纯粹的创造。上千年前，我们的祖先就是在这个星球上这么生存着。如今，这个“新”概念看似发展得轰轰烈烈，但依然不尽如人意。其原因便是其经济学基础的薄弱与模糊。正因为如此，可持续发展更多地停留在了问题描述、数据罗列以及忧心忡忡的政策分析上，导致了可持续发展理念与人类行为（经济行为和社会行为）之间的不可避免的鸿沟。

经济学作为研究如何将资源有效配置的科学，关心如何最大化、高效率地配置和利用现有稀缺性资源，但并未从源头上关注是否永远有足够的稀缺性资源可供配置和利用，更不会面向未来前瞻性地去关心子孙后代的资源配置问题，其先天不足使得它不能够完整解释并推动可持续发展。正如《超越增长：可持续发展经济学》（*Herman Daly*，1996）一书弥补了主流经济学在环境问题上的传统缺失，建立了一种与主流经济发展观不同的思想，传统意义上的设计也正在经历着来自可持续发展本身的挑战。若不从源头开始调整，设计无法在根本上面对未来。如果说可持续发展是一个人类必然需要达成的目标，那么对于其实现基础的反思则是最基础的起步。

5

2019年12月13日，第25届联合国气候变化大会（COP 25）在马德里落下帷幕。这是2020年这一决定性年份之前的最后一届气候大会，将解决过去几年围绕《巴黎协定》实施细则谈判遗留下的最后个别问题，各方需要真诚、果断地共同行动，才能保证《巴黎协定》得到有力执行。但遗憾的是，全球气候治理还面临着诸多挑战——美国已正式启动退约程序，将于2020年11月4日正式退出《巴黎协定》，发达国家承诺在2020年前每年向发展中国家提供1000亿美元资金的承诺远未落实；发展中国家阵营也出现分化，部分发展中国家的气候态度有所后退，而中法领导人之前签署的《中法生物多样性保护和气候变化北京倡议》则已表达了坚决支持《巴黎协定》的意志。据理力争的背后，不是对“可持续发展”目标的异见，而是各国对其可能产生的经济及其他利益影响的博弈。事实上，可持续发展的艰难前行反而更证明了它对未来的重大意义——不同国家背景不同、速度不同、现状不同，其抵达未来目标的路径与时间也千差万别。要将如此复杂的利益纷争纳入一个令所有人都满意的框架内，至少在当下，几乎是一个无法完成的任务。

国土广袤、类型复杂的中国现实是进行“针对性”可持续发展的必然要求。“实践是检验真理的唯一标准。”当代的中国建筑用最务实的精神探索着未来道路。我们为此付出太多，也从中收获更多。回归中国现实，正是可持续建筑设计理论与方法研究的工作平台。

从孤立要素到过程组织既是建筑的必然发展路径，也是“更好的建造”这一基本需求的直接响应，更是建造行为由低到高的层次提升。维特鲁威在《建筑十书》中提到，建筑师若仅打算学习体力劳动的技巧，而没有学识的话，他“永远无法得到和他所受的苦相称的权威”。从局部认识到掌握全局，便是建筑师这个古老职业的进化过程。但他又同时颇有些矛盾地指出：“那些依靠理论和学识的人则明显地在追寻阴影，而不是实质。”可以看出，即使早在公元前，建筑师的两难境地便已经显现：是追逐问题的实质（与阴影相对的，其实是光明），关注建筑建造中的实际问题？还是运用“理论与学识”，得到“和他所受的苦相称的权威”？这其实不是一个非此即彼的选择题，而是对于建筑师职业的最早的清醒论调——建筑师是从工匠中脱胎而成，但不会仅仅是工匠。理论与学识将会是追逐光明的重要两翼，即使它们代表着阴影。没有阴影的刻画，何来三维实体的清晰？

直到今天，建筑这样的两难境地依然存在。建筑无可辩驳的“物质性”遭遇“非物质”的反衬，更加生动地描画了建筑学世界那充满哲学思辨气息的趣味。而追寻阴影，追寻非物质的建筑，更是一个重要的建筑学传统。在建筑学中，到底是“思想引领物质”还是“物质决定思想”，已经不再关键。两者的水乳交融使得建筑学虽出身草根却依然能够荣登艺术与精神的殿堂。乔纳森·希尔（Jonathan Hill）[⑤]（2006）用“非物质的物质”的“狡黠”替两难中的建筑学解了围。显然，设计过程并非物质本身，它甚至是一个无法触摸的“非物质”话题[⑥]。它探索与组织了实现物质的路径，也决定了最终物质状态的品格高低，是一次“理性的破局”。过程问题不是万能钥匙，也不是抽象概念，它集合了在路径之上的所有相关要素，具体到每一个独立动作之中，也犹如漫过堤岸的河水，寻找着路程中最适宜、最可能的线路游走，是一个无法预计的复杂问题。但即使是这样，遥远的趋势依然清晰可辨，唯一需要提醒的，是在路径上的随机应变。

对可持续建筑的设计机制研究，最终目的当然是为了更好地实现高品质的可持续建筑，其中包含的“可持续效能”是建筑品质主体。但可持续效能并非就是“品质”本身，它指代着建筑所蕴含的可持续性表现的高低，也可以理解为一种相对客观的标尺——因为可持续发展观念的起源本身就是对周遭环境与未来的一种担忧。而品质则不仅包含了可持续效能的问题，也包含了满足需求的程度。建筑的原点来自于需求。自然地，建筑品质的评价也必然需要基于需求。但可持续发展作为一种对人类需求进行合理限制的思路，却在一定程度上将品质与可持续效能对立起来。

这个对立并非是消极的。二者的差距恰恰产生了一种势能，推进着建筑可持续性的更新与发展（前文已经提及，可持续性是弹性与动态的）。建筑品质的生产过程，是一个从思想到行动的“总动员”过程，它很难通过某些附加式的局部方法从根本上解决问题，也不能以牺牲彼处利益而实现此处的享受。可持续建筑的内涵，正是在时空背景的不断变幻下因地制宜、因时制宜地调整，并在“合理限制”的约定下尽可能地提升满足人类各项需求的能力，这不妨理解为一种“有节制的品质”。对可持续建筑（设计）生成的研究，最终还是为了更好地实现这样的品质。人类已不可能再回到衣着单薄、简易粗陋的遥远过去了——虽然当时建筑的使用能耗几乎为零。

6

可持续建筑设计的研究需要进一步从技术认知层面走向思想统领的层面。这种思想强调创造性的理性综合。面对发展需求，不仅要建立周详的设计规则或指标，以指令性方式介入设计过程，更要通过对技术的应用、总结，逐渐将可持续发展的内涵“转译”为建筑（设计）界更广泛采纳的思想纲领，才可能使可持续建筑最终从“特殊建筑”成为“普通建筑”。从最初的宣言走向技术，再从技术走向思想，这实际上是一次思想认知的螺旋上升过程。

可持续建筑设计的研究需要进一步建立基于过程的设计工具支撑体系。从设计发展的趋势来看，设计走向理性、量化已是不争的事实，这显然需要更丰富有效的设计工具支撑体系的建构，才能最终推进设计过程富有成效地前进。设计新工具（尤其是数字化设计工具）发展迅猛、种类繁多，但设计者通常以“拿来”的态度加以运用，甚至带有偶然性。而科学的设计工具支撑体系则从系统、全程的角度，有目的地依据设计阶段建立相应的指导框架，使设计者能够在多样的工具群集中建立科学的使用与选择方法，同时对设计新工具的研发形成推动力。

可持续建筑设计的研究需要进一步探索“主观”与“客观”的关系。设计本身的复杂性、偶然性、创造性使“建筑学”成为一个相对独立的学科类型，而与同属“工学”门类下的其他学科有着显著的不同。设计不仅不能回避过程中那些个人化、偶发性的特征，更应该将其视为设计中的宝贵之处。即使在面对可持续建筑各项相对理性的要求时，依然存在如何将设计者的主观意识与客观要求进行权衡与交织的问题，这是设计不可磨灭的特性，也是可持续建筑设计研究中最具趣味性与挑战性的部分。

“建筑—可以用它来尽情表现信念，用它来集中体现人性的自由、想象力和精神—它永远不应该自贬身价，降格成为技术、教育和金钱所提供的必需品。”[⑦]我还是愿意相信，对于建筑而言，最终留存在心中的，是那些既良好地回应了环境、经济与社会条件，又能与人进行心灵对话的作品。这样的建筑，无论它的实体是否还能在多年以后留存于世，它也依然“可持续”地存在着。

---

① [英] 约翰·罗斯金. 建筑的七盏明灯. 张璘 译. 济南：山东画报出版社，2006.

② 弗雷德里克·布鲁克斯，美国北卡罗莱纳大学（University of North Carolina）计算机科学领域教授，被誉为“IBM系统/360之父”，研究领域为计算机科学、交互式计算机图像学、虚拟环境、（建筑、计算机）设计学等。

③ F. P. Brooks. The Design of Design. Boston: Addison-Wesley, 2010: 7.（该书已于2011年3月推出中文版，定名为《设计原本》）

④ 在某些定义中，可持续建筑与绿色建筑指的是同一概念，如“维基百科”（英文版）中的概念解释。

⑤ 乔纳森·希尔是伦敦大学学院巴特利特建筑学院的建筑与视觉理论的教授，建筑设计哲学硕士和博士的主任。代表作《非物质建筑学》（Immaterial Architecture）是他多年研究与教育的重要成果。

⑥ “非物质文化”的标准英文名称即为“the Intangible Culture”，意即“无形的、不可触摸的”，而非“ the Immaterial Culture”。此处“Intangible”“Immaterial”两者在中文中重合了。

⑦ 丹尼尔·里勃斯金，给建筑教育者和学生的一封公开信，1987.（http://www.smithsonianmag.com/history-archaeology/libeskind.html）.

"陌生者"：刘家琨与苏州御窑金砖博物馆[①]

凡转锈之法，窑巅作一平田样，四围稍弦起，灌水其上。……水神透入土膜之下，与火意相感而成。水火既济，其质千秋矣。……细料方砖以甃正殿者，则由苏州造解。

——宋应星《天工开物》"中篇 · 陶埏"

匠人处理黏土的漫长历史表明，唤起物质意识的方式有三种，分别是：改变物质；给它们打上标识；将它们和我们自己联系起来。

——理查德 · 桑内特（Richard Sennett），《匠人》[②]

1 人 · 物的迁徙

明永乐十五年（公元1417年），朱棣迁都意决，再无人敢谏。千里外的北京，另一座紫禁城正式动工。一时间大兴土木、尘土飞扬。工部"始造砖于苏州，责其役于长洲窑户六十三家"[③]，民窑始被钦定为"御窑"。彼时，苏州城齐门外北七八里许，陆墓镇[④]西数百名窑工昼夜劳作。从取土练泥到制坯焙烧，环环相扣，不容闪失。火烫窑体窨水降温后，黢黑厚实的细料方砖被悉心取出。轻敲细选，漕运北上，尊为"金砖"[⑤]，百余日后，终被恭谨铺墁于新宫城大殿之上，与这组恢宏殿堂共存至今。

600年后，金砖几成记忆，御窑村也早已是当地地产开发的珍贵资源，只有因尚存古窑而划定的"御窑金砖遗址"成为见证历史的顽强存在。专注于"在西部做建筑"的成都建筑师刘家琨受邀姑苏，行三千华里，抵苏州相城，驶过早已车水马龙、宽敞阔绰的城市干道，站在几座衰零残败的旧砖窑前，开始了一段"为东部做建筑"的历程。

这是两次关联清晰却意义不同的迁徙与相遇。围绕同一件事物，北京、苏州、成都，在跨越600年光阴的时空坐标系中被链接在一起——1）北京，国家政治中心；2）苏州，中国历史文化名城，中国手工业最高水准代表地，吴文化发祥地；3）成都，中国历史文化名城，曾经"门泊东吴万里船"，闲适自在气质的典型城市代表，蜀文化核心。三城属性各有不同，共同构建了两个意味深长的几何关联。

以成都为圆心，以1500公里为半径作弧，弧线划过北京与苏州两城，与两条夹角近40度的半径共同构成扇形，其中包含中原腹地和历史上多个国家政治中心——此为"人"视角。刘家琨眼前看到的，不仅是远在苏州的博物馆建设任务，更在于"金砖"这一展示主题背后的精神内涵和使用场景。建筑师首先在于建立了江南砖窑与京城深宫的跳跃式关联——必须通过建筑表现金砖"从一种地域性物质原料到一个王朝的最高殿堂的大跨度精神历程"[⑥]。这层关联，也成为支撑与解读设计的关键支点与通道。

建筑外观（摄影：存在建筑）
来源：家琨建筑

苏州、北京、成都的方位几何关联

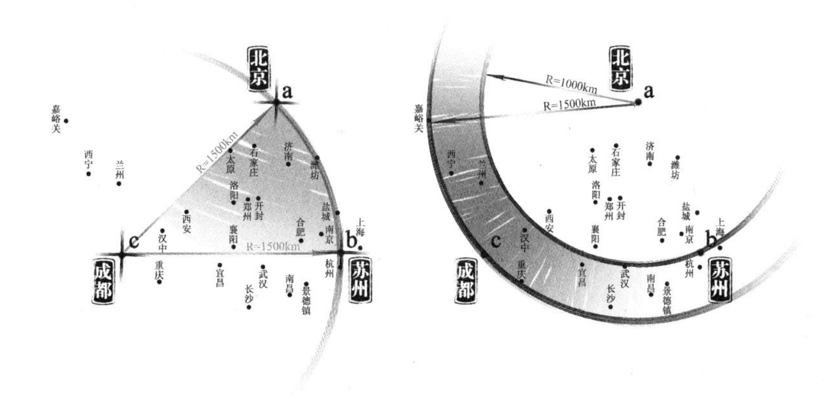

以北京为圆心，分别以1500公里（北京—成都距离）和1000公里（北京—苏州距离）为半径作弧，构成宽度约为500公里，中国文化、气候、地理、经济的最具差异性的一个扇环带状区域——此为“物”视角。这个区域以政治中心到江南核心与西南重镇的空间距离为度量跨度，两者间不仅映射着从精致婉约到苍茫牧歌的文化图景，更呈现中国多变纷呈的物产属地，不仅包含了物产密集的富庶江南、天府之国，也包含了明初便为南京造砖的鄂赣区域，以及雄浑有力的边关城池。以“砖”为因由，物的意义明晰可辨。

从春天取土练泥、制坯阴干到装窑焙烧、窨水出窑，一块合格金砖的烧制，即使气候与制作环节通畅，也多在次年元宵节左右方能见到成品。但不可否认的是，虽工艺繁复，对于大部分公众而言，作为殿堂建造物料之一的“金砖”本身仍不具备足够的观赏性和兴奋点。建筑师面临着挑战。

2 步步为营

站在车水马龙的阳澄湖西路陆慕桥上，隔着欧式栏板与灯柱，远眺四周高歌猛进的商住区，刘家琨首先要应对的，还不是如何把金砖与未来博物馆相联系。

当年的御窑村，现在已成“御窑花园”。“花园”东北，幸得有识之士提前谋划，旧窑、残窑已列入“遗址”，成为“非物质”文化遗产的“物质”基础存留与此，以“遗址园”名义整体建设。这便是建筑师所面临的现实条件。除御窑花园自西南两侧夹击外，北侧宽阔的马路、欧式陆慕桥以及更远的高楼已将此地环抱。只剩场地东侧依然缓慢流淌的河水，依稀指向当年金砖与漕运的关联。因此，在真正建立金砖技艺与宫堂殿宇、与未来博物馆的双重“联系”之前，刘家琨要做的，反而是“隔离”——在已经发生颠覆性变化的城市环境里，如何消除不利干扰，营造合理的空间氛围？“隔离”之后，又如何最大限度建立遗址园和博物馆自身的叙事体系？避退、迂回、遮挡……如游击战一般，建筑师完成了重构场所精神的系列基本动作。

场地北侧紧临逐渐爬升的引桥，总体出入口设置于场地西北角。由此进入，建筑并不急于呈现，先沿与城市道路平行却轻缓下行的内部甬道向前。甬道尽头，抵运河畔。近7米宽的廊桥按长向纵分为东西两半，由混凝土多孔砖砌墙分隔。顺廊桥东半侧反向北上，再抵达游客中心。此时，仍未真正进入园内。取票、检票过程结束后，再返廊桥，由北至南，经廊桥西半侧前行，博物馆才逐渐呈现。不经意间，自场地西北主入口算起，观者已行走了整整500米。

建筑场地，也是建筑师操作空间之“物料”，有先天条件优越者，也有需后天经营弥补者。只有匠心慎思，才可能在并不优越的场地中完成质的升华，实现空间最大价值。

3 陌生者

步步为营的空间谋划建立了遗址园、博物馆与城市环境的基本对话立场，也在直面问题的过程中坚持了那些必须坚持的东西。所幸的是，

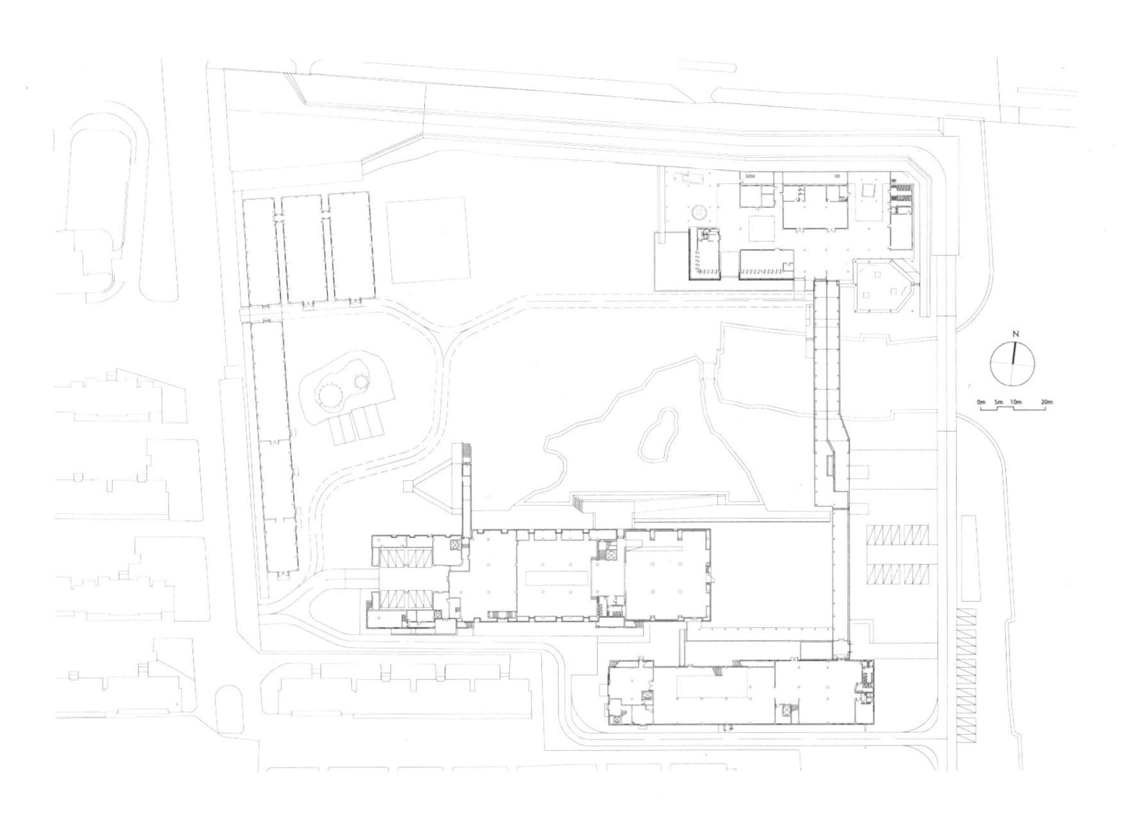

总平面图（建筑首层平面）
来源：家琨建筑

建筑外观

尚存的运河与古窑还能将场所基因艰难地留存至今，虽然那几处倔强矗立的灰黑烟囱看上去与今日环境已相去甚远，令人感怀。

通过繁复工序变身为坚硬金砖的江南黏土，经千里大运河，成为构建新帝都的一个陌生者。600年后，刘家琨也同样以“陌生者”身份介入了远在苏州的博物馆建设过程，并以明显差异性的视角、策略、工法建立了吴蜀两地及建筑师本人与场所的微妙联系，也创造性地关联了基层产业空间（砖窑）与顶层权力空间（宫殿）两个要素，将砖窑以陌生的身份悄然融入原本关系遥远微弱的帝王深宫。对于当代日常生活，“金砖”与“御窑”，充当着陌生者的同时却正以坚持古法与衍生创新两条线索与这个时代建立着有温度的联系。

愈是探究深入，“陌生”一词便愈发清晰。陌生的场景、陌生的关系，是机会还是障碍？纵观建筑的生成过程，贯穿着人、事、物陌生性的层层渗入。

正如齐美尔（Georg Simmel）[7]关于陌生者的阐释——陌生者“不是今天到来明天便离去的过客”……“初始并不属于所在群体的事实决定了，陌生者能够引进某些原本这个群体并不存在的特质”。这些陌生者携带的气质、魄力、影响，通过“叛逆”与“疏离”，与群体构成“统一体”。这层意义上，非板结固化的统一体也自然成为建筑学新意义持续生产的源泉。因此，此处的“陌生者”实质是另一种“参与者”或“介入者”，而非游离在你我之外的遥远“天狼星居民”[8]。尽力以客观的坐标系去观察直至洞悉这个由远及近、由外及里、由抽象至具体的特定场所生产过程，成为解读建筑及其背后事件的基本态度与方法。刘家琨为这座建筑引入的，首先是自身对于包含建造模式在内的设计立场和取向——一个来自于远方“陌生者”的特质，为这个建筑乃至这座距离成都1500公里的城市带去一丝差异化的隐匿基因。

刘家琨在设计之初便建立起砖窑与宫殿的联系。这层联系不仅在于显性的物（金砖），更在于隐性的意（精神）。只有这样，这个“命题作文”才可能准确扣题。在金砖的原始制造场所与最终使用场景之间，建筑师不仅要能提出“大跨度精神历程”的论断，更需要用具体形式语言加以表述。在家琨事务所翻阅当年第一版概念设计文本，一段关于“形式”的表述已经呈现并贯穿设计始终——“*博物馆主体建筑是对砖窑和宫殿的综合提炼，体量雄浑，出檐平远，以现代手法演绎传统意蕴。它不是砖窑，也不是宫殿，而是兼具‘砖窑感’和‘宫殿感’的当代公共建筑，展现出‘御窑’的精神内涵。*”这段同样关键的陈述，至少蕴含了三层意义：1）建筑形式必须立足“当代”，不附会砖窑，更不模仿宫殿，而在于其“精神内涵”；2）“砖窑”与“宫殿”两个“大跨度”要素，可能且必须建立某种形式联系；3）形式意义的有效性最终依赖于对形体几何关系和建造模式的准确拿捏。在这三层意义中，有一个关于“陌生性”的机遇藏匿其中——必须直面要素间的巨大差异并将其恰当联系，通过新要素“引进某些原本这个群体并不存在的特质”，才可能完成建筑学意义的全新生产。

建筑问题，开始回归原点。

4 基本问题

“宫殿感”尚可依稀体会，但“砖窑感”从何而来？从结果来看，显然场地中既存古窑

典型霍夫曼窑外观示意简图

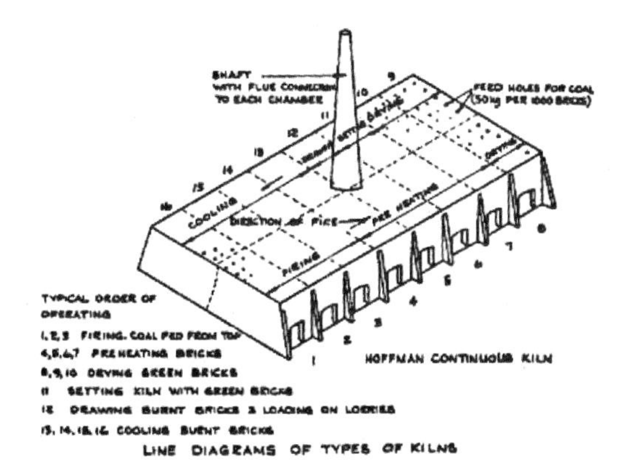

并未成为形式提炼的语言脚本或约束。事实上，建筑师在设计初期便已摒弃了对其形式的简单模拟，以免“混淆真假”（刘家琨语）。在“砖窑—博物馆—宫殿”之间，形式上更为完整清晰的“霍夫曼窑”[⑨]成为三者间的“最大公约数”，加之它体量横长的特点有利于遮挡外围干扰，最终成为建筑师选择建立“砖窑感”与“宫殿感”的基本形式原型。

砖窑作为生产性建筑，本身不存在形式的烦冗细节，故自然以“体量雄浑”这一先天特点拉近了与宫殿的关联。而煤矸砖清水表面、短边入口、外墙收分、侧墙窑门、屋顶烟囱及运料坡道，则作为建立“砖窑感”的基本要素被进行精心调适后承担了象征语义。而建立宫殿特质、确立宫殿等级时的关键要素之一——屋顶及出檐，在通常的砖窑中并无特殊的形式规定，只需承担必要的遮雨与通风功能，有些砖窑屋顶甚至无出檐。因此，在讨论具体的实施材料与工艺之前，微妙而有效的几何体系成为解读设计的另一个视角。

博物馆内部，最值得品读的空间当属展厅前后的两处“对仗”关系空间——入口序厅与仿窑天井，分别抽象自宫殿意蕴和砖窑内腔，以混凝土与清水砖建立起端庄方正或微妙柔和的空间感知。

在这个以“物料”为展陈主题的具体场所内，建筑师以更为内向的态度将对物料的关注全面渗进设计之中。不难看出，在整个遗址园内，无论是建筑与环境，“砖”这一要素不断以各种状态呈现出来。无论是景观、铺地、墙体或屋顶，均可以看到类别不同、形式多样、构造各异的以砖完成的内容。砖成了数量惊人的叙事主体，以同一家族身份共同演绎这个关于“某一种砖”的故事。现浇混凝土蜂巢芯密肋楼盖结构使得室内结构进一步简化，去除现代结构可能造成的“干扰”或“冲淡”，也使得最为关键的入口大厅呈现出神秘的“宫殿精神”。立柱上凹凸清晰的木模纹理，将混凝土与木材、现代与远古联系起来。

“匠艺活动是一种持久的、基本的人性冲动，是为了把事情做好而做好的欲望。”[⑩]金砖制作如此，建筑建造也如此。刘家琨的贡献不仅在于以这处建筑带来的社会与文化意义，也在于建造匠艺中呈现的态度与方法。用地东南角，滨水一隅，为了确保关键建造技术能达最佳状态，专门结合码头构筑物完成了一座小型“实验建筑”，用于提前试验主体建筑中那些重要内容，如墙体、立柱、天棚等。比较传统巴蜀与江南，不难发现，无论民居或园林，因气候、经济、地景、用材、构造等一系列差异，有着颇为不同的气质和形式。巴蜀的率直轻松、江南的精致细腻，在这同一个建筑内

被微妙融合了。拙朴的建造方式选择与回应苏州（江南）文化的场景、流线乃至局部构件（如美人靠）间的比对，建立了吴蜀两地的有趣关联。

5 迟到与坚守

烧砖制陶，是水火相济的技艺，看似粗简，却极神奇。金砖法远古先祖，登最高殿堂，实现“大跨度精神历程”，靠的不仅是严谨规程，还有人与物的心灵通感，微妙之处甚至难以言说。比《天工开物》中记述“水火既济”更早的《周易》，在“水火既济”卦中，指代着另一层含意：“水在火上，既济。君子以思患而预防之。”[11]从技艺迈向文化，也如这繁杂工序，不容闪失。步伐可慢，却必须坚实沉稳。

每块金砖的侧面，都端正盖有长条阳文印章，永远记录着烧制这块砖的窑户窑工、监督官吏的姓名。在以制砖为“役”的时代，这个可以追溯到秦朝的质量法令，并不代表他们的自豪，而意味着严苛之“苦”。

苦尽方能甘来。刘家琨曾自谦自己大学毕业10年后“一夜突变”，才真正成了“建筑人”[12]，但这位“建筑人”是倔强且后劲十足的：“建筑设计……和文学爱好一样，也是我漫游精神高峰和心灵深处的导游。这两样都是一辈子不够用的苦活，好处是可以让人一生向上……如果舞台不亮，自己修炼放光；不能海阔天空，那就深深挖掘。”[13]站在激变的时空路口，建筑师的沉着和坚持便显得更加难能可贵。面对周遭早已变得不再有辨识特质的城市环境，博物馆与刘家琨虽是迟到者，却让我看到了那些在场地上思考时“必须坚持的东西”。

迟到者的坚持，往往比动摇的先行者更值得仰视。水火最终熔炼一体，自土成金。

御窑金砖博物馆主门厅

① 原文参阅：褚冬竹. 从砖窑到殿堂——苏州御窑金砖博物馆及建筑师刘家琨观察. 建筑学报，2017（7）. 收入本书时有删改。感谢刘家琨对本文写作过程的大力支持。

②［美］理查德·桑内特. 匠人. 李继宏 译. 上海：上海译文出版社，2015：176.

③（明）张问之. 造砖图说. 四库提要.

④ 陆墓作为地名的由来说法有二：其一为因该地有三国时期东吴名将陆逊之墓而得名；其二为唐朝德宗贞元年间宰相陆贽葬此而得名。1993年陆墓更名为陆慕。本文除此处之外，均按今日说法称“陆慕”。

⑤ 铺墁于新京城大殿的细料方砖始称“京砖”——专为京城皇宫烧制，后因“敲之有金玉之声”，且南方语音中“京”与“金”读音几乎完全一致而逐渐改称“金砖”。

⑥ 这句话出现于设计文本及刘家琨本人的多次表述中。

⑦ 格奥尔格·齐美尔（1858～1918），德国社会学家、哲学家。

⑧ 齐美尔在《陌生者》一文中强调陌生者与一个群体的介入关系：“天狼星（sirius）居民对我们来说并非是真正陌生的……因为他们根本不是为了地球人而存在的，与我们之间已无所谓远近。”真正的陌生者首先是介入群体后且呈现差异性特质的那一部分人，这才是讨论陌生者的意义。

⑨ 霍夫曼窑（Hoffmann kiln）是由德国人弗里德里希·爱德华·霍夫曼（Friedrich Eduard Hoffmann）于1856年改良设计，1858年获得专利的一种窑，因此以其姓氏为名。霍夫曼窑平面通常是像运动场跑道的环形或圆形，有时也会是矩形或U字形。窑顶有烟囱，侧墙有窑门。

⑩（美）理查德·桑内特. 匠人. 李继宏 译. 上海：上海译文出版社，2015：176.

⑪ 周易第63卦：既济卦（水火既济——坎上离下），原文为：“既济。亨，小利贞，初吉终乱。象曰：水在火上，既济。君子以思患而预防之。”意指本卦上卦为坎，坎为水；下卦为巽，巽为火。水上火下，水浇火熄，是既济之卦的卦象。君子观此卦象，从而有备于无患之时，防患于未然之际。

⑫ 刘家琨. 我在西部做建筑. 时代建筑，2006（4）：45-47.

⑬ 刘家琨. 我在西部做建筑吗. 今天，2009（1）.

多伦多，加拿大
一个圣诞节的清晨，在我当时居住的公寓楼顶拍到的景象。

执念与成长：记加拿大KPMB建筑事务所与布鲁斯·桑原

在加拿大访学期间，蒙多伦多大学建筑学院时任院长理查兹教授和KPMB合伙人布鲁斯·桑原（Bruce Kuwabara，日文名桑原文治）举荐，我获得工作签证并进入加拿大久负盛名的KPMB建筑事务所工作，并养成了延续至今仍持续受益的习惯和态度——教学与设计同步前行。在多伦多繁忙的市中心，一栋有百年历史的4层木结构房子里，我开始在KPMB的工作，在那里感受到了如何以平静而细腻的态度操作和思考建筑——那是一种在城市建设几近沸腾的中国很难保持的心境。KPMB以一种特有的方式感染了我。这是一种自信的方式，正是通过这样的自信，这个还不算悠久的事务所为加拿大——一个“年轻”国家的建筑文化贡献出丰富而沉稳的诠释。

1

Ourtopia，这个由英语“our”（我们）与希腊语“topos”（场所）组合在一起的生僻词汇，指代了一种与“utopia”（乌托邦）全然不同的情境——“可实现的理想国”。桑原正是用“ourtopia”这个词，表达了对建筑的理解与追求。在《Ourtopia：理想城市与重塑城市空间中的设计角色》[①]一文的篇首，桑原写道：“什么是ourtopia？它位于不可实现的乌托邦与反乌托邦式的糟糕未来之间。它需要积极地思考与行动，是将理想转变为现实的过程，也同时暗含着城市的开放性与持续的变革能力。”因此，“ourtopia”不仅成为KPMB从事建筑创作的宣言，也作为一个有趣的索引，引领我们去探究其理念与作品。

1987年，多伦多，四个年轻人布鲁斯·桑原、托马斯·佩恩、玛丽安娜·麦肯纳、（Marianne McKenna）和雪莉·布隆伯格（Shirley Blumberg），因为对建筑的共同追求，走到了一起。他们创办了一个事务所，以各自姓氏首字母命名—— KPMB。四位合伙人都曾在巴顿·迈尔斯（Barton Myers）[②]的事务所共事。而迈尔斯本人则曾师从于路易斯·康。这种师承关系今天依然明显地影响着KPMB的作品：以材料为语言，诗意地传递着建筑精神内涵，且理性中不失浪漫。

经过30余年的发展，KPMB已经成为加拿大建筑设计界的一支重要力量。2006年底，加拿大《环球邮报》中评选出的全加十大艺术与设计机构（Top 10 of 2006）[③]，KPMB作为唯一的建筑事务所荣列其中。不为潮流所轻易左右，KPMB一直坚定地沿着一条现代主义道路前进，并且为其理念的充实和拓展进行着不懈努力。这正如乔治·贝尔德（George Baird）[④]教授所言：“KPMB拒绝像其他主流设计事务所一样，制造模式化的设计作品。如果说这还不足以称奇，那么更出人意料的是，它同时有意识地避免当前广为流行的颇为前卫的职业发展模式。”

我们很早就雄心勃勃地想要建立一个设计高标准，这种做法甚至让其他同行感受到了一种挑战。我们的贡献可能是KPMB提高了当时多伦多正需要提升的建筑设计水准。很多更年轻的事务所来这里参观后说：“如果他们能够做到，那我们也能够，而且还要做得更好。”这在当时可以被视为是一个刺激。我想，我们长期以来对其他公司的水准有一种推动力量，特别是对在多伦多的从业者而言。

——桑原在2003年接受美国《建筑实录》（*Architecture Record*）杂志采访时所言

KPMB的四位合伙人（上：1988年；下：2007年）

巴顿·迈尔斯（左）与年轻的桑原（1974）

从这番谈话，可以感受当年四位年轻人的兴奋和踌躇满志的心情。后来，桑原与我谈到他的求学与职业之路的时候，我依然能够更真切地体会到，他们是如何描绘理想，又是如何去一步步积累到今天的成绩。虽然四位合伙人来自不同的文化与教育背景，但面对城市与建筑，他们采取了共同遵从的一种策略，一种以理性头脑分析城市，探索建筑的真实性，但并不拒绝对建筑感性与激情成分的推崇。

2

对“ourtopia”的追求，最重要的前提便是客观认识现实，将现实中的种种限制与机会纳入设计思考的范畴当中，创造出高于现实的高品质空间。麦肯纳说：“恰当地反映城市文脉，适度提高建筑密度，并置新旧建筑以丰富城市肌理，针对加拿大短暂的夏季，灵活的外立面使室内外空间沟通，而营造大型室内空间以适应漫长的冬季等设计理念，都是从巴顿·迈尔斯这位良师益友那里得到的宝贵经验。”正是由于加拿大的历史不长，使得KPMB更加谨慎地对待每一处传统，并且力求延续其精神。桑原曾说：“时间使建筑赢得人类的尊敬。我们的设计实践所探寻的正是建筑之本源。”作为加拿大的事务所，所谓“本源”的重要含义显然是如何尊重与体现加拿大的地域特征，加拿大的气候、材料、建造方式以及使用者的工作与生活习惯、性情针对加拿大冬季时间长、温度低的现实，“可持续”“节能”可谓重要的地域观念。在这方面，KPMB的很多设计原则展示出独有的对可持续的理解，如我曾参与的曼尼托巴水电集团总部办公楼（Manitoba Hydro corporate headquarters）项目。

城市的“复杂性”（complexity）与“异质性”（heterogeneity）这两个词汇，是KPMB近年来在处理建筑与城市关系中所思考的关键词。对城市复杂性的关注与解答水平，很大程度上决定了建筑存在于城市之中的效能高低。针对复杂问题，KPMB反对将建筑视为自给自足的孤岛，而以建筑师的方式提出凝练的解答——以建筑之“简”应对城市之“繁”——这便是其作品的最基本策略，事实上，这样的“简”，包含了对多项信息的综合处理能力：将复杂内向化，而将明晰展示给城市。

通常意义上，建筑设计的主要思考对象是“空间”（space）。而KPMB在工作过程中，将“空间”推向“领域”（realm），则暗含着对行为的尊重。与“空间”概念中隐含的“中性的、非确定归属”的意味相比，“领域”一词更多地触及了使用性质与归属的问题。通过明确空间属性并将其典型特征释放出来，这有助于产生空间的渗透与叠合，通过室内空间解决城市功能——这也是当代城市建筑重要的发展趋势。例如，在国家芭蕾舞学校设计中，“领域”成为设计过程始终关注的要点。美国AIA建筑奖评语：“这是一个无缝整合入城市的场所，它积极地推进了周围地段的发展……建筑有力且均衡地加速了周边街区的品质提升，良好地呼应了环境并成为整个社区的空间线索。建筑不仅仅在反映着舞蹈艺术的形式，更重要的是，它正激发着舞蹈的创造力。”⑤

3

在过去的三十年里，布鲁斯·桑原作为一名杰出的加拿大建筑师，逐渐开始为人所公认。同时，桑原也是一位非常成熟的城市专家。从他在20世纪70年代与巴顿·迈尔斯合作的大型城市项目，到过去十年里的城市改造……桑原通过其独特的设计敏感性以及对城市健康发展的贡献，证明了他作为一名卓越的“建筑－城市设计师”的地位。

——拉里·韦恩·理查兹（多伦多大学建筑学院前任院长）教授在《加拿大建筑师》杂志（2006年第6期）布鲁斯·桑原的专辑中的评论

2006年，桑原获加拿大皇家建筑师学会金奖（RAIC Gold Medal），这是加拿大对建筑师个人的最高嘉奖。纵观KPMB近年来的作品，不难看出，“受康、迈耶（Richard Meier）、斯特林（James Stirling）、斯卡帕（Carlo Scarpa）和当代其他建筑师的各种影响，一个平静的、

多伦多大学伍兹沃斯学院
来源：KPMB提供

加拿大国家芭蕾舞学校
来源：KPMB提供

奢侈的、具有感官享受的特质已成为KPMB事务所作品的特征”⑥。加拿大的《环球邮报》(2006年12月19日)曾报道了KPMB荣膺“Top of 2006”最佳事务所的消息，其中评论家丽萨·罗肯（Lisa Rochon）则用“看不见的建筑”(invisible architecture)来描述KPMB的作品。对于桑原的观察和认知，也成为我在KPMB工作的兴趣之一。随意翻阅桑原的简介，看到的是连串稳定扎实的成就。但成就的背后是否暗藏着某种动力或者原因？没有横空出世的明星。桑原今天的成功与他个人成长、学习经历、个人性格紧密相关。我在与桑原熟识的过程中，逐渐了解到这位加拿大著名建筑师不寻常的人生之路。

布鲁斯·桑原（Canadian Architect 杂志专辑封面）

成长

一段艰辛而特殊的成长经历，可能会造就迥然不同的人生——要么在经历中迷失甚至沉沦，疏离于社会；要么从中获得积极正面的锤炼，将艰苦经历转化成为他人所不具备的人生财富。桑原正是具有类似经历的人。所幸的是，他成了后者。

话题还要追溯至桑原的父母，20世纪初日本移民的后代。他们分别出生在位于加拿大西海岸的温哥华和维多利亚。桑原父母在温哥华相恋直至结婚，工作稳定，生活平静。但是，战争彻底改变了他们的命运。

1941年12月，珍珠港战争爆发，战火开始烧到太平洋地区。加拿大政府将当地2万多日裔严格控制起来，其中也包括桑原的父母，被称为“黄祸”(Yellow Peril)。随着战争升级，政府开始逐渐将日裔向东部内陆迁徙。于是，日裔带着少量的行李(规定40磅以内)，陆续踏上东进的行程。他们被散落安置在沿途一些废弃的伐木场、采矿场劳动。四年过去，第二次世界大战结束，政府开始遣送日裔侨民到日本——一个很多人从未见过的国家。除一部分人接受遣返外，其他大部分人则为了尽量远离西海岸——当时歧视与敌对日裔最严重的地区，开始了横穿加拿大的更长迁徙。火车的旅程漫长而令人疲惫。当桑原父母乘坐的火车驶入哈密尔顿（Hamilton，一个靠近多伦多的较小城市）车站的那天，正是一个阳光灿烂的日子。站台上一个人举着一块牌子，上面写着“需要工人”。于是，他们就留下定居了。

1949年，桑原出生在哈密尔顿北部的贫民区。虽然那里居住着很多外国移民，但在当时在桑原就读的学校，几乎没有日裔学生。战争留下的歧视使他的成长环境极为艰难。冷眼伴随着桑原幼年的成长，他甚至遭遇过被其他孩子投掷石块奚落的事情。

如绝大部分亚裔家庭，也许是别无选择，桑原的父母将教育视作能够改变孩子命运的唯一途径。桑原姐弟很早便懂得了这一点。桑原姐姐甚至告诉他，忘掉日语，苦练英语，要讲得比“加拿大人”还要好。特殊的氛围使得他们在学校里愈发勤奋，并频频将学习上的好消息带给父母。正是在这段时间，桑原在哈密尔顿公共图书馆第一次了解到“建筑学”这个东西。在那里，他几乎花去了所有的业余时间去读书，并且学会了象棋、养鱼、集邮。桑原在与我的一次交谈中曾说到，象棋是个“关于时间和空间的游戏”，养鱼让他理解生态平衡的意义，集邮则给了他了解未知世界的小窗口。值得一提的是，幼年经历并没有导致桑原孤僻内向的性格。相反，他开朗乐观的性格以及活跃的社交能力令人钦佩。

桑原进入高中后，出生于温哥华的日裔建筑师雷蒙德·森山（Raymond Moriyama）[7]已经崭露头角。桑原周围的亲朋都对这位优秀的青年建筑师赞不绝口。他设计的“日裔加拿大人文化中心”(Japanese Canadian Cultural Centre)[8]给大家留下了深刻的印象。森山也成为许多像桑原这样的第三代日本移民的偶像。当然，在美国开业的日裔建筑师山崎实，也成为桑原专业道路的激励榜样。

良师

高中毕业，偶像的激励与幼年的见闻使得桑原自然地选择了建筑学。20世纪60年代末，在多伦多大学，桑原幸运地遇到了一位热情、激进但富有争议的老师——彼得·普朗内尔（Peter Prangnell）[9]。他鼓励学生独立思考，倾听他们自己的经历，观察人与环境、事物的关系。普朗内尔称，建筑实际上建立了一种看待生活的方式，同时也是自然、城市与社会的“代理者”（agent）。直到现在，桑原仍然清晰地记得普朗内尔的观点：对于建筑，只需要回答出3个问题，而且这3个问题总是按同样顺序出现：

它是如何运行的？（How does it work?）
它运行得好不好？(Does it work well?)
它看起来怎么样？(How does it look?)

乔治·贝尔德是桑原求学道路上的另一位良师。他给学生带来了另一种看待建筑的角度：思考建筑的意义——将建筑作为一种语言来思考；从城市角度思考建筑；以人的行为方式思考建筑。毕业后，桑原在贝尔德的工作室工作了三年。在此期间，桑原逐渐形成了从城市层面研究建筑的特点，并将其发展到今天。后来，桑原在回忆这段经历时说："乔治的工作室非常神奇，它提供我们接触全球建筑的机会。他主持着一系列讲座，很多国内外的建筑师都来过。那是一段接受密集教育的时间。当我离开他的工作室时，我问他我应为谁工作时，他回答说：'巴顿'"。就这样，乔治·贝尔德以敏锐的眼光为桑原指明了下一个重要的老师。

于是，桑原进入了巴顿·迈尔斯事务所，一干就是11年。迈尔斯拓展了桑原对于建筑方面的视野，尤其是路易斯·康、密斯·凡·德·罗、罗伯特·文丘里（Robert Venturi）的作品与思想。在迈尔斯领导下，桑原参加了大量高水准的设计竞标，包括米西索加市（Mississauga）市政厅、国家美术馆、凤凰城市政厅等。通过这样的锤炼，桑原开始懂得了如何思考公共建筑中的秩序、组织和形式。迈尔斯关于城市与建筑的理解，深受简·雅各布斯（Jane Jacobs）等人的影响，在设计中深入地研究建筑的更新利用、新旧对话等问题。同时，迈尔斯非常强调核心理念，认为每个项目都必须有一个出发点，建筑必须清晰而有机等。这些特点，对于善于学习与思考的桑原来说，都是宝贵的成长养料。

益友

当时在巴顿·迈尔斯事务所工作的，还有后来成为合作伙伴的三位建筑师：托马斯·佩恩、玛丽安娜·麦肯纳和雪莉·布隆伯格。佩恩先后在爱德华·甘拉尼克（Edward Galanyk）和乔治·贝尔德的事务所工作。桑原到迈尔斯事务所后，将佩恩也介绍了过来。很快，佩恩成为迈尔斯的得力助手，开始在一些重要项目上担任负责人。当时桑原和佩恩在一间办公室里工作，长期相处使二人逐渐意识到今后共同实践的潜质。最终，佩恩也成为桑原一生的朋友。

麦肯纳和布隆伯格当时也都是迈尔斯的重要建筑师。她们在实践中注

入了女性特有的智慧、判断、观念。但迈尔斯最终离开了多伦多，回到美国发展。而这几位年轻的合伙人则决定留下并成立自己的事务所——KPMB。随后，迈尔斯事务所的一批核心成员也陆续加盟到新生的团队来。

于是，KPMB就以16人的规模开始前进了。除了继续完成两个以前延续下来的项目：多伦多大学伍兹沃斯学院（Woodsworth College）和安大略美术馆（AGO）外，KPMB开始接触一系列小型项目。不久，KPMB在重要的设计竞赛中崭露头角，先后赢得了基奇纳市（Kitchener）市政厅、皇后大学图书馆（Stauffer Library at Queen's University）等项目。这不仅为新事务所带来了运作上的项目保证，也向业界展示了这个年轻团队所能够达到的水准。

事务所成立初期，桑原等人发布了自己的建筑宣言，表达了他们对建筑的理解与原则。这些话，也指导着KPMB走向今天：

我们要达到设计的完美，并且专注于建筑的艺术性。

我们要表达出建筑的效率，完成业主的理想，并超越他们的期望。

我们要为每位员工谋求优厚报酬，使得他们知道建筑的成功之路必然源于每一个人的热情与创造。

我们要支持艺术与文化，以及建筑教育和年轻的建筑师与艺术家。

我们要始终保持对新观念、新技术和新挑战的开放心态。

这是这样的观念，从成立之初一直贯穿到今天。约有10名成员一直从成立走到现在，依然充满激情地为KPMB工作。这缘于桑原对团队力量的重视。他曾说："建筑必然需要个人才华，但它更需要整个团队的创造力。"

阅读

桑原的读书范围很广，曾给我推荐不少有意思的书籍，如《眨眼之间：不假思索的思考力量》(*Blink: The Power of Thinking Without Thinking*, Malcolm Gladwell)。他还引用传媒学家马歇尔·麦克卢汉(Marshall McLuhan, 1911~1980)的一句话，"永远不要预言尚未发生的事情"(Never predict anything that has not already begun to happen)。桑原以此来说明，未来的建筑设计越来越注重全球化与一体化，这不仅要求建筑师在设计的系统观念上加以强化，还应该将整个团队纳入系统中来，这个团队包括业主、建造者，以及建筑师牵头的专业人员、规划师、城市设计师、景观设计师、结构和设备咨询师……一个庞大而复杂的集体。建筑师必须对城市高度负责，在城市建设上发出更加积极的声音。

这里必须提到一本对他有重要意义的书籍——英国建筑师史密森夫妇(Alison Smithson and Peter Smith son)合著的《寻常性与光线》(*Ordinariness and Light*, 1970)，让桑原着迷并促使他思考进步。这本书出版于桑原的大学时代，一个面对世界正在积极思考的时代。桑原在本书中发现了寻常物的多种可能性所展示的诱惑性，以及城市中微妙的空间体验。

这本书展示了史密森夫妇二人1952~1960年的城市研究理论，提出了大量鲜明有力的观念。比如，他们提出了城市中被称为"塑料化"的变化与趋势，指出了重复利用的重要性及城市目前的使用形式，对社区结构的更新及联系形式的关注。他们强烈反对将建筑作为自给自足的孤岛，而推崇"城市容器"的观点。越是深入阅读这本书，越会发现书中观点与桑原后来的工作方向有着强烈联系。书中最重要论断是：在有重大社会变化的国家里，建筑师有责任引领文化，但在大部分时候是被建筑师逃避的。这个结论一直在我脑中回味，因为桑原从来没有回避过书中提出的挑战。

过去的半个世纪，加拿大逐渐城市化并发生了大量引人注目的社会变化。对桑原这样的建筑师而言，建造宏伟的建筑，赢得奖项，然后躺在这些荣誉上休息似乎已足够了，但这不是他的本意。他扮演着更多更活跃的社会角色：建筑师、大学教师、积极的建筑教育支持者、艺术推动家……正如理查兹教授的评述："桑原致力于推进加拿大文化潜能的上升。他发掘出加拿大在自然与社会方面的特殊性，并了解我们的国家有能力扮演起一个国际化角色的巨大潜能，这个城市将是伟大的而不仅仅是表现得端庄得体。"

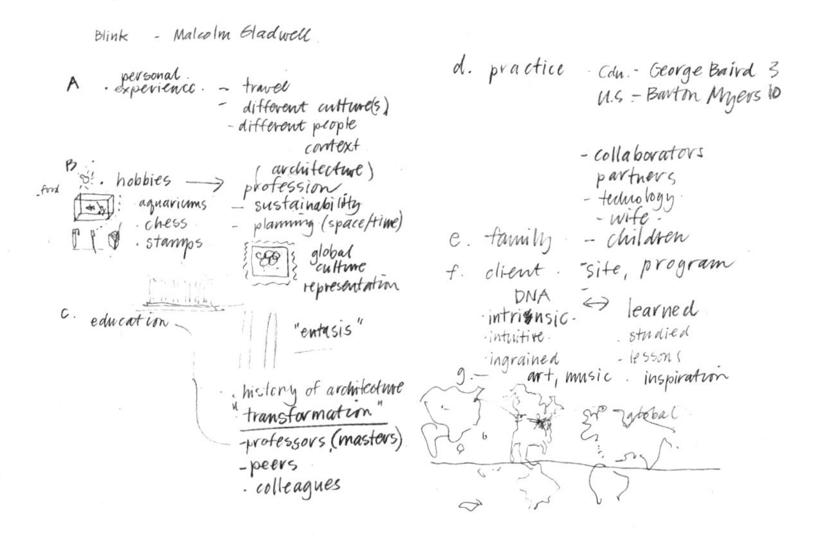

布鲁斯·桑原与我交谈过程中写下的要点

作者（左一）在KPMB工作时合影

右三为布鲁斯·桑原，桌上模型为曼尼托巴水电集团办公楼项目

① B. Kuwabara. Ourtopia: Ideal Cities and the Role of Design in Remaking Urban Space, Ourtopias. Riverside Architectural Press, 2008.

② 巴顿·迈尔斯（1934~），美国著名建筑师，毕业于美国宾夕法尼亚大学。1968年移民加拿大（后又回到美国），在多伦多大学任教的同时开始在加拿大的建筑实践。迈尔斯先后在加拿大多伦多（1975~1987）和美国洛杉矶（1984~）开设事务所。

③ 参见《环球邮报》（*the Global and Mail*）2006年12月19日报纸。

④ 乔治·贝尔德（1939~），加拿大著名建筑师，建筑理论与教育家。

⑤ 2007年AIA建筑奖的评语（http: //www.aia.org/press/AIAS077230）。

⑥ 乔治·贝尔德语，参见《加拿大建筑师》（*Canadian Architects*）杂志2006年第6期。

⑦ 雷蒙德·森山（1929~），加拿大著名建筑师，代表作品还有BATA鞋博物馆（多伦多）、加拿大战争博物馆（渥太华）等。

⑧ 位于多伦多。多年以后，该建筑的扩建改造则由布鲁斯·桑原完成。

⑨ 彼得·普朗内尔，加拿大建筑教育家、建筑师、景观设计师。

平衡演进：希格弗莱德·吉迪恩的思想及意义[①]

在代尔夫特理工大学图书馆里，第一次将《机械化统领》(*Mechanization Takes Command*，1948)[②]这本书实实在在地拿在手里，让我对这本久闻其名但不见其真身的著作有了鲜活的认知。书中的叙述和奇趣的插图吸引了我，也埋下了关注其作者——瑞士著名建筑理论家希格弗莱德·吉迪恩(Siegfried Giedion，1888~1968)的兴趣种子。

1 吉迪恩与他的时代

一个个重大事件构成了跌宕起伏的20世纪，这也是西方建筑变革最为彻底和决绝的一个世纪。探索、尝试、修正……转型之路绝非坦途大道，更没有现成参照摆在案头，他们中的先锋者必须洞见根底，穿透未来，希格弗莱德·吉迪恩便是其中之一。作为20世纪现代建筑运动的重要旗手，吉迪恩曾被好友格罗皮乌斯赞誉为“世界公认最具有洞察力的建筑评论家与历史学家”[③]。

吉迪恩师从慕尼黑大学著名艺术史学家海因里希·沃尔夫林(Heinrich Wolfflin，1864~1945)，完成了博士论文《晚期巴洛克和浪漫古典主义》并出版(1922)，但时代的列车已经驶过古典这一漫长站台，新的思想和观念正在年轻人中聚集，亟待喷薄而出。吉迪恩没有在已有的研究基础上原地深耕，反而迅速聚焦于激变的时代议题，在1923~1925年间与另外几位同样不甘守旧的青年朋友格罗皮乌斯、勒·柯布西耶、阿尔瓦·阿尔托(Alvar Aalto，1898~1976)相遇，开启了这位年轻人投入一生的事业。

吉迪恩的学术思想演进可分为三个阶段，分别扮演着不同角色——现代主义先锋[④](1928~1941)、技术转化论先觉者(1942~1948)和历史思辨学者(1949~1968)。

在“先锋”阶段(1928~1941)，即吉迪恩思想萌芽的第一阶段，《在法国建造：以钢铁建造；以钢筋混凝土建造》(*Building in France, Building in Iron, Building in Ferroconcrete*，1928)和《空间·时间·建筑：一个新传统的成长》(*Space, Time and Architecture: The Growth of a New Tradition*，1941)成为其作品代表。这一阶段的吉迪恩对技术进步和现代主义建筑及城市发展持有乐观积极的态度，并以先锋者姿态加入正方兴未艾的现代建筑运动。

1928年6月，吉迪恩参与CIAM(Congress International Architecture Modern，国际现代建筑协会)第一次大会并出任秘书长一职。同年，《在法国建造》出版，并围绕着“新建筑”(Neues Bauen)这一主题，在《导游》(*Cicerone*)与《艺术之书》(*Cahier's Art*)等杂志上发表了大量文章，也同时完成几部现代主义色彩鲜明的书籍[⑤]。1938年，吉迪恩受格罗皮乌斯之邀赴美国哈佛大学任职，开始以“建筑的生命”为主题的系列讲座。1941年，由该系列讲座整理而成的书籍《空间·时间·建筑：一个新传统的成长》出版，成为现代建筑理论发展之路上的一块重要里程碑。

在“先觉”阶段(1942~1948)，即吉迪恩的思想转型期，《机械化统领》是核心著作。该书展现了一个人类被机械化统领的时代，吉迪恩认识到“泰勒制”和“福特生产线”使得工人被机器机械化的本质，也暗示这种泯灭人性的技术发展带来的“技术统治”会引发更为狂热的战争，

但并没有悲观地否定技术革新的意义，而是提出重建人、技术与文化之间的“动态平衡”。

在“思辨”阶段（1949～1968），吉迪恩急切地寻找这个时代命题的答案，致力于将艺术、建筑与历史整合讨论。1948年，吉迪恩从美国回到瑞士后，继续于瑞士苏黎世联邦理工学院（ETH）任教。1958年，他出版了《建筑、你和我》（*Architecture, You and Me*，1958）一书，其以一本零散论文集的形式摸索城市中社会、艺术、历史、建筑、人性化等因素。此后，《永恒的现在：艺术的起源》（*The Eternal Present: The beginnings of Arts*，1962）、《永恒的现在：建筑的起源》（*The Eternal Present: The beginnings of Architecture*，1964）相继出版。1968年4月，吉迪恩于苏黎世逝世。3年后，遗作《建筑与转变的现象》（*Architecture and the Phenomena of Transition*）出版。吉迪恩从宏观历史中看到“争取自由和秩序的努力”并从中建立起对人类文化进步的自信。

2 缘起与脉络

“历史学家，特别是建筑史学家，必须与当代的各种观念保持密切接触。”作为艺术史学研究出身的他，吉迪恩几近本能地关注事物之间的联系。他太清楚剖析事件发生发展动因的重要性，也太清楚未来将会面临更为庞大的影响网络和难以预测的新事物。吉迪恩放下对古典艺术议题的纵深研究，将一生中思想、行动、态度的转变都与时代紧密联系在一起，永远保持动态和联系性思考，始终保持质疑与清醒。

第二阶段思想的转变尤为关键，在新技术涌现与现代主义蓬勃发展时期，吉迪恩能从狂热中抽离并对现世进行深度反思也是自我的重大革新，这种转变与第二次世界大战的时代背景、他的教育背景和表现主义兴起有着主要联系。在第二次世界大战结束之后，战争带来的欧洲世界的疮痍使他早期的热情信念瓦解。1947年，在CIAM第七次会议后，吉迪恩发表了一篇关于“建筑师对美学的态度”文章，其中提到“机械化的第一个时代传播了混乱……到处都是耻辱，说不出的丑陋，缺乏优雅、微笑，更没有喜悦。”次年，《机械化统领》一书出版，吉迪恩试图寻找技术与人性新的并存方式。

吉迪恩研究综合历史的最初动力是他对20世纪的使命的热情——让精神与理智和解。第一阶段思想萌芽与20世纪初建筑技术特别是钢混

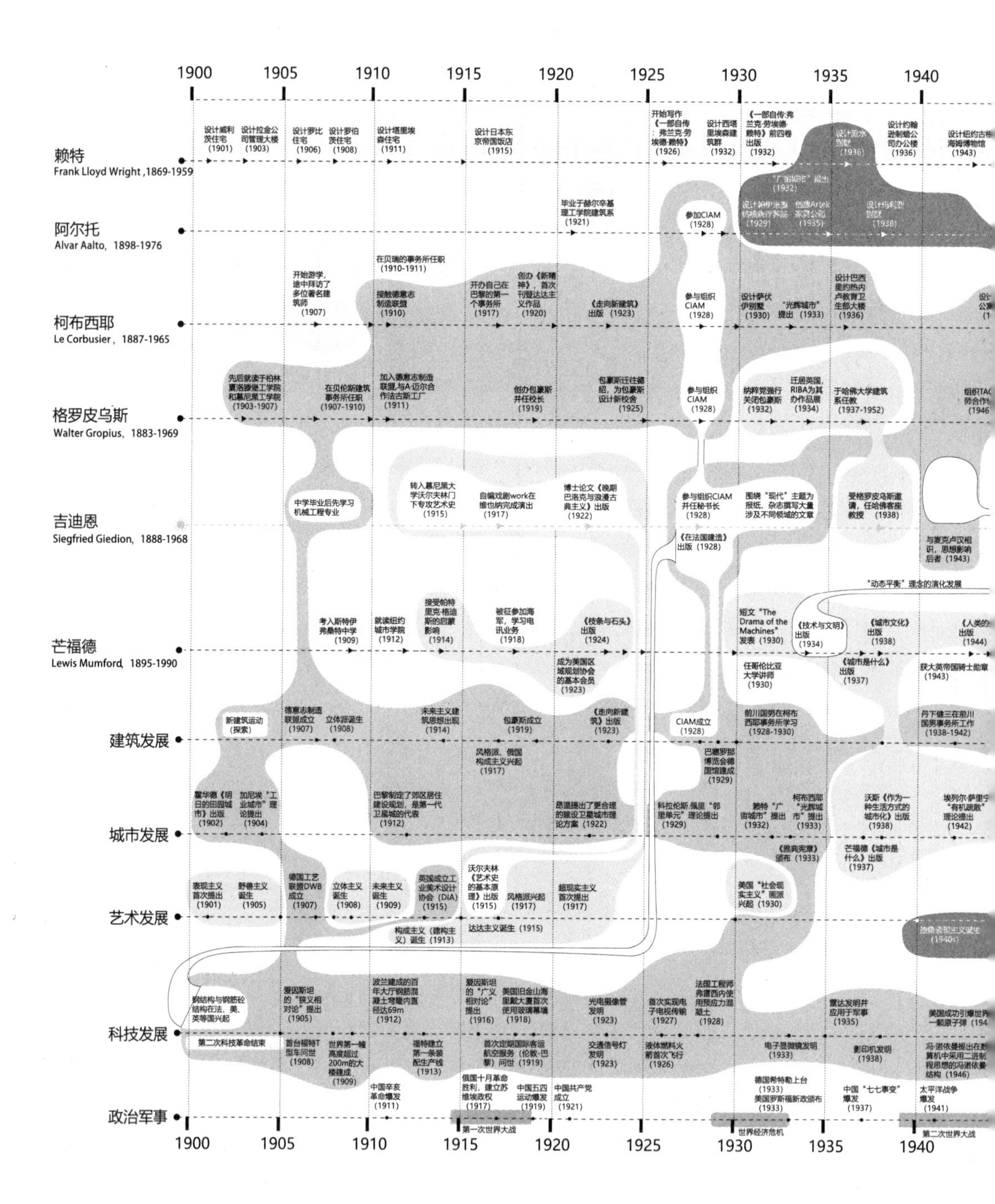

1900
1905
1910
1915
1920
1925
1930
1935
1940
赖特
Frank Lloyd Wright ,1869-1959
设计威利茨住宅 (1901)
设计拉金公司管理大楼 (1903)
设计罗比住宅 (1906)
设计罗伯茨住宅 (1908)
设计塔里埃森住宅 (1911)
设计日本东京帝国饭店 (1915)
开始写作《一部自传：弗兰克·劳埃德·赖特》(1926)
设计西塔里埃森建筑群 (1932)
《一部自传：弗兰克·劳埃德·赖特》前四卷出版 (1932)
设计流水别墅 (1936)
设计约翰逊制蜡公司办公楼 (1936)
设计纽约古根海姆博物馆 (1943)
"广亩城市"提出 (1932)
阿尔托
Alvar Aalto, 1898-1976
毕业于赫尔辛基理工学院建筑系 (1921)
参加CIAM (1928)
设计帕米奥结核病疗养院 (1929)
创建Artek家具公司 (1935)
设计玛利亚别墅 (1938)
柯布西耶
Le Corbusier, 1887-1965
开始游学，途中拜访了多位著名建筑师 (1907)
在贝瑞的事务所任职 (1910-1911)
接触德意志制造联盟 (1910)
开办自己在巴黎的第一个事务所 (1917)
创办《新精神》，首次刊登达达主义作品 (1920)
《走向新建筑》出版 (1923)
参与组织CIAM (1928)
设计萨伏伊别墅 (1930)
"光辉城市"提出 (1933)
设计巴西里约热内卢教育卫生部大楼 (1936)
格罗皮乌斯
Walter Gropius, 1883-1969
先后就读于柏林夏洛滕堡工学院和慕尼黑工学院 (1903-1907)
在贝伦斯建筑事务所任职 (1907-1910)
加入德意志制造联盟,与A·迈尔合作法古斯工厂 (1911)
创办包豪斯并任校长 (1919)
包豪斯迁往德绍，为包豪斯设计新校舍 (1925)
参与组织CIAM (1928)
纳粹党强行关闭包豪斯 (1932)
迁居英国，RIBA为其办作品展 (1934)
于哈佛大学建筑系任教 (1937-1952)
吉迪恩
Siegfried Giedion, 1888-1968
中学毕业后先学习机械工程专业
转入慕尼黑大学沃尔夫林门下专攻艺术史 (1915)
自编戏剧work在维也纳完成演出 (1917)
博士论文《晚期巴洛克与浪漫古典主义》出版 (1922)
参与组织CIAM并任秘书长 (1928)
《在法国建造》出版 (1928)
围绕"现代"主题为报纸、杂志撰写大量涉及不同领域的文章
受格罗皮乌斯邀请，任哈佛客座教授 (1938)
与麦克卢汉相识，思想影响后者 (1943)
"动态平衡"理念的演化发展
芒福德
Lewis Mumford, 1895-1990
考入斯特伊弗桑特中学 (1909)
就读纽约城市学院 (1912)
接受帕特里克·格迪斯的启蒙影响 (1914)
被征参加海军，学习电讯业务 (1918)
《枝条与石头》出版 (1924)
成为美国区域规划协会的基本会员 (1923)
短文"The Drama of the Machines"发表 (1930)
任哥伦比亚大学讲师 (1930)
《技术与文明》出版 (1934)
《城市文化》出版 (1938)
《城市是什么》出版 (1937)
《人类的……》出版 (1944)
获大英帝国骑士勋章 (1943)
建筑发展
新建筑运动（探索）
德意志制造联盟成立 (1907)
立体派诞生 (1908)
未来主义建筑思想出现 (1914)
包豪斯成立 (1919)
《走向新建筑》出版 (1923)
风格派、俄国构成主义兴起 (1917)
CIAM成立 (1928)
巴塞罗那博览会德国馆建成 (1929)
前川国男在柯布西耶事务所学习 (1928-1930)
丹下健三在前川国男事务所工作 (1938-1942)
城市发展
霍华德《明日的田园城市》出版 (1902)
加尼埃"工业城市"理论提出 (1904)
巴黎制定了郊区居住建设规划，是第一代卫星城的代表 (1912)
昂温提出了更合理的建设卫星城市理论方案 (1922)
科拉伦斯·佩里"邻里单元"理论提出 (1929)
赖特"广亩城市"提出 (1932)
柯布西耶"光辉城市"提出 (1933)
《雅典宪章》颁布 (1933)
沃斯《作为一种生活方式的城市化》出版 (1938)
芒福德《城市是什么》出版 (1937)
埃列尔·萨里宁"有机疏散"理论提出 (1942)
艺术发展
表现主义首次提出 (1901)
野兽主义诞生 (1905)
德国工艺联盟DWB成立 (1907)
立体主义诞生 (1908)
未来主义诞生 (1909)
英国成立工业美术设计协会 (DIA) (1915)
沃尔夫林《艺术史的基本原理》出版 (1915)
风格派兴起 (1917)
超现实主义首次提出 (1917)
构成主义（建构主义）诞生 (1913)
达达主义诞生 (1915)
美国"社会现实主义"画派兴起 (1930)
抽象表现主义诞生 (1940s)
科技发展
钢结构与钢筋砼结构在法、美、英等国兴起
第二次科技革命结束
爱因斯坦的"狭义相对论"提出 (1905)
首台福特T型车问世 (1908)
世界第一幢高度超过200m的大楼建成 (1909)
波兰建成的百年大厅钢筋混凝土穹窿内直径达69m (1912)
福特建立第一条装配生产线 (1913)
爱因斯坦的"广义相对论"提出 (1916)
美国旧金山海里戴大厦首次使用玻璃幕墙 (1918)
首次定期国际客运航空服务（伦敦-巴黎）问世 (1919)
光电摄像管发明 (1923)
交通信号灯发明 (1923)
首次实现电子电视传输 (1927)
液体燃料火箭首次飞行 (1926)
法国工程师弗雷西内使用预应力混凝土 (1928)
电子显微镜发明 (1933)
雷达发明并应用于军事 (1935)
影印机发明 (1938)
美国成功引爆世界第一颗原子弹 (194…)
冯·诺依曼提出在计算机中采用二进制……程序思想的冯诺依曼结构 (1946)
政治军事
中国辛亥革命爆发 (1911)
俄国十月革命胜利，建立苏维埃政权 (1917)
中国五四运动爆发 (1919)
中国共产党成立 (1921)
第一次世界大战
德国希特勒上台 (1933)
美国罗斯福新政颁布 (1933)
世界经济危机
中国"七七事变"爆发 (1937)
太平洋战争爆发 (1941)
第二次世界大战

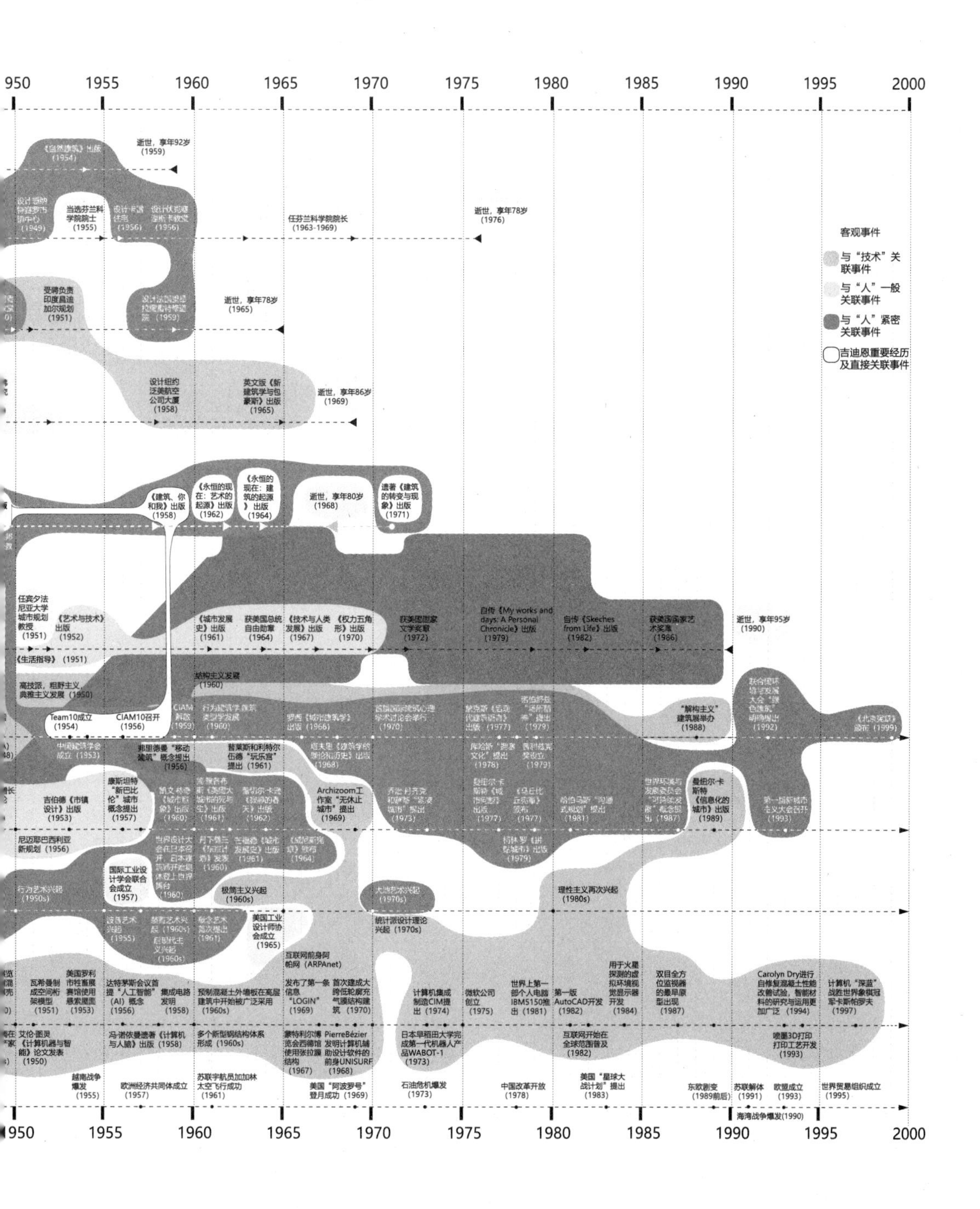

1950
1955
1960
1965
1970
1975
1980
1985
1990
1995
2000
《自然建筑》出版 (1954)
逝世，享年92岁 (1959)
当选芬兰科学院院士 (1955)
任芬兰科学院院长 (1963-1969)
逝世，享年78岁 (1976)
客观事件
与“技术”关联事件
与“人”一般关联事件
与“人”紧密关联事件
吉迪恩重要经历及直接关联事件
受聘负责印度昌迪加尔规划 (1951)
逝世，享年78岁 (1965)
设计纽约泛美航空公司大厦 (1958)
英文版《新建筑学与包豪斯》出版 (1965)
逝世，享年86岁 (1969)
《建筑，你和我》出版 (1958)
《永恒的现在：艺术的起源》出版 (1962)
《永恒的现在：建筑的起源》出版 (1964)
逝世，享年80岁 (1968)
遗著《建筑的转变与现象》出版 (1971)
任宾夕法尼亚大学城市规划教授 (1951)
《艺术与技术》出版 (1952)
《城市发展史》出版 (1961)
获美国总统自由勋章 (1964)
《技术与人类发展》出版 (1967)
《权力五角形》出版 (1970)
获美国国家文学奖章 (1972)
自传《My works and days: A Personal Chronicle》出版 (1979)
自传《Skeches from Life》出版 (1982)
获美国国家艺术奖 (1986)
逝世，享年95岁 (1990)
《生活指导》 (1951)
结构主义发展 (1960)
高技派，粗野主义，典雅主义发展 (1950)
Team10成立 (1954)
CIAM10召开 (1956)
“解构主义”建筑展举办 (1988)
中国建筑学会成立 (1953)
弗里德曼“移动建筑”概念提出 (1956)
普莱斯和利特尔伍德“玩乐宫”提出 (1961)
罗西《城市建筑学》出版 (1966)
Archizoom工作室“无休止城市”提出 (1969)
吉伯德《市镇设计》出版 (1953)
康斯坦特“新巴比伦”城市概念提出 (1957)
曼纽尔·卡斯特《信息化的城市》出版 (1989)
尼迈耶巴西利亚新规划 (1956)
国际工业设计学会联合会成立 (1957)
极简主义兴起 (1960s)
理性主义再次兴起 (1980s)
美国工业设计师协会成立 (1965)
统计派设计理论兴起 (1970s)
互联网前身阿帕网 (ARPAnet)
瓦希曼制造空间桁架模型 (1951)
美国罗利市牲畜展赛馆使用悬索屋面 (1953)
达特茅斯会议首提“人工智能”(AI) 概念 (1956)
集成电路发明 (1958)
预制混凝土外墙板在高层建筑中开始被广泛采用 (1960s)
发布了第一条信息“LOGIN” (1969)
首次建成大跨低轮廓充气膜结构建筑 (1970)
计算机集成制造CIM提出 (1974)
微软公司创立 (1975)
世界上第一部个人电脑IBM5150推出 (1981)
第一版AutoCAD开发 (1982)
用于火星探测的虚拟环境视觉显示器开发 (1984)
双目全方位监视器的最早原型出现 (1987)
Carolyn Dry进行自修复混凝土性能改善试验，智能材料的研究与运用更加广泛 (1994)
计算机“深蓝”战胜世界象棋冠军卡斯帕罗夫 (1997)
艾伦·图灵《计算机器与智能》论文发表 (1950)
冯·诺依曼遗著《计算机与人脑》出版 (1958)
多个新型钢结构体系形成 (1960s)
蒙特利尔博览会西德馆使用张拉膜结构 (1967)
Pierre Bézier发明计算机辅助设计软件的前身UNISURF (1968)
日本早稻田大学完成第一代机器人产品WABOT-1 (1973)
互联网开始在全球范围普及 (1982)
喷墨3D打印打印工艺开发 (1993)
越南战争爆发 (1955)
欧洲经济共同体成立 (1957)
苏联宇航员加加林太空飞行成功 (1961)
美国“阿波罗号”登月成功 (1969)
石油危机爆发 (1973)
中国改革开放 (1978)
美国“星球大战计划”提出 (1983)
东欧剧变 (1989前后)
苏联解体 (1991)
欧盟成立 (1993)
世界贸易组织成立 (1995)
海湾战争爆发(1990)

《机械化统领》中的部分插图

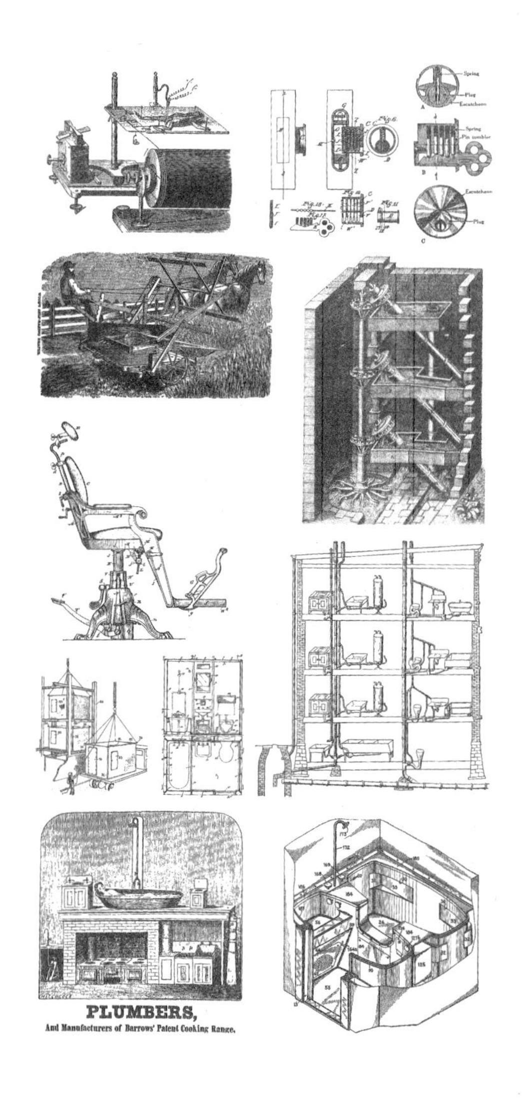

结构的发展紧密相关。1928年《在法国建造》出版时，他对工业技术及其建筑影响的态度是非常积极的，同时也认为新材料和新施工方法只有经过美学上的“过滤”，才能融入现代建筑。吉迪恩在1935年参观包豪斯展览之后，在“*werk*”杂志上发表的文章《魏玛包豪斯与包豪斯展览》(Bauhaus and Bauhauswoche in Weimar)成为他第一次明确支持现代建筑运动的标志。[6]他在后来也提到20世纪初的阶段是现代建筑发展的第一个阶段，即以弗兰克·劳埃德·赖特(Frank Lloyd Wright，1867~1959)，奥古斯特·贝瑞(Auguste Perret，1874~1954)特别是托尼·加尼埃(Tony Garnier，1869~1948)为代表，对新材料、特别是钢筋混凝土的掌握和利用。

第三阶段思想形成则与CIAM的转型和TEAM 10成立密不可分。在CIAM运动的第一阶段，吉迪恩发表《自由的栖居》时，多次发表报告中提出在涉及经济利益的情况下，可排除美学的考虑(此时可看出他观念的变化)。早在CIAM第六次会议开始，吉迪恩已意识到战后城市问题的根源并转向人居城市的探索，1952年，吉迪恩为代表的老一辈承认对战后复杂城市无法做出确切判断，并主动引导权力的交接与过渡，支持新鲜血液的注入。以TEAM 10为代表的年轻力量，将对人的关怀和对社会的关注作为城市研究的基本出发点，多角度剖析城市问题并提出解决对策。这一过程中吉迪恩并未放弃对城市与建筑的反思，并将历史和文化的充分植入，鲜活了他最后的思想。

3 动态平衡：从《空间·时间·建筑》到《机械化统领》

“那些颈静脉被割开的将死动物的叫声与齿轮的转动声和汽笛声混淆在一起……平均20秒内，一头猪就会流血而亡……如此流畅的生产过程中的一部分，以至于情感几乎没有被激起……这种对死亡的中立态度可能深深扎根于我们这个时代的根源之中。”[7]

吉迪恩就这样眼观世人被机械的巨轮吞没，《空间·时间·建筑》中对人类进步的希冀此时已所剩无几，恐惧与质疑的悲观情绪贯穿于《机械化统领》的字里行间。7年间，战争促成了吉迪恩的态度转变。

1941年，第二次世界大战推动了欧洲人移民美国的浪潮，受邀至耶鲁大学演讲的吉迪恩也成为浪潮中的一人，其后4年的美国生活对他史学观念的成熟产生了潜移默化的熏陶，同时也构成了这本书的叙事基调。吉迪恩呼吁探求制止机械化反噬的出路，并重建人、技术与文化之间的动态平衡。在“技术与人”这一对矛盾关系下，不仅仅包含机械化与人类之间的平衡，当机械化在这些与人类有机体相关领域退让出空间时，更多“新的平衡”亟待被重新确立，以保证“人”一方的稳固。“*每一代人都必须肩负起过去的重担和未来的责任，我们不能屈服于残酷与绝望；每一代人都必须为同一个命题找到不同的答案：通过重新建立支配他们之间关系的动态平衡，在内在和外在的现实世界之间架起一座桥梁。*”

在第二次世界大战之后，许多欧洲城市已满目疮痍，首要任务是进行战后的重建，解决住房紧缺的问题。人们开始发现，在技术至上的思想下，以功能为导向的城市规划看似合理，实则忽视了城市的多样性与复杂性，城市缺乏活力，自然环境被破坏，人们的生活也如机械一般变得枯燥乏味。面对问题，建筑学者和建筑师纷纷对“城市发展”领域进行不同导向的探索。从早期对功能维度到后期对社会维度关注度转变，与吉迪恩从早期对现代主义的推崇到后期对人的关注不谋而合。

动态平衡是20世纪前期对可持续发展理念的前瞻性追求。芒福德（Lewis Mumford）在1934年出版的《技术与文明》（*Technics and Civilization*）一书中指出：“*开放时代的特征是动态平衡，而不是无限的发展；是平衡，而不是单方面的突进；是保护，而不是无节制的掠夺。*”[8]他认为我们目前已经趋近环境、工业和农业、人口这三方面的平衡状态，机器文明内部将产生更为深远的节奏变化，即为达到维护和发展人类生活的最终目标而保持机械体系的各个部分协调一致，其具体做法并非加快落后者的发展而是降低节奏以满足人的精神生活。然而芒福德口中的即将到来的“重建纪元”并未如愿，反而因第二次世界大战摧毁了整个看似趋于稳定的平衡体系，以至于新的平衡亟待重新建立。战争之后，吉迪恩延续并发展了动态平衡思想。

4 解读与启示

回溯过去100年，技术手段引发的社会变革出现两次大的转型。20世纪以前人类社会还未完全摆脱传统手工业的束缚，而20世纪是由工业革命（18世纪中叶）引爆的机械化和电气化社会，21世纪是由信息控制技术革命（20世纪中叶）引爆的信息化和智能化社会[9]。历史和当下的对比，不难发现两次转型的相似性。

首先是技术转型的迅猛性、广泛性和深入性。无论哪一次技术革命，技术的手段与思维都迅速渗透进各行各业并影响人的生活与思维方式。其次是技术转型的两面性。正是由于其影响广泛且深入，如何把控技术与非技术领域的界限变得微妙且艰巨。两次技术革命的引爆本都是以解放劳动力为出发点，因此单独谈论经济是无法全面衡量技术的。当下与历史不同的是，机械化社会面临的极端窘境是人服从于机械，丧失自身的情感和生活，而信息化社会面临的则是人依赖于隐性的“机械”，使个体机能退化的同时也使个体之间疏离。而相同的是，两次转型同时面临机遇和挑战，同样需要随时跳脱出时代环境去观察与思考，保持理智和清醒。

“吉迪恩作为不同建筑文化之间的调解者和传播者的角色，在欧美现代建筑的知识生产和发展中起着重要作用。”[10]有趣的是，吉迪恩尽管在美国哈佛大学享有盛誉，却在1940年代后期返回欧洲在苏黎世联邦理工学院任教过程中，为获得头衔并使其工作合法化而采取多种施压策略，并努力对抗学院中相当敌视的知识分子氛围（对于不喜欢其双重机构和地理定位的同事而言）。

1943年，刚获得剑桥大学博士学位的加拿大青年学者马歇尔·麦克卢汉和吉迪恩在美国圣路易斯相遇。当时，年长麦克卢汉33岁的吉迪恩正着手《机械化统领》的撰写。那次相遇对麦克卢汉的影响是显而易见的，随后他立即阅读了《空间、时间和建筑》一书并将其描述为“一生中最重要的事件之一”。20年后，回到加拿大的麦克卢汉相继出版了《古腾堡星系》（*The Gutenberg Galaxy: The Making of Typographic Man*，1962）、《理解媒介》（*Understanding Media: The Extensions of Man*，1964）和《媒介即信息》（*The Medium is the Massage: An Inventory of Effects*，1967）等一系列前瞻性著作，成为当代著名原创媒介理论家、思想家。两位在各自领域成就卓著的学者曾如流星般相遇，并绽放出闪耀的光芒。

“尽管时空概念经常与吉迪恩相关联，但他不是发明时空概念的，而是将大西洋两岸以及不同学科和实践（几何，物理学和建筑以及艺术和自然科学）中流传的思想汇集在一起。”[11]

吉迪恩几乎用一生的学术生命在推进一件看似平常却并非易事的方向——关联与交融——无论是学科、专业，还是要素和视角。从时空视角，吉迪恩给予我们塑造城市的启示。

技术与文化是城市健康与可持续发展的一组核心关系。技术直接决定了城市能否正常运转，而文化则与城市的理想与身份紧密关联，直接反映着公众生活品质、精神追求的高度。人是技术与文化的创造者、承载者和参与者，技术是人类创造文化的手段总和，积极的技术进步本身也是文化的一部分，三者建立的“动态平衡”是同一价值系统的内聚与耦合。吉迪恩孜孜以求的关于人、技术与文化的关系成为当代探讨城市与建筑问题的有效切入点。

“不同团体在寻求为它们的城市构建不同的身份，这反映出了价值系统的分歧，而这一分歧导致了特定城市形态的形成。”[12]无论哪种城市身份，哪种城市形态，“人”应永远应有一席之地，只有价值系统被普遍认同，才能让城市在多次冲突与矛盾中权衡出更具城市价值的决策，从而丰富城市血肉，塑造城市性格。以吉迪恩为切入，我们找到了些许可能的答案。

屠宰场自动称重设备（《机械化统领》插图之一）

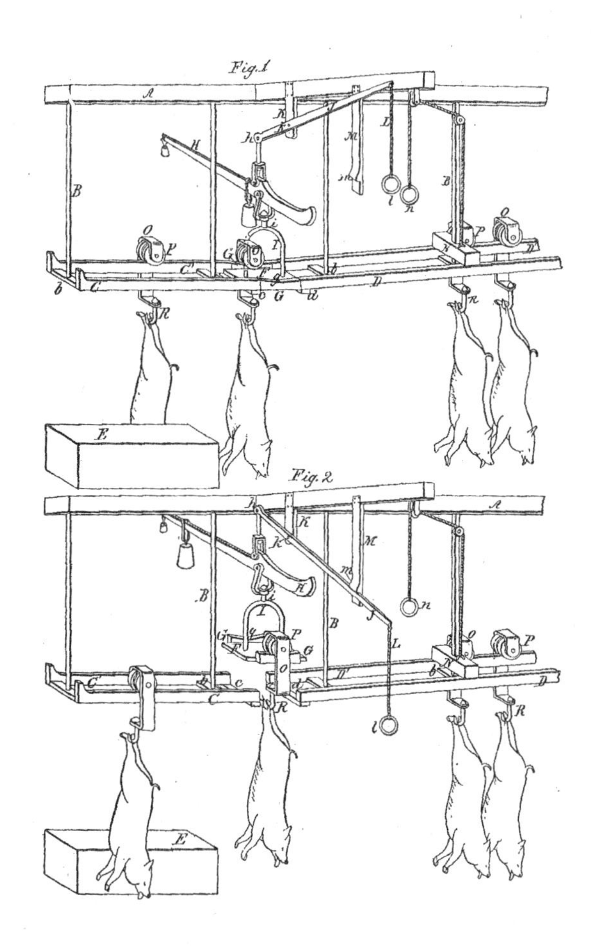

---

① 原文参阅：褚冬竹，顾明睿，阳蕊．转型、平衡与演进——希格弗莱德·吉迪恩学术思想及当代意义．建筑师，2020（2）．

② 关于*Mechanization Takes Command*的中文译名，国内有“机械化说了算”“机械化掌控”“机械化的决定作用”等多个译法，其中关键差异在于如何精准地翻译原文中的“Takes Command”。“统领”一词更加接近于书名中“Takes Command”的原意。“掌控”一词含义更多对应“control”而非“take command”，而其他翻译又稍显冗杂或过于口语化，故将此书翻译为《机械化统领》。

③ 希格弗莱德·吉迪恩．空间·时间·建筑：一个新传统的成长．王锦堂，孙全文 译．武汉：华中科技大学出版社，2014．

④ Mirjana Lozanovska. Thought and Feeling in Giedion's Mechanization Takes Command. http: //www.griffith.edu.au/conference/sahanz-2013/, 2013.

⑤ 1929年，他出版了讨论现代居住问题的《自由的栖居》（*Befreites Wohnen*）一书。同时，他还在1931年出版了一部短书《沃尔特·格罗皮乌斯》（*Walter Gropius*）。在此期间，他也计划写一部关于现代文明研究的书籍——《现代人的起源》（*Die Entstehung des heutigen Menschen*），但遗憾此计划最终未能完成。

⑥ 范路．从钢铁巨构到“空间—时间”——吉迪恩建筑理论研究．世界建筑，2007（5）：125-131.

⑦ Siegfried Giedion. Mechanization Takes Command. Cambridge: Oxford University Press, 1948.

⑧［美］刘易斯·芒福德．技术与文明．陈允明，王克仁，李华山译．北京：中国建筑工业出版社，2009.

⑨ 姜振寰．科学技术史．济南：山东教育出版社，2010.

⑩ Reto Geiser. Giedion and America: Repositioning the History of Modern Architecture. Zurich: gta Verlag, 2018.

⑪ Douglas Tallack.Siegfried Giedion, Modernism and American Material Culture[J]. Journal of American Studies, 1994, 28(2): 149-167.

⑫ 加里·布里奇，索菲·沃森．城市概论．陈剑锋，袁胜育等译．桂林：漓江出版社，2015.

代尔夫特教堂顶部的远眺 | 代尔夫特，荷兰

荷兰的密码：那个值得尊敬的对手

油画“戴珍珠耳环的少女”，（荷）维米尔，1665

1

1665年某日，晨，荷兰小城代尔夫特，中心集市广场，摊贩正将蔬菜水果依次摆上平板货架，准备开始一天的售卖。画家维米尔（Johannes Vermeer）家新雇的年轻女佣葛丽叶（Griet）左臂夹着衣物，途经市政厅，穿过广场、石桥、水巷，第一次走进了画家家中。那时，葛丽叶还没能戴上珍珠耳环，维米尔也没有创作出他一生最为耀眼的画作①。

3个半世纪后，我走完376级台阶，登上集市广场一端的高耸教堂②，以与电影同样的视角俯瞰葛丽叶走过的场景。几乎完全相同的景致将我带入“他”和“她”的那个时代。脚下建筑全然没有后世赋予“荷兰建筑”的种种张扬特质，有的只是鳞次栉比的屋顶、纵横交错的运河和清晰短促的单车铃声。位于教堂檐口下的平台窄小逼仄，但可环行一周。抬头望远，目力所及范围内鹿特丹港的巨船依稀可辨；相反方向，要观察到海牙市中心的高楼更不费力。距地85米的空中，竟可同观三城。刹那间，我读懂了荷兰的密度。

“密度”是打开荷兰的第一页，也是解读荷兰建筑与空间的通道。荷兰以每平方公里近500人的数据称得上是欧洲人口密度最高的国家之一。然而，眼前看到的国土大部分区域却宁静恬淡，与固有印象中的“高密度”似乎毫无联系。这一切，首先要归于荷兰严格的土地利用规划与效率。荷兰的空间规划、基础设施、城市开发整体发展意识有着深厚的历史渊源，很早就开始建设运河、水闸和其他排水设施。220年前，荷兰水运局（荷兰交通与水资源管理部的下属机构）便已经成立。早在中世纪，荷兰已经高度城市化，许多以贸易为主导产业的中型城市涌现出来。当时的城市必须修建城墙防御自身安全，而城墙内的空间显然是有限的，因此，狭小的土地必须精心布局，集约利用。到19世纪，虽然城墙已不再是必要的防御措施，但填海而成、四处沼泽的荷兰，依然需要小心翼翼地利用极为有限的土地，难以随心所欲。因此，荷兰的空间规划自然形成了务实严谨的特色，高度强调对实际问题的解决。甚至可以说，设计成为荷兰文化中固有的部分。

2

历史经验与地理现实形成了荷兰人独有的忧患意识。谨慎、谦卑与活跃、包容，再加上务实、高效，构成了一种可以被称为“国民精神”的

马斯特里赫特，荷兰

东西。从包容协作走向联合，组建各种团体也成为鲜明的社会特色——建筑业当然也不例外。在20世纪，荷兰这块不大的土地上便先后诞生了“风格派”（De Stijl）、“阿姆斯特丹学派”（Amsterdamse School）、“新即物主义”（New Objectivity）、“代尔夫特学派”（Delftse School）及后来的“Team 10”等重要建筑学术团体。丰富活跃的组织不仅将荷兰建筑师从个体凝结为集合，更将荷兰建筑师的观点与主张更强烈地传播出去。

在荷兰，现代主义不仅是一种风格，更是一种民族的生活方式。对于许多国家来说，现代主义是舶来的、非本民族的，而对于荷兰人来说，现代主义本身就是他们民族的、历史的组成部分。因而，荷兰人对现代主义的认同感是自然形成的，并没有其他国家那种认识接受甚至遭遇抵触等问题。这在一定程度上为荷兰设计的大胆创造剔除了束缚——因为在诞生之初，现代主义的基本精神就注定是创造与批判，而不是墨守成规。

这样的批判性精神可以追溯至著名“黄金时代”：近代实证科学发源于荷兰，理性主义精神成为荷兰现代艺术和建筑中隐含的价值体系。巴鲁赫·德·斯宾诺莎被喻为现代无神论和唯物主义者的摩西。“外露的忧虑和对任何本土事物鲜明地批评，都是全民嗜好。没有任何传统是神圣的，也没有任何英雄或明星建筑师能免受批评。”“社会”一词在荷兰具有丰富的含义，并常常与其他术语组成新概念，如社会环境、社会伙伴、社会对话、社会住区等。这些概念将建筑学从“关于房屋建造的技艺”上升为一个社会问题，批判性地介入建筑与城市实践当中，以先锋的姿态面对现状乃至未来的社会问题，并探索用建筑学或城市设计去解答的可能性。

作为整体设计领域的一个组成部分，建筑学问题也必然与其他设计与创意领域紧密相关。在荷兰，很多世界级企业的经营战略都高度重视设计与创意。以飞利浦公司为例，它1914年建立首个研究实验室，通过研究物理化学现象以促进产品创意的产生。公司的每一次大发展，都伴随着开拓性的创意成果出现。目前，飞利浦研发设计中心已成为世界最顶尖的设计中心之一。有趣的是，自1925年成立至今，领导过飞利浦设计中心的5位核心人物里，竟有4位出身于建筑学专业或本身就是建筑师——卡尔夫（Louis Kalff）、维斯玛（Rein Veersema）、布莱什（Robert Blaich）和马扎诺（Stefano Marzano）。

这些现象，从一个侧面反映出荷兰设计领域的高度交叉性，同时也反映了社会观念对跨行业设计实践的理解与支持。从20世纪初，荷兰现代“史诗”时代开始的百年历程里，这个小小的国家里诞生了许多影响世界设计

的大师与作品。荷兰设计的先锋部分——荷兰建筑，即使在第二次世界大战中遭遇重创，但依然整个百年里群星灿烂。一大批引导着现代建筑走向的设计大师与教育家不断在荷兰涌现，犹如璀璨群星，闪耀于整个世界建筑的夜空。

3

1990年，库哈斯在代尔夫特召集了一个名为“荷兰建筑到底有多现代？”（How Modern is Dutch Architecture）的会议，建筑师、评论家共聚一堂，讨论这样一个话题：“荷兰崇尚战前现代主义的习惯到底与当代的现代主义有什么关系？”库哈斯把这次讨论会看成一种荷兰式的“自我批评”——反映了当时荷兰建筑界对自身定位的反省。讨论中，教条式的现代主义被认为是一种“胆怯的选择”、一种“没有实质的肤浅风格”[③]。2000年，源于对“建筑的介入……与荷兰的转型”（Architectural Intervention...... and the transformation of the Netherlands，1998）研究项目的总结，荷兰代尔夫特理工大学召开了主题为“由设计进行研究”（Research by Design）的学术会议。会议总结报告中阐释了荷兰建筑师对建筑学角色与意义的理解——“设计作为一个学科的核心特征是：它具有将矛盾需求转化为一个整体的能力，这使得设计成为所有技术科学的中心……城市与乡村的转型越来越多地受到偶然性项目与建筑介入的影响。”[④]

不断的审视与批评激励了荷兰青年建筑师的快速崛起，逐渐突破战前经典现代主义的种种原则。宽容的政策风气与接纳程度也催生了极富个性、看似张扬的建筑与公共空间作品，并在20世纪末逐渐达到顶峰。

2000年，建筑评论家巴特·洛茨玛（Bart Lootsma）推出的著作中将这种荷兰中青年建筑师的集体成就浓缩为一个极富煽动性和自信心的称号——“超级荷兰”。在这本名为《超级荷兰：荷兰的新建筑》（*SuperDutch : New Architecture in the Netherlands*）的书中，OMA/Rem Koolhaas、UN Studio/Van Berkely & Bos、MVRDV、Wiel Arets、Erick van Egeraat、Mecanoo、Neutelings Riedijk、NOX、Oosterhuis NL、Koen Van Velsen、West 8等一大批至今仍活跃于荷兰及世界舞台的建筑师以群体姿态亮相，成为当代世界建筑发展中一个值得记述的事件。

无论建筑的立场与出发点如何不同，最终都将走上对形式问题的讨论。

在荷兰，一个显而易见的事实是：极为有限的国土范围，使得“地域特性”很难在这个国家内部展示出足够的多样性，导致从源头上建筑个性特质的生产难以真正借力“环境”而不得不终于形式。不得不承认，极富个性的形式语言在成为荷兰建筑具有高度辨识度的同时，也为产生另一种同质埋下了伏笔。若以2000年作为节点来观察，荷兰建筑既经历了前段的快速爆发期，也有后段的震荡、思索和平稳渐进期（这个时期甚至曾被描述为一种“衰败”和“狂欢后的沮丧”[⑤]）。如果说2000年以前“荷兰建筑的成功是基于历史上的优势——当现代化进程要求以创造性的方式去推动革命性进步时，所采用的极端实用主义加美学创新”，那么，紧接着的自我调整和平缓渐进则源自这种极端张力的崩塌和国际经济形势的变化。要生存与发展，建筑师不仅要成为更面对现实、更具针对性的“问题解决者”，也必须对未来问题、经济状态加以更深切的关注。

2016年，鹿特丹国际建筑双年展（International Architecture Biennal Rotterdam，IABR）的主题为“下一个经济模式”（The Next Economy），力图触探影响未来社会导向的城市经济模式，尝试有意义的就业驱动，集约使用自然与人力资本。2018年，双年展则以“缺失的连接”（The Missing Link）主题将视角锁定在气候、生态、自然等可持续问题上。策展人（荷兰政府总建筑师Floris Alkemade、弗兰德[⑥]政府建筑师Leo Van Broeck和比利时建筑师Joachim Declerck）在主题声明中提到：“要将我们的生活、消费和生产模式调整到我们星球的有限承载能力上，必需一种根本的社会经济转型—但如果我们不首先扎实稳步实现恰当的‘空间诞生’（make place），这种转变便不可能‘自然发生’（take place）。如果没有城市景观的真正转变，就不可能有可再生能源、弹性生态系统以及充满关怀的生活环境……为了促进行为的改变，我们必须紧密在建筑、社区、城市乃至整个地球等多个尺度层次上，对社会、空间和生态问题进行高度关联地思考与处理。创造空间就意味着共享空间！”

4

荷兰性，是讨论荷兰建筑时常提及的词汇。何为“荷兰性”？答案却微妙而难以捕捉。它既包含了建筑的风格，也指向了设计背景与思维方式。由于荷兰是现代主义重要的诞生与发展地之一，而后现代主义在荷兰几乎没有产生显著影响，因此，真正的“荷兰性”代表着明显的“现代性”——此处的现代绝非形式问题，而是对现实问题的积极思考与主动参与，扩张建筑的社会意义与责任，以一种“动态的现代性”（dynamic modernity）姿态介入城市与社会之中，便形成了“荷兰性”的主旨要义。从现实到现代，成为符合荷兰国民精神特征的建筑演绎。在这个意义上，21世纪初的经济危机充当了警醒建筑的“正面”角色，虽然这是荷兰建筑界最难熬时期。欧洲建筑市场大幅萎缩，由此社会对建筑的要求也在发生着重要的转型，建筑对社会的介入领域也悄然变化了热点——建筑可持续性、智能与互动等领域受到了更重要的关注[7]。

但是，价值观的共性无法掩盖建筑师与生俱来对个性和差异的追求。纵观荷兰当代的建筑（师），两种明显不同的倾向已经显现——可分别概括为“建筑的理想”（built ideas）与“理想的建筑”（ideal buildings）[8]。凯斯·卡恩（Kees Kaan）对于这两种倾向的表述则更为具体——“一类是将自己视为专注于创意与设计初期的概念创新型建筑师；另一类则视自己为建筑营造者、为客户提供全面服务、完整管理项目始终的建筑师。”

前者如OMA、MVRDV、UNStudio等事务所，凭借其独到的研究视角和创新能力，不断输出着新鲜强烈的设计理念和惊异的标志性建筑，近年来特别是在亚洲国家有着“明星式”的号召力。库哈斯是这类建筑师的代表，也是最具国际声望的荷兰建筑师。库哈斯本人早年在印尼的生活及其后的记者经历，使得他从思想形成之初便与众不同。库哈斯从未将自己的思考和工作局限于荷兰，在他追溯曼哈顿都市沿革的著作《癫狂的纽约》中坦承自己是一个没有国家的人。作为代表，他道出了很多荷兰建筑师的心声：他们是世界性的勇敢开拓者[9]。抱着对社会主义思想的巨大热情，从批判视角出发，库哈斯所领导的OMA和AMO（OMA的智囊库与研究机构）通过作品和研究持续解答着建筑学和激变的当代社会之间的矛盾。与OMA有着师承关系的MVRDV、NL事务所也高度强调城市与社会学对建筑的巨大影响，通过研究微观个体与宏观环境的关系，不断地对人类生活空间进行反思，或通过对“极限”“数据”“密度”等城市发展关键问题的研究，从哲学思想及设计手法等对传统思维方式产生巨大冲击。“如果MVRDV曾经想要将数据变成形式，现在他们越来越多地把它转化为图像”[10]。他们试图探寻更具差异性的分析和对功能关系的全新定位，由此也常表现出令人惊愕的形式。

值得注意的，当我们作为观察者解读或欣赏如OMA、MVRDV等事务所在设计前期强大的“科学研究与分析”时，需要看到事实上其中部分研究也可能是建筑师浅显或表象的尝试——因为设计本身，绝不单是充满逻辑和严谨的科学推理。OMA 合伙人、AMO创始领导者赖尼尔·德·赫拉夫（Reinier de Graaf）在一次荷兰电视访谈中坦陈：“每每公司的研究得到赞美，我心里都充满疑惑。我清楚，很多理论都是在设计过程中逐步编造的，所谓的研究也不过是一层发自好奇心的副产物而已。”[11]而MVRDV创始人维尼·马斯（Winy Maas）则在新书《复制粘贴》[12]中坦言建筑师正遭受“创意综合征”的折磨，并呼吁建筑师正视“复制”的价值。书中将建筑学与科学进行了比较，指出了所谓的独特建筑之间的类型相似性，并直接追问“为什么不公开和诚实地对待我们所做的参考?”

阿姆斯特丹Schiphol机场新航站楼
外观轴测图
设计：凯斯 · 卡恩（Kees Kaan)

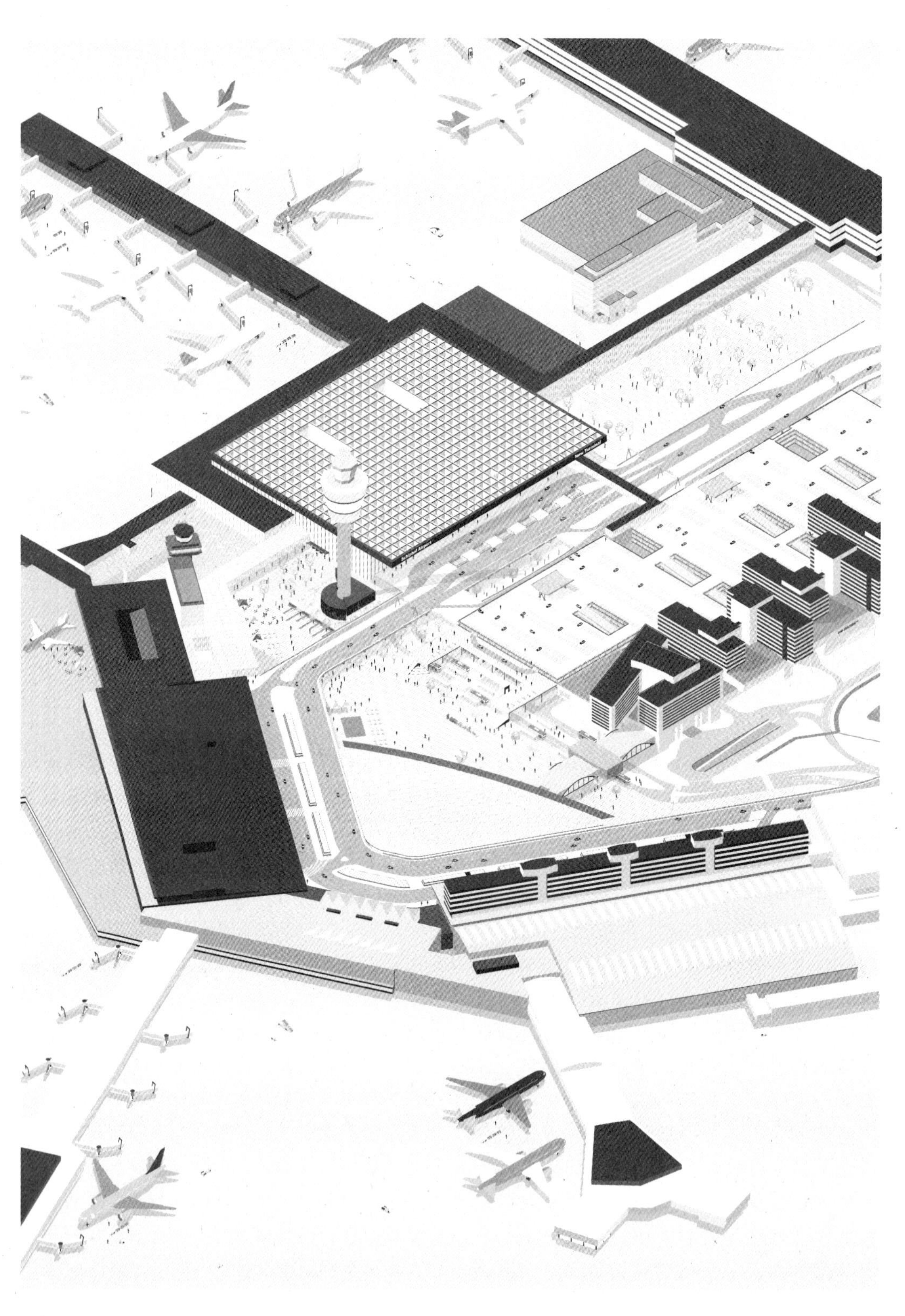

与此同时，被称为致力于建造“理想的建筑”的一类建筑师，则更加深入分析业主与使用者的需求，用更微妙的现代建筑语言与更温和的城市理念，建构出高品质的空间与富有意义的细部。无论是发展创新观念，还是建造品质的追求，他们都是荷兰建筑师中的中坚力量。他们不会将建造、细部等这样的问题当作责任的全部——即使是对细部的追求，也包含着鲜明的观念。这样对细部的理解正如荷兰评论家迪塔特玛·斯泰纳（D. Steiner）早在20世纪80年代的总结：“当建筑到了这一点的时候，作品就被浓缩成其自身的一个微缩模型了。细部，就如同用建筑作品、建筑师传记、哲学以及他与事物之间的关系等能量来充电的电池一样。”[13]

凯斯·卡恩在《理想的标准》[14]一书中宣告建筑师坚持的建筑品质，崇尚优雅和简约，尽力避免花哨装饰和多余设备，避免烦冗细节干扰使用者。高超的品质控制能力使混凝土、玻璃、木材这些常见材料散发出独特的魅力。从办公建筑、文化建筑已逐步发展到机场航站楼等大型建筑。纽特林/里代克（Neutelings，Riedijk）建筑事务所则以富有创造性的设计观念、清晰有力的建筑造型以及高品质的建造水准见长，尤其是外墙中细节母题的处理更是特色鲜明，但事务所并没有止步于对材料或建造本身。

Mecanoo建筑事务所在设计创意与精细建造方面一直保持着良好的平衡。基于良好的组织管理和群体力量的发挥，事务所近年在海外完成了如高雄卫武营艺术文化中心、伯明翰公共图书馆、首尔Namdeamun办公楼等个性鲜明的公共建筑项目，而荷兰境内的项目则呈现出明显的变化，从早期的成名作代尔夫特理工大学图书馆的强烈几何对比形式语言到新近落成的海牙欧洲司法委员会总部、阿姆斯特丹iPabo应用科技大学等，在简约中透射出优雅和对手法的进一步提纯。作为女性建筑师，事务所领导者弗朗辛·侯本（Francine Houben）表现出更为细腻的敏锐。她强调：“*建筑需要调动所有的感官，它从来不是那些纯粹的知识、概念上或视觉上的游戏。建筑需要将所有的个人要素组织在一起，形成一个独立完整的概念。对形态与情感的组织则是设计的最终手段。*”

从表象上看，维尔·阿雷兹（Wiel Arets）的作品“传递着基本与极简的材料组织以及内外空间的纯粹几何性”[15]，但他始终热忱地关注绘画、电影、教育以及东方国度文化的影响，积极投身工业产品设计，强调社会发展进程的复杂性，坚持建筑学作为社会发展的开路先锋——这些观念与行动，正表征着其鲜明的社会性和“荷兰性”。

5

如果说“密度”是打开荷兰的第一页，那么生存与拓展的本能构成了荷兰建筑师群体在世界坐标系中的重要标签。正像17世纪荷兰依靠强大的海船运输与贸易能力，建立了当时全球最大的海上物流体系。要知道，这样的成绩除了付出必须的契约、协作、耐劳精神外，竟是以商船放弃配置火炮而最大限度扩大仓储容积以换取最低成本为代价。就这样，荷兰商船的每次出海便成了一次次的命运赌博。这样的“赌博”换回的是这个国家成为“大国”的基础和前提。既然安于现状已无法改变命运，倒不如奋起一搏、铤而走险，才可能抓住稍纵即逝的机会。

就这样，荷兰为世界输出着理念、作品和他们自己。从未故步自封的荷兰设计早已将全球视作阵地，当我们将目光聚焦于这个狭小的西欧国家时，他们的身影早出现在世界各地。而荷兰建筑，在冷峻外表下展现的对未来、自然、社会、人文的强烈关心与主动介入，并有着独立的批判精神，作为一种基因般的存在，成为这个国家的设计精神。对于问题本质的探求欲望促成了一次次设计思路的推陈出新和出人意料。每一次设计的价值取向成为设计最为关切的内核，也是推演设计的“最高纲领”——没有什么比内核与纲领更为重要。因此，惊骇夺人的形式构成、大胆碰撞的色彩或是廉价朴拙的材料便都有可能存在于似乎本应该正襟危坐、仪表堂堂的建筑物之上。

然而，正当我们以为读懂了“荷兰建筑”张扬肆意的形式和倔强不羁的外表，却有可能突然触碰到温暖绵柔的内在。对于在惊涛骇浪中生存下来的水手，对于家中炉火的想念是必须藏匿于某个最深处的。

6

《荷兰的密码：建筑师视野下的城市与设计》（2012）一书记录的不仅是个人“视野”下的点点滴滴，更是视野背后的“思索”。为什么要写荷兰？荷兰建筑，正如我初识荷兰语时眼前那一串串“密码”般的拼写，只能猜测大意，难以准确参透。但我相信，这“密码”背后一定隐藏着某种可以解读的规则。这些规则对我的吸引力，大过了那些“密码”本身。正是这份藏匿于表面之下的神秘，“怂恿”着我前去探听一二。从决定赴荷兰的那天起，有个问题便始终挥之不去：“在这个国土面积不过两个半北京大小的国家里，为何能够迸发出如此强大的创造力和影响力？”荷兰与中国，显然站在了“大小”悬殊的天平两端，却在历史演变中出现了一次无奈的“对调”。

2006年，中国央视推出了系列纪录片《大国崛起》，荷兰也荣列其中。回顾历史可知，当荷兰逐渐由泥泞低地发展成为西欧强国、海上霸主的时候，中国正以一种绝对的自信傲视天下。但危难往往会从刚愎中潜入。千里之堤，最终溃于蚁穴。从19世纪中叶开始的几乎一个世纪里，这个世上曾经最强大的国家便陷入了深重灾难，被那些弹丸“大国”欺凌得晕头转向，苦不堪言，卑微地完成了一个国家从“大”变“小”的过程。因此，从内心来讲，这本关于荷兰的图文记录实际上是写给中国的。我真心地希望我们这个人口是荷兰80余倍的国家，能够在设

教堂塔顶和现代住宅墙面的材料与做法

站在代尔夫特广场教堂的高处远眺，听凭远方高楼与桅杆诉说着这个国家的设计密码。无意间回眸，竟发现这座6个多世纪以前的高楼尖顶面层与Ypenburg社区新住宅（MVRDV）外墙做法几乎完全一致。传统与创新，就这样瞬时被连通。

计、建设领域做出更多值得称颂的东西。“强”与“大”总是联系在一起的，具有明显的比较与竞争的含义。“地球村”并不是到处都充满无条件的关爱。合作、协同、尊重的大趋势背后，只要有国家与民族的概念还存在，竞争就是一个挥不去的话题。而只要有竞争，就有对手这个身份的存在。荷兰就是这样一位值得尊敬的优秀对手。它的成就值得我们肃然起敬。我以为，这份尊敬不是给予它的发展速度和规模，而是一种将不可能转化为可能的勇气与毅力。

“学而不思则罔。”只要稍加留意便知，在过去的半个多世纪以来，我们从不缺乏向国外学习的热情，虽然有时候“学习”被降格为“拿来”“盲从”“模仿”，甚至“抄袭”。频繁的国际交流将众多先进经验呈现在眼前。在这个轰轰烈烈的国际大“交流”过程中，我还是希望能够冷静地提出几个问题：国外先进经验、技术、产品是否已被我们消化为自身的营养？在学习的过程中，哪些东西是真正适合我们的？他们是如何做到这样的成绩的？因此，以《荷兰的密码》这本书记录我在荷兰的所见所得，更将它赠予我们的“对手”。

实际上，这个对手是可以称为老师的。

代尔夫特理工大学图书馆（建筑设计：Mecanoo Architects）| 代尔夫特，荷兰

---

① 本段描述依据美国电影《戴珍珠耳环的少女》（2003）中的一段镜头。该电影来源于英国女作家特蕾西·雪佛兰（Tracy Chevalier）发表于1999年的长篇小说。小说虚构了荷兰著名画家约翰内斯·维米尔的传世名画《戴珍珠耳环的少女》的背景历史。

② 指建于1381年的代尔夫特新教堂，其塔楼是荷兰第二高的教堂塔楼，也是数百年来代尔夫特的地标建筑。该教堂与荷兰皇室有很深的渊源，从荷兰国父威廉亲王开始，荷兰王室均埋葬于此。

③ 巴特·洛茨玛. 荷兰建筑的第二次现代化. 世界建筑，2005（7）.

④ Dirk Frieling. The Architectural Intervention,Proceedings A: Research by Design. Delft: TU Delft,2000.

⑤ 皮尔·维托里奥·奥雷利，勒默尔·范·托恩，乔基姆·德克莱克，等. 从现实主义到现实：荷兰建筑的未来. 张路珂 译，朱亦民 校. 世界建筑，2015(7).

⑥ 弗兰德（荷兰语：Vlaanderen、英语：Flanders）是比利时西部的一个地区，人口主要是弗拉芒人，说荷兰语。

⑦ 褚冬竹. 一种介入的方式：荷兰当代建筑师观察. 建筑学报，2011（3）.

⑧ Egbert Koster. Ideal Buildings vs. Built Ideas-the Netherlands, a+u, 2010，475（4）.

⑨ 姜珺. 重读老库. 新视线，2015(10).

⑩ MVRDV. Evolutionary City. EL Croquis. 2014.

⑪ 崔勇. 荷兰建筑实践——以KCAP, NL, OMA为例. 城市建筑，2014（1）.

⑫ The WHY Factory（Winy Maas, Felix Madrazo, Adrien Ravon, Diana Ibáñez López）. Copy Paste: Badass Copy Guide. Rotterdam: nai010 publishers，2018.

⑬ D. Steiner. Jedes Detail eine Geschichte. Archithese, 1983（4）.

⑭ Claus en Kaan Architecten. Ideal Standard, Buildings 1988-2009. Rotterdam: NAi, 2010.

⑮ Hans Van Dijk . Twentieth-Century Architecture in the Netherlands, 010 Uitgeverij, 1999.

代尔夫特理工大学校园｜代尔夫特，荷兰

校园内建筑由不同时代建筑师完成，共同遵循着简洁明了的轴线关系和功能区划。

图书馆

边界

城市显微：作为一种建筑学态度和工具

先从四个城市半岛开始。

2006年，夏，走在温哥华半岛端部——斯坦利公园的边缘，这一大片原始森林被矜持而恭敬地保护着，都市中心与森林只有一步之遥。高耸参天的红杉、厚实绵软的落叶构成了这个地球承载生命的直接痕迹。深呼吸，原生丛林特有的草木气息与不易察觉的海水微腥糅混着潜入体内。

2010年，冬，漫步另一个城市——仅有13万人口的瑞士首都——伯尔尼。市中心为山地半岛，建筑整齐规则地沿街匍匐在土地上。人造环境虽占据半岛主体，却并不专横。清澈的维格河环抱中心，整个环境如童话般地存在着。正值新年假期，冷澈刺骨的空气将大部分人推赶进室内，只留下了房屋、广场、街巷，它们教科书式地冬眠在那里。

2019年，夏，伊斯坦布尔。走在蜿蜒不平的道路上，感受着这个历史半岛，教堂、广场、清真寺、大巴扎……作为曾经的帝国首都，现在留存下大量丰富历史意味的建筑与空间，所有的美好都留在了此地。早年主修建筑的诺贝尔奖作家帕慕克（Ferit Orhan Pamuk）[①]，在这里写下土耳其的“呼愁”[②]。

回到重庆，渝中半岛。十余平方公里的土地上容纳着超过60万人的生活和工作。半岛总体朝东，临两江（长江、嘉陵江）汇聚之处却倔强地弯折向北，古城门名为“朝天门”。城门及其上“古渝雄关”题字已不复存在，原物早在不断修整改造中消失。最新诠释“雄关”的，是耸入云端的8栋超高层塔楼——重庆来福士广场，剧烈地改变着这片尊为“重庆母城”的半岛空间格局与生活方式。

城市作为人类持续聚集地介入自然、改造空间的承载和反映，呈现出迥异多彩的景象。我们不仅要能够描述城市的表象差别，更要揭示这样的差别为何而来、未来怎样。这也是令几乎所有关心城市的人们着迷的问题。

“首先是城市”——爱德华·索亚（Edward W.Soja）以这句话旗帜鲜明地开始了对“都市生活之源”的探讨。[③]通常广受认可的“狩猎/采集—农业—村庄—城市—国家”发展秩序遭遇了不同意见。查尔斯·凯斯·梅塞尔斯（Charles Keith Maisels）将“历史的唯物主义阐释与清晰的人类学、地理学视角调和起来”，提出了“城市—国家”的形成模式，将城市的空间特性与引发社会创新变革的推动力联系起来[④]。城市从一开始便被视为革新的中心——在这个地方，“稠密接近和互赖共存是日常生活、人类发展及社会持续非常重要的结构性特征”[⑤]。城市的本质或起源不必言“大”，而是以其中“社会和经济的不同形式来衡量”[⑥]。城市作为社会综合生产的刺激者与消费者，在全球范围内建立着一个生存发展的巨构网络。网络中的不同节点，即不同城市承载着不同的职能与有效刺激范围，并由此创造出人类生活的持续活力与文明多样。

城市的持续演化已是不争的事实，没有固化不变的城市。城市、大城市、特大城市、超大城市，高度聚集和膨胀的城市被不断以新概念定义。部分城市持续扩张、繁荣进展的同时，也伴随其他部分城市的收缩与衰败。人类文明的发展史，几乎可以被浓缩为城市规模排行榜的变迁史——孟菲斯、乌尔、底比斯、巴比伦、亚历山大、长安、罗马、君士坦丁堡、汴京、菲斯、大都、杭州、伦敦、纽约……仅凭这些历史上全球人口规模第一

两个城市半岛尖端的场景
左：温哥华，右：重庆

的城市名单，已可领略人类文明史的基本轨迹——铁打的地球，流水的冠军。这份榜单已经用确凿的事实告诉我们，没有一个城市会永远保持强势。城市不是“永恒”的史书，一切都在变化。即使是像隋唐长安这样看似稳若磐石的超级大国之都，依然在漫长历史中发生着显而易见的变化。唐末，藩镇割据、时局飘摇，有着显耀地位的长安皇城中轴主门——朱雀门黯然封闭。明代重筑城墙，中轴东移700余米，新版图格局至此建立。到20世纪中叶，那条曾经见证隋唐傲人武功、全球领先的朱雀大街已仅剩土路一条了。

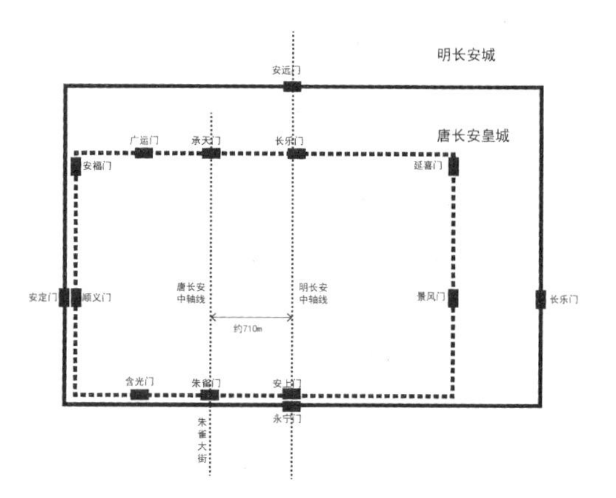

遗憾的是，以我们短暂的生命标尺来度量，不可能亲历这样风起云涌的超级都市竞赛。人的身体尺度与行为能力显然不会因为城市的膨胀或收缩而显著变化。相反，当城市尺度、城市规模、城市密度等指标都在快速上扬时，人与城市的关系（若以“比值”衡量）正在日益紧张。“向身体的回归”——作为建筑学与城市研究中“不可还原的理解基础”，身体成为最深刻意义上的“积累策略”[7]，也成为当代建筑学的一次意识复兴。城市不会永远膨胀下去。以版图扩张式的“外膨胀”将逐渐收敛和受控，而在既有城市空间的优化、更新、增量则将得到更多重视，精明增长思路下的“内膨胀”则凸显出特殊的意义。内膨胀的实质是密度增加，不仅有建筑体量的密度，也有空间行为的密度。高密度的行为使用随之引发原有空间的加速分解。粗放、单一的空间使用状况将随着空隙的变化活跃逐渐演变得更为多样、微妙。

300多年前，当荷兰人列文虎克（Antonie van Leeuwenhoek）把蚊虫、树皮甚至自己的血液放在自制的透镜组合下，从镜片视野中观察到一个个匪夷所思的景象时，可以想象他的巨大惊喜。也许，他自己都未曾料想，这些后来被称为“显微镜”的透镜组合对未来的科学世界将产生多大的影响。借助仪器，列文虎克看到了常人目力所不能及的世界——一个极其细小甚至难以发现的微观世界。简言之，将微观、细微的事物或现象显现出来，便是“显微”。

“显微”二字，关键在“显”。“微观”是一个具有相对与比较含义的概念，其指代的度量范畴依赖于“宏观—中观—微观”的整体划定。基于自然与社会两类科学对“微观”的不同界定，建筑学中的“微观”具有明显的双重性质——一是与物理空间尺寸相关，具有客观性和可度量性；二是与建筑学问题尺度相关，与人的行为、心理以及问题效应相关，具有主观性和难度量性。“显微”与“微观”的最大不同在于：当我们讨论“显微”时，我们讨论了一个“从隐至显”的过程——不仅强调事物的物理尺寸，更看重该事物性质是否得到新内容的呈现，是一个从单一呈现多样，从简单呈现复杂，从压缩转向释放，从耦合探知解耦的过程，也是一种“解压/释放/提取”式的态度与操作。后者可视为“显微”的本质。康岑（M.R.G. Conzen）在解析城镇平面时，以城市形态学（urban morphology）操作方法将所谓城市肌理解析为三个元素（层次），即街道、地块和建筑。这三个层次逐层推进，将构成城市的空间要素清晰呈现，便是基本的“显微”视角之一。

250年前，意大利人诺里（Giambattista Nolli，1701～1756，也可译为“诺利”）历时12年艰辛绘制了罗马地图，史称“诺里地图”（Nolli Map）。诺里最大的贡献不是多么精细地描绘了一份城市平面，也不是它表面上所呈现出来且常被误读的“图底关系”，而是他用自己的双脚“度量”了整个罗马，不仅度量了城市物理空间的基本尺寸与形态，也“度量”了这座城市之于诺里的“行为—空间”权属——包括神庙、教堂等具有公共意义的空间以白色表示，无法进入或权属私有的空间则以深灰色块表示。他创造性地将“总平面”与“平面图”结合起来，为后人研究罗马留下了极为宝贵的图示资源。诺里将空间内在的差异用行为和图示呈现出来，将视觉观察与行为权力结合起来，创造了一份具有里程碑意义的“显微”典例。

在城市空间范畴，“显微”一词意指那些通过高穿透度的洞察方法与解析技术，一方面探知那些看似稀松平常或已熟视无睹的城市“细部”；另一方面，则呈现出那些原本隐匿深处的微弱差异。显微是基于城市复杂性的质的呈现过程，也是还原城市本来面目的基本操作与态度。按介入深度与过程时序，可以分为四个层次的显微，即空间呈现的显微、问题建立的显微、分析手段的显微、问题解答的显微。这四个层次从基础内涵到技术衍生，讨论了城市显微与城市空间的基本关系。

在并非永恒的城市空间中，如何在有限的时间刻度中容纳或支持更为丰富的行为，直接演化为对“权力”的讨论。“何谓城市及城市的伟大被认为是什么？城市被认为是人民的集合，他们团结起来在丰裕和繁荣中悠闲地共度更好的生活。城市的伟大并非所处土地或围墙的宽广，而是民众和居民数量及其权利的伟大。”⑧400多年前意大利著名政治哲学家乔万尼·波特若（Giovanni Botero）曾这样表述“伟大的城市”。在这个论断中，城市不仅作为某种空间存在，更作为其中若干人的行为权利的集合存在。

基于行为的分析，对空间分异进行显现，并在设计与创造过程尊重甚至强化这样的差异，便是讨论显微的根本意义了。研讨和分析对象从“集体人”转向“个体人”，强调所讨论问题的尺度、问题建立与解答过程中与人的关系；作为更小集合及个体的人的行为和心理，将已被

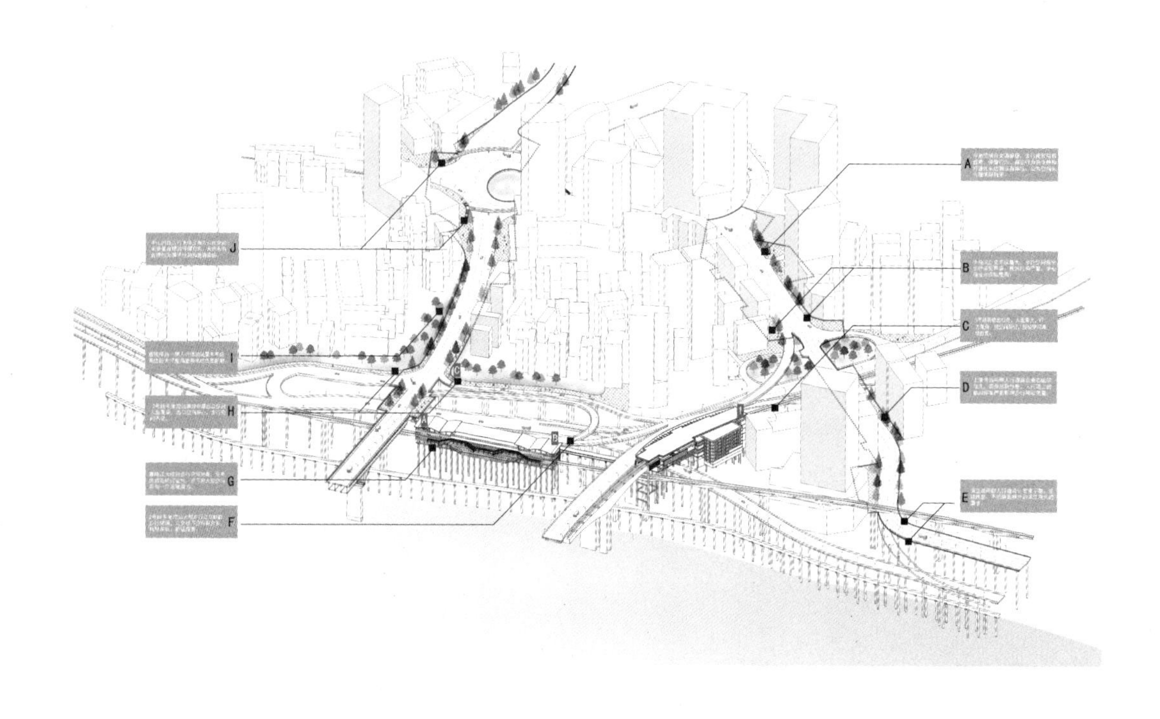

集（整）体化的问题加以拆解，显示、挖掘其中差异所在。

至此，关于城市显微的讨论基本明朗——它以空间为基本立场，包含空间最为基础的物理特性，也包含空间的使用、占有状态，涉及社会学内涵和对时间关注。时间、空间本是人类存在与发展最为根本的两个向度，但在社会科学领域，长期以来，尤其是20世纪以前，空间向度并未得到足够重视。福柯（Michel Foucault）曾评述道，“19世纪最重要的着魔，一如我们所知，是历史：与它不同主题的发展与中止、危机与循环，以过去不断积累的主题，以逝者的优势和威胁世界的冻结”[⑨]，而“空间被看作是死亡的、固定的、非辩证的、不动的。相反，时间代表了富足、丰饶、生命和辩证”[⑩]。这个失衡的状态直到20世纪以列斐伏尔、福柯、大卫·哈维、曼纽尔·卡斯特、爱德华·索亚为代表的一批学者及其论述的出现才得以有所改观——从“空间生产”“空间与社会”“空间与权力”“空间与时间”等角度讨论空间存在，极大地突破和解放了空间被轻视与固化的状态。

对于建筑学研究与建筑师群体而言，空间从来都不是问题，而时间可能是。建筑学在不断建立并拓展自身话语权力范围的同时，作为具有自然科学、社会科学以及工程技术多重特性的学科，紧扣各自的发展动态与优势，成为建筑学可能冷静进化的一个契机。既然建筑学与其他学科有如此清晰的差异，划分出一类特别的，以“空间—时间—行为”为核心研讨内容的“人工环境营造”领域，包含并整合城市、建筑、景观以及市政设施（如道路、桥梁、轨道交通等）等，成为当代建筑学研究开拓前行的机会。

百年前，重庆，某日午后，闷热潮湿的空气让人不快。朝天门码头的浪花枯燥地轮番拍

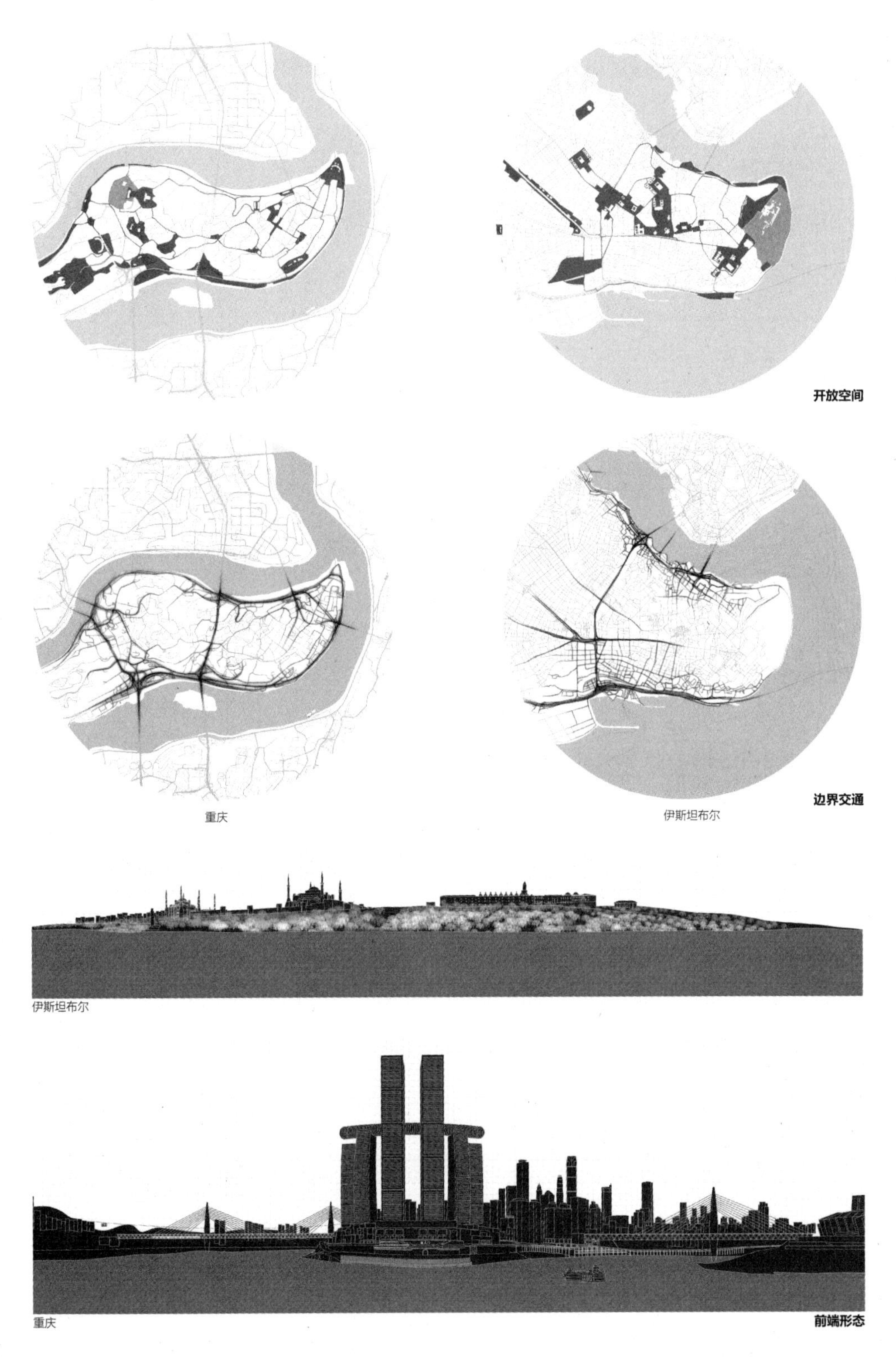
开放空间
边界交通
重庆
伊斯坦布尔
伊斯坦布尔
重庆
前端形态

打石阶，激起阵阵水声。一位在此离船登岸的商人步履匆匆，拾级而上，期望早点与妻儿团聚。终于爬完从趸船到进城街道的两三百步台阶，他搁下手中颇为时髦的皮箱，抬头看天，多么熟悉的灰白一片，此时前襟后背都已湿透。

百年后，重庆，某日午后，他的后人端着咖啡，站在落地窗前远眺，几乎是同一个平面坐标，只是标高已陡然提高了300米。眼前的长江正从脚下向前安静流淌，远远的，看不见任何波澜。窗外烈日当空，室内却凉风习习。坐标垂直下行300米，快速流动的地铁、汽车以及看不见的设备管网支撑着这个庞大复杂的新世界。铺嵌在地上数百年、当年先人踩踏过的石板路早已不见了踪影。

坐标向上，千米高空俯瞰。还是这个城市，还是朝天门，名字依旧。半岛轮廓依旧，依然那么倔强地向北，但一切都像是新的，因为那些细微的差别。我们的城市，早已顾不上考虑那“忒修斯之船”。

“致广大而尽精微。”

城市的理想很宏大，但理想的城市却必专于细微。

① 奥尔罕·帕慕克，当代欧洲最杰出的小说家之一，享誉国际的土耳其文学巨擘，1952年出生于伊斯坦布尔，曾在伊斯坦布尔科技大学主修建筑，2006年获得诺贝尔文学奖，作品总计已被译为50多种语言。

② 可参阅本书后文“行进”中关于帕慕克的一段叙述。

③ 爱德华·索亚．后大都市——城市和区域的批判性研究．李钧等译．上海：上海教育出版社，2006.

④ 见查尔斯·凯斯·梅塞尔斯的《文明的出现：在近东从狩猎、采集到农业城市和国家的过程》(1993)，本文间接引用自爱德华·索亚的著作《后大都市——城市和区域的批判性研究》(2006)。

⑤ 同脚注②。

⑥ 约翰·里德．城市．赫笑丛译．北京：清华大学出版社，2010.

⑦ [美]大卫·哈维．希望的空间．胡大平译．南京：南京大学出版社，2006.

⑧ G．波特若．论城市伟大至尊之因由．刘晨光、林国基译．上海：华东师范大学出版社，2006

⑨ 福柯．不同空间的正文与上下文．陈志梧译．夏铸九等编译．空间的文化形式与理论读本．台北：明文书局有限公司，1999.

⑩ 福柯，瑞金斯．权力的眼睛——福柯访谈录．严锋译．上海：上海人民出版社，1997.

大面水域

旧金山（美国）
San Francisco, America

香港（中国）
Hong Kong, China

温哥华（加拿大）
Vancouver, Canada

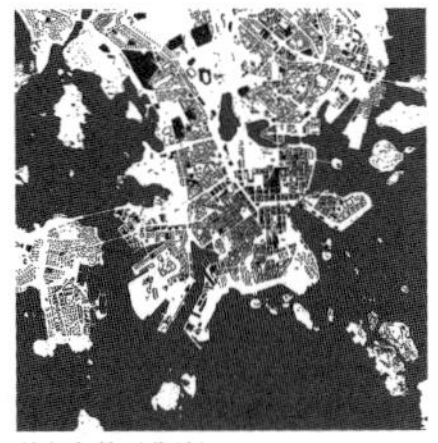

赫尔辛基（芬兰）
Helsinki, Finland

孟买（印度）
Mumbai, India

科威特城（科威特）
Kuwait City, Kuwait

水系交汇

伊斯坦布尔（土耳其）
Istanbul, Turkey

重庆（中国）
Chongqing, China

仰光（缅甸）
Rangon, Myanmar

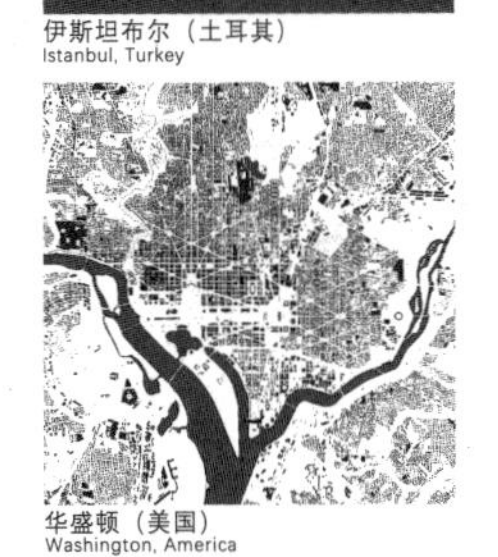

华盛顿（美国）
Washington, America

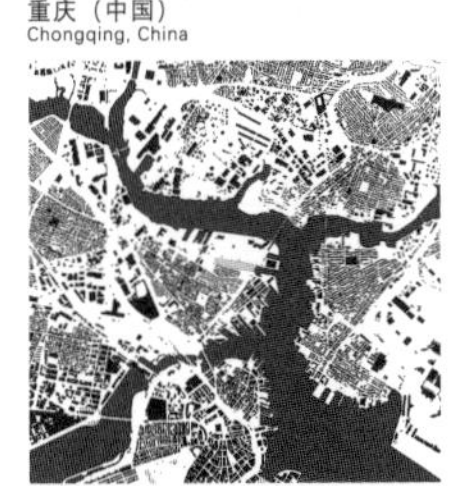

波士顿（美国）
Boston, America

里昂（法国）
Lyon, France

河道急弯

曼谷（泰国）
Bangkok, Thailand

莫斯科（俄罗斯）
Moscow, Russia

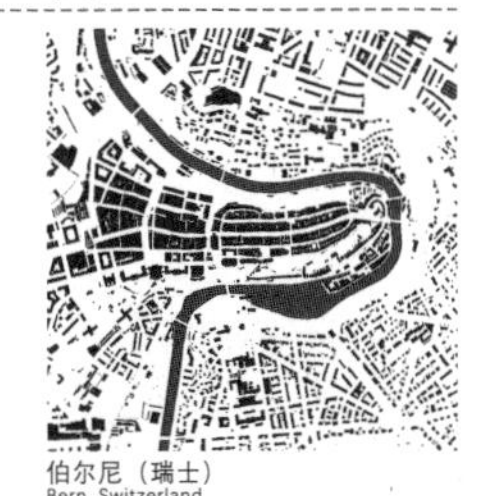

伯尔尼（瑞士）
Bern, Switzerland

巴格达（伊拉克）
Baghdad, Iraq

圣彼得堡（俄罗斯）
St.Petersburg, Russia

考纳斯（立陶宛）
Kaunas, Lithuania

待拆的旧厂房 | 大渡口区，重庆
纽约，美国

退型进化：城市更新现象与前瞻[①]

1

城市更新作为应对城市旧有产业和活力衰退所推行的空间渐进更替活动，不仅包括对物质空间与形态的改造和优化，更强调对经济、社会等非物质环境的延续和更新。由于城市物质形态客观上承担着地租资本、商业资本与产业资本的空间载体职能，空间衰败自然成为资本持续积累的障碍。应对该问题，作为一种在宏观层面上城市更新的主导范式，以资本循环积累为首要目标，增长主义[②]曾长期被西方城市经济学广泛采纳，城市经营因此具有了明显的企业化特征[③]。这种以“进”为显性目标的发展范式，倾向于高度市场化的投资行为并试图将所有城市要素变成商品，可能以牺牲弱势群体利益为代价来谋求城市经济的快速发展，显然已无法有效回答诸如人居环境恶化、邻里社会瓦解、旧城空间衰败等严峻问题。

在发达国家的部分城市，包括相当数量中国城市的当代发展中，基于增长主义的持续空间再生产推动着社会走向绅士化、阶层化，并导致原有人口的被动移除和空间肌理破坏。文化、历史和艺术这些联结了城市符号生产的多样要素被快速商品化或商业化，也可能使城市失去了地域特色标记。部分发达国家的主要城市在20世纪末都陆续完成了以产业升级为目的的经济转型、城市基础设施建设完善、交通出行趋于公交化和非机动化等。经济转型重塑了已有城市体系与地域景观，城市更新也随之转向对社会、环境及文化资本价值的整体关注，世界主要城市1990年后采取了不同的发展路径。随着空间生产由上一个阶段以增“量”为主的方式，向着集约的、优化资源的、追求“质”与更高福祉及生存价值的空间配置方式转变，一种可称为“退型进化”[④]的城市更新现象及思路逐渐显现。

2

“退型进化”触探了另一种增长与发展的关系——是否有可能通过城市局部空间开发增量的降低甚至退出流通领域，促进更大区域范围交换价值的整体提升？正如人类自身机体的自然进化过程，局部器官或组织的主动“退化”实则是机体和生存效能整体“进化”的表现和结果——“退”与“进”可以智慧共存。

“退型进化”通过城市局部范围内的开发抑制甚至生态还原，建筑或基础设施建设的主动“退隐”“退让”“退出”，城市公共空间及公共服务设施共同构成的公共产品供给水平的提升，引发更大范围城市空间综合品质与价值提升的演进方向，是一类积极正向的城市空间品质进化模式。“退型进化”不以增长主义发展观为中心，不以城市局部空间的经济产出为向导，不以增长性项目进行社会干预，它从本质上强调从“量”到“质”的提升。“量”的增长只是发展过程中一个阶段特征的呈现，并不代表社会进步全部内涵。只有在更大的时空范围内寻求环境、社会与经济的动态平衡，才能使城市发展向更高生存价值的理想方向演化。在控制城市形态、环境与社会效益方面，开发强度与公共产品供给成为界定城市更新类型的关键因素。在诸多城市进化路径中，“退型进化”指代了一类特殊的城市更新类型。

“退型进化”逾越了在工业时代、增长时代单纯以物质生产为主体的窠臼，转向对城市问题的多元回答。通过城市局部空间主动退出市场流通领域，而使更大范围区域获取了更大的交换价值。新增公共产品和文化产业投资使周边地块产能得到显著上升，典型案例是美国纽约高线公园[⑤]和韩国清溪川改造工程[⑥]。空间生产是以提高空间产能和降低交易成本为最终目的，而持续的固定资产投资实际上会造成利润率的降低趋势。[⑦]在消费经济、全球化以及后工业化的背景下，“退型进化”体现了城市空间生产的一个显著特征——交换价值的全面胜利[⑧]。空间政治经

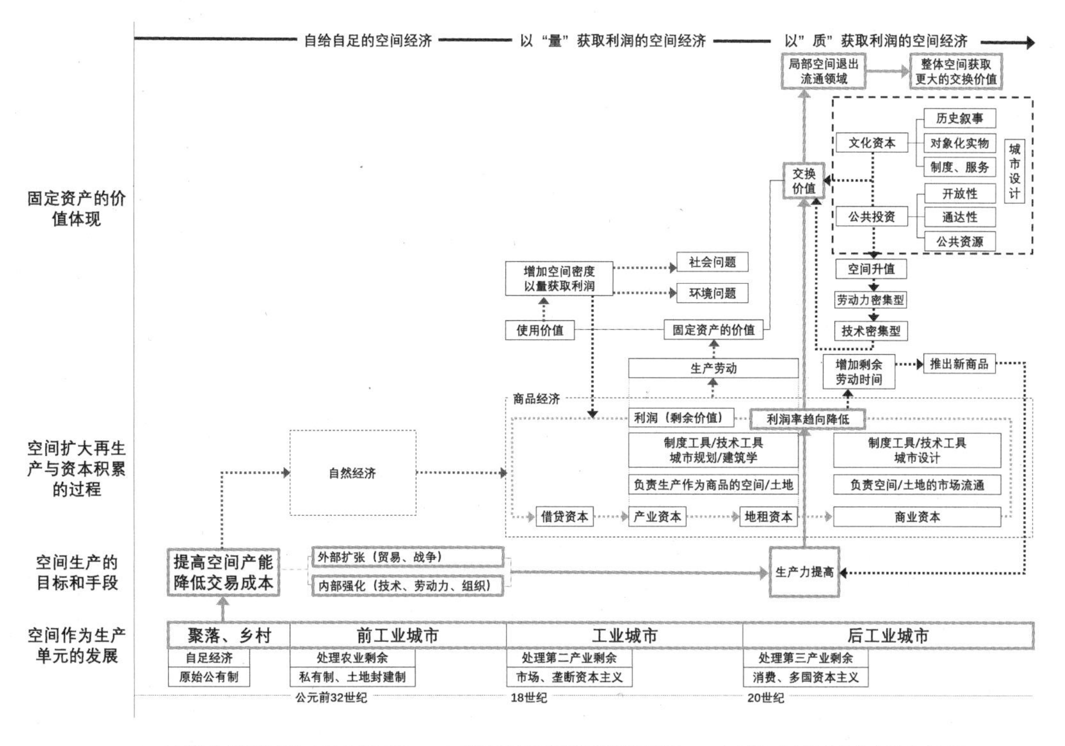

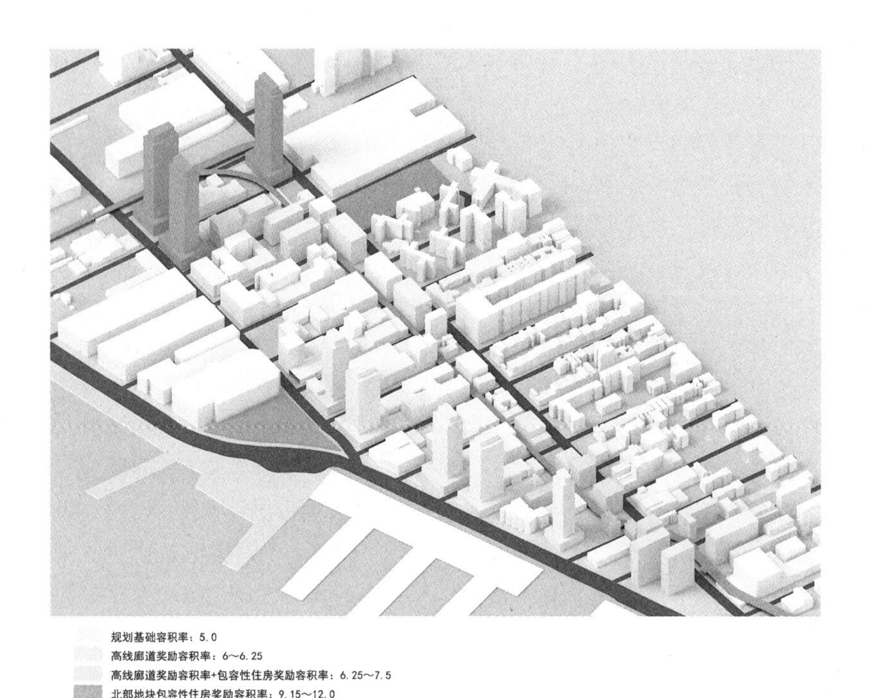

纽约西切尔区（高线公园）开发
控规城市形态示意

济学在理论上阐释了“退型进化”的机制与本质。

“退型进化”城市更新的特征主要有：开发强度不显著增加，公共产品供给显著增加，如高线公园所在的纽约西切尔西区曾经做过一份详细的环境评估报告。前期研究显示，保留高线将比拆除高线获得更大的综合效益[9]，“退型进化”的开发强度较增量扩张降低了约40%。除公园以外的公共空间增加4%，公共服务设施面积如学校、图书馆、医疗设施平均提高了5%，文化设施与公共绿地的供给和品质大幅提高。同时，“退型进化”高度关注城市长期综合效益。如在社会与经济方面，韩国首尔清溪川复原后，周边产业结构发生了显著的变化。[10]制造业和批发业减少的同时，高端服务业全面增长，广告、设计业增长超过150%，金融服务业增长超过71%。周边地区的土地交易活跃程度也明显高于首尔市中心其他几个地区。[11]首尔市政研究院发布的一份报告显示，该项目花费3.67亿美元，社会成本19亿美元，产生了35亿美元社会效益，解决韩国24.4万个就业岗位。[12]根据2011年的监测数据，清溪川周边机动车通勤明显减少，交通出行方式发生了较大改变。[13]清溪川复原后，周边地区微气候变化、水质及空气污染程度等环境指标也得到了明显的改善。[14]

社会经济发展的不同阶段决定了特定时期不同的空间生产关系。一个显而易见的事实是，当城市化发展到一定阶段，单纯的固定资产投资已不能解决资本积累危机，经济转型使粗放型的物质生产功能转移到次级空间。相对高端产业空间的城市、紧密链接经济全球化的城市，必须寻求在服务经济中新的生产与消费形式。[15]“退型进化”使一个区域公共资源与文化资本的价值超过了建成形态的使用价值，这一过程也回馈与周边地区实际投资和生产的增值。

又如由废弃多年的纺织仓库蜕变改造而成的重庆“北仓文创街区”(以下简称“北仓”)，于2015年启动，现已成为城市核心区重要的文化商业空间。与过去重庆大部分相似地段被拆除后沦为普通地产开发用地不同，北仓坚持了既有建筑规模和形式基本不变，而大量植入新兴公共功能，尤其是以社区图书馆为核心的一系列新功能激活了原老旧社区，并形成了循序渐进的有机发展道路。

北仓所在地原江北纺织仓库建造于1956年，曾经承载了重庆纺织行业物流的重要中转功能，1990年代末企业改制，主城区纺织仓库逐渐失去价值，在快速城市化浪潮中，多数仓库被逐一拆除，江北纺织仓库因位置隐蔽、面积狭小，竟毗邻商业中心区存留下来，于1990年代末起闲置多年。改造后的北仓带来了多方共赢的局面，给江北区乃至整个重庆的创意经济带来了显著的辐射和推动作用。在历经上一轮大规模城区改造和开发的浪潮之后，城市中留存的这些零碎土地面临着错综复杂的产权归属和具有挑战的动迁谈判，难以吸引开发商的积极性，而北仓以私人主导、自由资金投入的成功经验为城市中这类零散地块的开发起到了很好的示范作用。[16]投资者将原破败的旧仓库改变成了文明街区、明星地段，并通过建设投资获得了经济回报；商家获得了相对稳定的发展空间，促进了产业规模的集聚和发展；原仓库业主通过盘活闲置资源，提升了资产综合效益，在共享机制确保的前提下，获得了稳定持续的利益共享；政府则通过对该项目的持续鼓励和推动，完善了相关制度条文，显著地提升了新治理经验和社会效益。最重要的，原仓库周边原住居民，获得了全然不同的生活体验和实质价值。[17]

必须看到，理解甚至预测该现象的发生时机尤为重要，从时间维度来考察实施“退型进化”的城市发展阶段指标，可以指导和预见城市更新的策略与方向。其中，一个关键的时间节点在于城市技术密集型空间与劳动密集型空间之间的普遍置换。这种产业转移取决于提供高端服务业与消费市场的群体拥有的资本构成与数量。当经济转型发生时，追求单纯增长与综合发展相对立的决定性关系就变得尤为明显。

3

“退型进化”落实到具体空间策略，城市设计顺理成章地成为承接该城市更新思路的工具载体，相应策略提出成为适应“退型进化”城市更新思路的前瞻性任务。在全球化的普遍扩张背景下，每个国家大城市的潜能都处在串联工作的状态之中，而城市设计正是提高区位交换价值的重要工具。城市设计不仅关注城市美学，“退型进化”城市更新的实施还需处理城市公共领域的社会技术来推动。无论是政府主导投资、社会资本参与还是公众广泛参与，都将尝试处理在城市更新过程中不可避免的利益分配问题。在技术

重庆北仓文创街区改造前（原江北纺织仓库，2015年9月）
来源：重庆中复文创提供

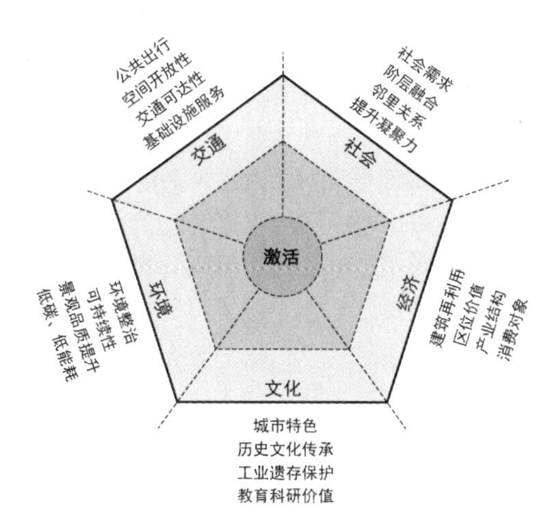

“退型进化”理念下的空间激活与要素关联

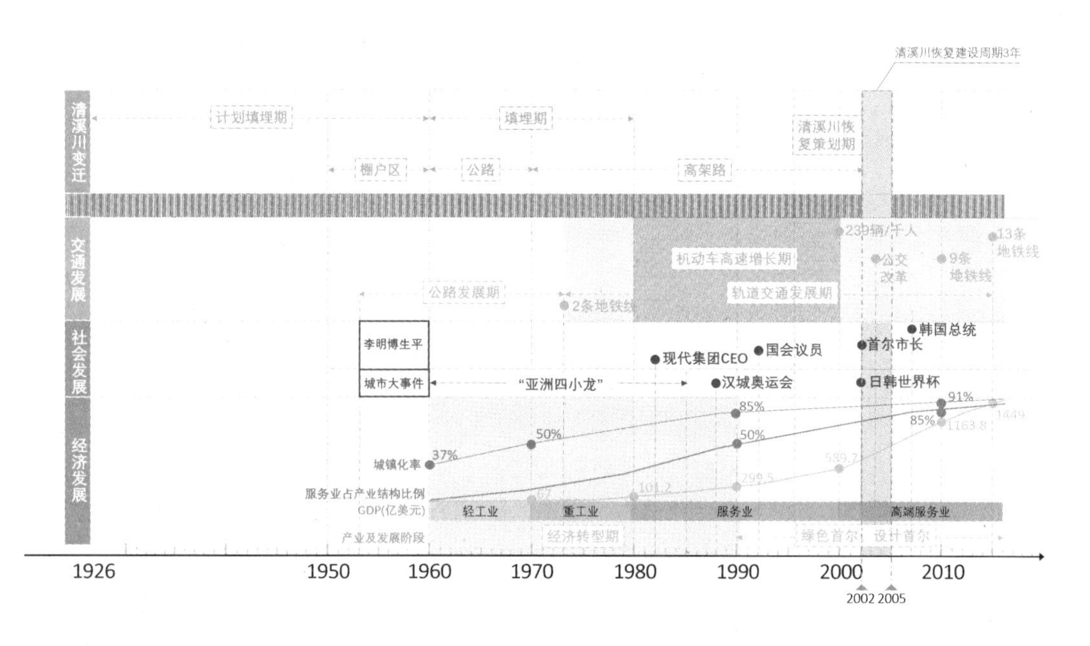

韩国首尔清溪川河道变迁历程与社会、经济、交通发展阶段要点

层面，这些策略主要受到生态主义、景观都市主义、绿色基础设施、精明增长、精简主义等理论的影响。

按照世界城市化发展的一般规律，当一个国家城市化程度处在30%~40%时，城市和空间结构亦将发生重大调整和迅速变化。从整体上看，中国的城市化率已超过50%，但由于地域经济与社会发展不平衡，中小城市与大城市在城市化水平上存在较大差距，半城市化与过度城市化现象并存。[18]“退型进化”亦面临着诸如平衡短期诉求和长期目标、经济利益和环境价值、处理社会公平等现实问题，但其实效仍值得期待。笔者曾率团队完成西部小城——富顺的古县城更新与复兴设计[19]，从已逐渐显现的成效来看，这样的发展思路不仅在大城市，即使在不断模仿甚至攀比大城市建设的中小城市，依然有其现实意义与参考价值。如何保障“退型进化”实施的制度设计和社会技术，如政府主导项目的理念高度、融资渠道与地方政府经营模式、公众与民间资本参与机制都是值得研究和探索的课题领域。

城市化的目标由经济发展转向保障民生已是大势所趋。在经历高速增长的扩张时期后，如何面对当前经济减速与转型，必须用一种更长远、更宽广的视野来前瞻性思考城市更新的诸多问题。“退型进化”关注社会性空间的健全与供给、聚焦于社会再分配与公平公正，以处理和接纳多元立场的姿态应对城市发展过程中出现的新矛盾，也正承担着更重要的使命。

---

① 原文参阅：褚冬竹，严萌．城市更新“退型进化”现象、机制与前瞻．建筑学报，2016（7）．部分内容重新撰写。
② “增长主义”在经济学领域使用较多，英文常用如下术语：growth orientation、growth mania、growth supremacism等。
③ Harvey Molotch. The City as a Growth Machine: Toward a Political Economy of Place. The American Journal of Sociology, 1976,82（2）: 309-322.
④ 本书所提“退型进化”（Regression-involved Progressive Evolution）与生物学中“退行进化”（Regressive Evolution，更准确表述应为“退行演化”）是一对表面相似但内涵迥异的概念。二者的根本区别在于前者的本质是综合正向演进（Progressive Evolution），是一类积极的城市空间进化模式。而后者则与此相反，指生物体为适应特殊环境，部分器官乃至整体的被动衰退式演变现象。
⑤ 美国纽约的高线位于纽约西切尔西区的一条废弃使用高架铁路，2006年起逐步被改造为贯穿城市的线形景观公园。
⑥ 清溪川是首尔的重要水源，1978年河道被全部填埋并建起了高架桥。2002年高架桥被拆除，恢复了整条河流及自然生态系统，同时创造了公共活动空间。
⑦ Inclusionary Housing Program是美国的一项鼓励土地增值收益分享的奖励政策，开发商如果在其项目中提供一定数量的永久性社会保障住房，可获得额外的容积率奖励。
⑧ 迈克·费瑟斯通．消费文化与后现代主义．刘精明译．南京：译林出版社，2000.
⑨ Special West Chelsea District Rezoning and High Line Open Space EIS. New York: NYC Planning, The Department of City Planning, 2004.
⑩ 精兵顺．清溪川复原工程带来的城市中心产业生态界动向和前景．首尔：首尔市开发研究院，2005.
⑪ 林熙．清溪川复原工作的城市中心再生效果．首尔：首尔市开发研究院，2005.
⑫ 林小峰，赵婷．城市发展历史长河的美丽浪花——韩国首尔清溪川景观复原工程．园林，2012（1）: 52-57.
⑬ Chung J, Yeon Hwang K, Kyung Bae Y. The loss of road capacity and self-compliance: Lessons from the Cheonggyecheon stream restoration [J]. Transport Policy, 2012, 21: 165-178.
⑭ Lee J Y, Anderson C D. The Restored Cheonggyecheon and the Quality of Life in Seoul [J]. Journal of Urban Technology, 2013,20（4）: 3-22.
⑮ 亚历山大·R·卡斯伯特．设计城市——城市设计的批判性导读．韩冬青 等译．北京：中国建筑工业出版社，2011.
⑯ 2017年12月，北仓被评为重庆市第四批市级文化产业示范园区。
⑰ 关于“北仓”的详情可参见王志飞硕士学位论文《街区激活目标导向下的旧城区小微型工业遗存再利用设计策略》（导师：褚冬竹），2018。
⑱ 赵燕菁．城市化驶入危险水域．北京规划建设，2012（2）: 171.
⑲ 该工作详情可参见本书“设计”部分相关文字。

无理重庆：城市空间规则的“显”与“隐”

1

这是一座值得导演青睐的城市。[①]山夹两江，岭谷平行，夏热冬寒，跌宕不拘——鲜明独特的自然特征构建出这方全然不同的水土。检视中国悠长历史，相比众多古都名城，重庆是一个起点草根但后发进取之城。19世纪中叶，重庆的平静被英国等列强打破。1890年3月，中国被迫与英国签订《新订烟台条约续增专条》，第一款赫然规定：“重庆即准作为通商口岸，与各通商口岸无异。英商自宜昌至重庆往来运货，或雇佣华船，或自备华式之船，均听其便”。自此，这座山城便懵懂地被“开放”了。次年3月，重庆海关开关收税，重庆正式开埠。

5年后，依然是春意渐浓的3月，法国政府在渝设立领事馆。1902年，法国海军军官虎尔斯特（Voorst）率领测量队乘军舰抵达重庆，在长江南岸修建了法国水师兵营，开启了西方列强建筑重庆之滥觞。由此起，英国海军俱乐部、美国使馆酒吧、法商洋酒馆、英商卜内门洋碱公司、安达森洋行、鸡冠石法国教堂等建筑陆续兴建。姓名已难以考据的外国建筑师们将一座座中西合璧的建筑点缀在重庆沿江而下的小山丘上，与修葺扩建后的湖广会馆、山城街巷隔岸相望。

世纪之交的几栋“洋楼”显然没有改变重庆浓郁质朴的乡土气息。重庆人民依然建造并生活在属于这座城市的房子，直至它们在战火中归于尘土。1938年2月起之后的5年半里，伴随一声声巨响、震荡，9000多架次日军轰炸机向这座“战时首都”扔下了近12000枚炸弹。万人丧生，近2万幢房屋被毁。[②]少量建筑虽侥幸躲过一劫，但周遭环境已物是人非。重庆建筑，几乎断了血脉。

与悠长久远的自然演进历程相比，人类的建筑营造只能算短暂一瞬。建筑可以消亡，不留一丝痕迹，但所依存的空间将依旧存在并发展下去。与建筑的风格、表象不同的，是一个城市及其空间的内生性格。在重庆，城市空间的限制、影响与惊奇远胜建筑物本身。这个关于建筑的议题，可以悄然转换为对空间的讨论。重庆，将自然造化与人为建造结合，大至山水起落、交通骨架、摩天高楼，小至台院堤坎、陡坡斜巷、市井民宅，在崇山峻岭中孕育出这样一个如此不同、甚至难以用常规之“理”判定的“无理城市”。

重庆开埠时期建筑

从上至下分别为法国水师兵营、法商洋酒馆、英商卜内门洋碱公司（钢笔画作者：欧阳桦）

2

即使今天大部分人已经知晓，“无理数”并非真的“无理”，但数学界从发现其存在到给予合法身份依然超过了千年之久。今天看来，所谓“无理”，无非就是在牢固的传统认知体系中无法获得满意答案而产生的疑惑、不安甚至恼怒——两千年前要以某个确凿的“数”来定义“正方形对角线与边长之比值”“圆周长与直径之比值”这一类看似简单却颇为困扰的数学事件，便索性以“无理”命名之。

回到城市。城市空间有“理”可循吗？如果有，那么空间之“理”到底为何物？这两个问题直接指向了今天建筑类学科的基础。不妨这样理解，城市空间之理即基于并利用客观条件，为承载、适应若干合理行为与心理诉求而共同遵守的基本空间规则或规律。这样的行为可能是小范围、个体性的，也可能是大范围、群体性的；可以是人以自身身体作为直接发生行为单元如步行、站立、交谈，也可以是人通过其他媒介间接发生的行为单元，如各类机动车交通。当这些规则、规律的适用性、有效性达到一定程度，便可以作为某种指导原则或理论规范应用推广，成为空间需遵循之“理”。

这样的理解，可以解释城市空间生产过程中的大部分确切结果。之所以此处用“确切”一词，是希望将“空间关系”与数字中的有理、无理之分相应对。有理数，在数字集合中拥有明晰的数字外表——整数、分数，要么数字位数有限，要么规律循环，人们可以清晰观察到其“边界”；而反观无理数，却无法形成如此确凿清晰的外表，呈现无限长、不循环这样令人无法穷尽认知的奇特现象。

与“确切”相对的另一面，既可能是模糊，

也可能是机会。“理”是否能够如标尺一般简单、清楚地度量城市空间之“质”？在大量循理而建的城市空间中，是否真的完全适应了各类需求？纵观我们的城市，答案是显而易见的。城市多样、复杂的系统要素关联叠加之后，城市之“理”开始产生变化。更准确地说，那些能够直观感知、直接判断的城市空间规律将悄然隐匿在更为微妙多变的复杂性之下。城市中那些出其不意，难以在理论书本中寻觅却很好地解决实际问题的空间比比皆是，尤其是在经过了长期岁月演变的旧城中。还有部分特殊城市空间的特征乃至范围划定方式，甚至都难以用通常的视觉方式进行。这类空间的形成、建立、使用，难以用某些通常的、已完善归纳的普适规律来指导和解释，也无法简单复制于他处，甚至必须接受“下不为例”，具有强烈的在地性、针对性和时间性。借鉴“无理数”的命名思路，这样的空间可称为“无理”空间。

同样，此处的空间“无理”绝非真的“无理”。它是在面对独特而具体问题时采纳的一种变通、有效的应对方式，也是构建城市整体空间体系中极为活跃、趣味的那一部分。对于设计者与研究者，当特殊问题或客观条件已然呈现时，如何定位问题、解决问题，如何在集体之“理”（常规规则、普适规律）中寻得突破、另辟蹊径，直至创立个体之“理”，甚至可以反映其工作与创造能力高低。这里面，既包含伯纳德·鲁道夫斯基（Bernard Rudofsky）界定的那些非建筑师创造的Non-Pedigreed Architecture[③]，也包含建筑师依据当时当地的特殊背景，有针对性地创造出的新空间。

此时，常理失效，“无理”实为“有理”。

3

“城市是一系列双重的存在：它有官方和隐藏的文化，它是个真实的地方同时又是想象的场所。它拥有街道、住宅、公共建筑、交通系统、

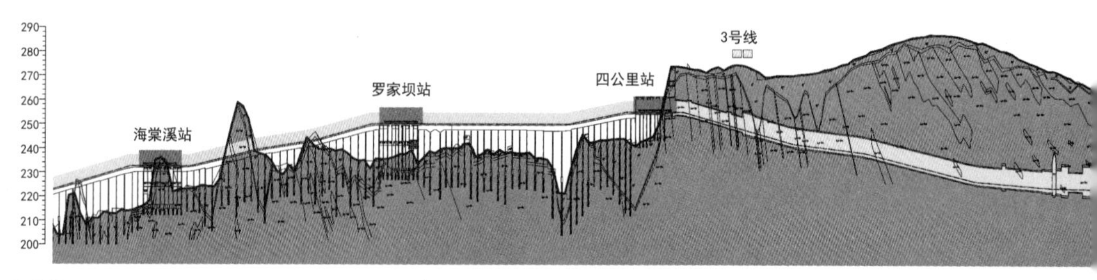

重庆轨道交通环线南段纵断面示意
来源：根据上海市隧道工程轨道交通设计研究院提供资料绘制

公园和商店组成的复杂网络，同时也是态度、习俗、期望以及内在于作为城市主体的我们心中希望的综合体。我们发现，都市‘现实’不是单一而是多重的，城市之外总有另外一个城市存在。”[④]空间的差异首先促成了城市的差异的。而隐匿在空间背后，使一座城市之所以成为“那座城市”，还在于与空间并行的使用状态、性格特点。重庆作为超大山地城市，首先为提供个性空间样本奠定了绝好的机会。在《重庆市历史文化名城保护规划》（2014）中，重庆被定位为“世界山地城市典范”。如何立典？如何垂范？数十年剖析“山地”一词已将这个城市的空间状态与其他作为大多是存在的平原地区剥离开来，对行为、心理剖析则具有了另一层隐匿但更为重要的意义。

如同意大利导演马里奥·马通（Mario Martone）用电影[⑤]展示了那不勒斯的城市空间中那些超越视觉特征之外的气氛和想象，将城市空间整合进精心安排的叙事情节，重庆作为一类颇为特别的叙事空间载体，也承担了超过城市空间本身的责任和意义。无论是《疯狂的石头》中从过江索道车厢内高空掉落砸碎挡风玻璃的饮料罐，还是《火锅英雄》中本意拓展“老同学”防空洞火锅店的面积却无意掘穿的金库地板，都因为一种完全无法预测的联系将原本可能毫无关联的角色与故事猛然间拉结在一起，以影片初始的强烈无理性串联了最终令人信服的叙事，甚至让观众获得这样一种感知，这样的故事真就该发生在重庆。重庆空间的无理，也伴随着这样一种不断对城市性格进行强化放大的过程而演进。

其中，作为众多城市空间元素中表情最为丰富奇特的部分，适应山城地形跌宕穿梭的轨道交通及其相关空间成为用影像记述重庆时最受欢迎的摄取对象，也成为理解重庆的另一个入口。笔者通过对轨道交通及其关联空间与行为的探究，另一种熟悉但又陌生的城市状态开始浮现。在重庆，轨道交通不仅成为重要的公共交通方式，更成为城市空间体系中一个特别要素。

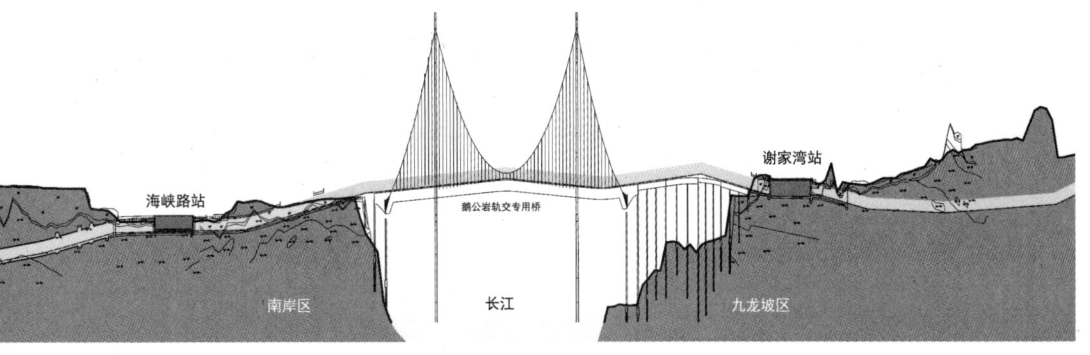

在重庆，目前还没有一条线路是单纯的完全位于地上或地下——可能相邻的两个站点，一个为地面高架站，而5分钟后，便深入地下数十米了；在地下隧洞飞驰的列车，一转眼便穿出山体，窗外阳光灿烂，跨越在江面之上了；甚至同一个站点一半在山体内而另一半则在外。随着轨道交通线路及沿途站点逐步植入城市，产生了以站点为核心的一系列受其影响或辐射的城市空间，即“轨道交通站点影响域”。正如前文提及“部分特殊城市空间的特征乃至范围划定方式，甚至都难以用通常的视觉方式进行”，这部分城市空间与轨道交通的关系十分紧密，虽不会在空间形态上产生立竿见影的快速变化，却由于其上承载行为的差异或更新，必然在城市空间与集体行为的互动调适过程中产生动态“进化”，以适应交通工具与出行方式的更新。

城市是个复杂巨系统，要素关联是研究的基本出发点。作为轨道交通引导设计首先要从交通体系入手，从研究轨道交通影响作用，探知城市空间的响应机制，为城市优化设计提供依据。在轨道交通影响的有限城市空间范围内，既要承载原有的各种行为需求，又要满足新植入的综合接驳行为需求。两种行为相互影响。因此，对轨道交通站点影响域进行研究与设计，提升空间与行为之间的匹配度，是亟须解决的问题。

4

再回到无理数，有个有趣的讨论。理论上讲，有理数和无理数都有无穷数量，但若转换视角，在某种意义上，无理数应当比有理数要多得多——我们可以列出一个包含所有有理数在内的无穷序列：1，2，1/2，3，1/3，2/3，3/2，4，1/4，3/4，4/3……但不可能给出一个包括所有无理数在内的类似序列。因此，对于“无理”的讨论，其实更是抛开教条、放下经验、精准对策的探寻。

空间之理因循自然、人文、技术及经济之道。解读“无理”的背后，关乎我们洞察探析的能力——它微妙地与曾经面对事实却难定归属的“无理数”历程类似，也直接指向我们研讨多年的“地域性”“在地性”等基本问题。探讨某个城市、某个区域乃至某个地点的建筑与空间，实际上是探讨建筑及其所依存空间如何在时空坐标系中真实存在的话题。

讨论重庆，以及以此为代表的相当部分类似城市，只有更加敏感、精准地触探“地域”乃至“地点”的话题，才可能从庞杂的集体状态下呈现“此地”特征，以独特、有效的生存之理与城市体系血脉相连。当地域特征被简化为随意套用的视觉形式符号时，我们距离真相已经遥远了。

当前，重庆以及多个西部城市面临着城市基础设施体系相对薄弱与快速膨胀的城市容量的矛盾、更为紧张的人工建造与生态脆弱关系的矛盾、城市（群）高速发展与相对低下的建造水平和经济承受能力的矛盾。这些问题，将会以超越视觉观感的方式影响城市建设进程和永续能力。无理空间突破既有规则，以高度适应性与灵活性建立了另一种都市生活镜像。在这层镜像中，城市具有了明显的“超现实”（hyperreality）状态[⑥]。在以“理”建立起来的现代城市，那些仅凭表面无法解读的“无理”，恰成为城市，尤其是既有旧城中重新建立活力与自信的另一个源泉。而对这些无理之“理”的探究，也必然成为阅读、认知、发展城市的基础工作。

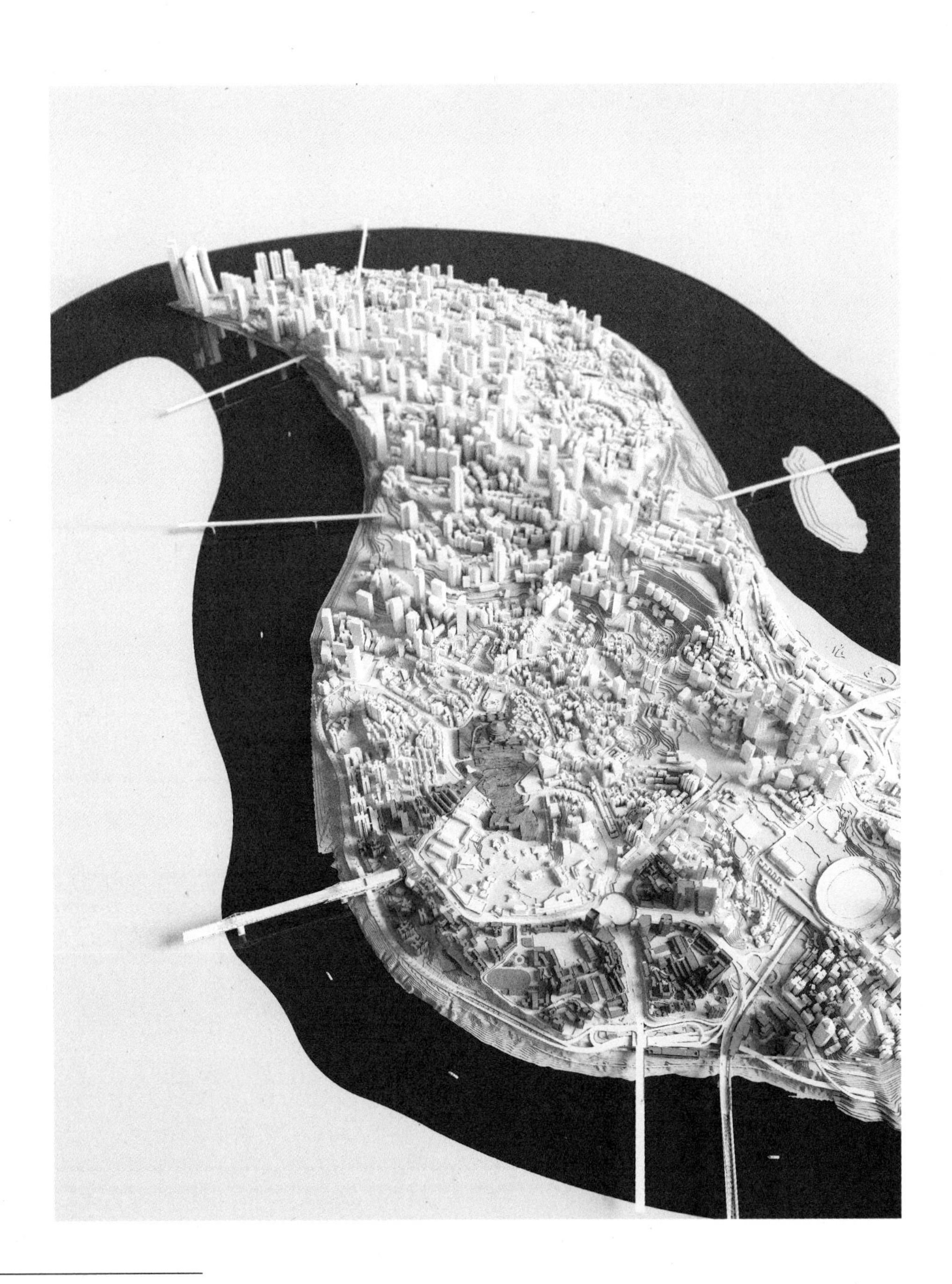

① 据不完全统计，自20世纪30年代至今，以重庆作为拍摄背景或故事发生地的电影超过200部。近年来以重庆城市空间作为主要取景场地的电影有《坚如磐石》《荞麦疯长》《幸福马上来》《少年的你》《火锅英雄》《从你的全世界路过》《生活秀》《疯狂的石头》《周渔的火车》《日照重庆》《人山人海》《好奇害死猫》《双食记》《失孤》《恋爱教父》等。

② 史称"重庆大轰炸"，即中国抗日战争期间，由1938年2月18日起至1943年8月23日，日本对重庆进行了长达5年半的战略轰炸，是由日本陆、海军航空队联合进行的"无差别轰炸"。

③ Bernard Rudofsky. Architecture Without Architects: A Short Introduction to Non-Pedigreed Architecture. University of New Mexico Press. 1987.

④ Iain Chambers. Popular Culture: The Metropolitan Experience. Routledge. 1986.

⑤ 指《一个那不勒斯数学家之死》《肮脏的爱情》等影片。相似的影像与城市关联还包括王家卫执导的多部影片。

⑥ 这里不用surrealism而用hyperreality，是希望触及hyper中那些引人兴奋且具有增量意味的含义。

长江索道|重庆

重庆长江索道从江面上空快捷地连通了渝中区和南岸区，全长1166米，被喻为“山城空中公共汽车”，也是构筑重庆山水立体交通网络的重要组成部分。2010年、2018年，长江索道先后被确定为市级文物保护单位和国家4A级旅游景区，已逐渐由日常公共交通转型为特色旅游体验方式。

重庆轨道交通环线“重庆大学站”地下站厅施工场景｜重庆

交通与城市的关系不仅体现在地面以上的外部空间组织，也体现在地下空间的利用。该站所在位置旧建筑密集、关系复杂，采用暗挖施工形式，马蹄拱净高18.5米，较重庆标准暗挖站厅净高增加1.7米。站厅层主要设备区增加上站厅夹层结构，将通常水平设置的设备区进行了垂直设计，有效减少了车站主体长度，大大减少了站体投资，有效避让了其他既有建筑基础，同时更为精准地优化设备空间，为公共区域提供了更多的积极空间。

科隆，德国
从科隆大教堂高塔上俯瞰，中央车站的进站轨道、路德维希博物馆及滨水空间、铁路大桥共同构成了一处复合共生的城市空间。

交通都市：流动与空间

1 缘起

速度与激情，从来不缺天才和粉丝。自人类创造了机动车并将其性能从时速不足10公里推进到0~100公里加速只需不到2秒，它所需要的城市空间就在不断进化和革新，绝非静态。人、车、物等在空间系统中的移动促成了各类城市功能的实现，也直接决定了城市基础设施的配置、组织和形式问题。

闲庭信步，是不用关心“转弯半径”和“匝道”的。大量不同速度、不同个体的移动构建了复杂多级的集体移动，共同在城市公共空间、基础设施的承载或限定下交织，共同形成了与都市生活现代性特质紧密相关的流动性。理查德·桑内特以人体系统植入城市研究，概括了三种城市理念和类型——“声音与眼睛的力量”“心脏的运动”及“动脉与静脉”。人体血液循环和脉络，恰似城市交通体系，成为“城市结构中最中心的设计”①。

基础设施作为实现“血液循环”的物质基础，实现城市系统组织和运营，提供公共服务的基本物质工程系统，是社会赖以生存发展的一般物质条件和基础。基础设施，尤其是交通运输工程设施，不仅直接承载了都市流动，也积极参与建构了都市空间本身，强烈影响着城市的形态、面貌、空间，全面介入了都市空间的组织要素、发展轨迹，早已与城市发展息息相关。因此，将基础设施纳入城市空间与建筑问题的讨论已不再是简单的“跨学科”问题，“基础设施城市主义”“基础设施建筑学”及“基础设施景观”应该（也正在）进入各学科研究的日常语境，成为融入传统的建筑、规划、景观三位一体关系之外的第四个基本要素。四者共同与自然承载条件发生联系，构建了整个以建造为技术手段的空间学科基本架构。

城市作为各类要素资源和经济社会活动最集中的地方，其价值和职责早已凸显，新业态、新领域大量涌现，新现象、新问题也随之持续呈现，城市运行系统日益复杂，安全风险不断增大。剖析城市公共空间、基础设施系统及其关键节点，积极实现其协同，实现公共产品与基础设施提质增效是解答城市问题、提升空间价值的基本线索和必由之路。为更好地厘清节点关键、提升空间效益，推进城市运行系统的关联与协同，笔者自2008年主持第一个相关纵向课题——“山地城市环境敏感地段建筑多维影响评价体系研究”以来，便展开了基础设施参与下的城市关键空间节点复合性、复杂性的探究，对其中公共交通与城市空间一体化方向开启了工作的序幕。这样的观念需要将建筑中的交通、功能、形象等要素与城市网络整合思考，使新建区域在真正意义上成为“无缝嵌入”城市肌理的板块②。

随着研究的深入和更多科研的开展，我们进一步对轨道交通站点周边城市空间的若干基本问题、关键环节进行了由浅入深的推进，通过对多个复杂地形与用地功能条件下站点及影响域调研、分析、归纳，剖析了行为特征、接驳规律、资源配置、空间安全、虚拟仿真、站际联系、埋深影响等多个不同角度、不同层面的问题，从集约、系统、协同的视角，探索了在城市轨道交通影响下，针对特定地段、特定问题的对策与方法。

这些课题的酝酿及纵深研究过程，也正是我国多个城市轨道交通及相关土地开发迅猛发展的时期，若干具体问题由隐至显呈现出来。紧密围绕对城市关键地段——重要交通节点问题，我和我的研究生们对此展开了不同视角的讨论。城市交通节点既是城市交通网络中不同层级、不同类别的交叉点、关键点或瓶颈点，又是高强开发、多样业态、人员汇集的安全风险点与效益机会点，是构成城市空间的重要场域和公共产品。它具有公共交通与城市空间两个基本属性，包含以线（道）路节点、交通站点为核心一定影响范围内的建筑物、基础设施及外部公共区域，不仅涉及以“点”触发水平扩散的城市空间，也包括地上地下竖向发展的建成空间“域”，是与周边环境敏感关联、动态互馈的一类立体、复合的特殊空间类型。其中，用地条件、地形地貌、交通方式、开发强度、建筑体量等多种影响因素更促使部分交通节点的复杂性、影响力进一步提升，成为复杂交通节点，其范围内通常既包含大型、多样的建筑物及公共空间类型、业态构成，又有轨道交通、常规公交、社会车辆以及高频步行的网络交织，对于国家公交都市建设，加强公共交通“多网融合”有着显著的影响，机会与矛盾并存，深刻影响着城市空间结构和系统运行效益。

当代城市，尤其是相当数量的大城市，正在地理分布持续离散与核心节点日益聚集的并行趋向中发展。信息、网络、智能时代逐步到来，城市早已不再单纯是“工业经济的发动机”，而愈来愈丰富混合的服务业成为城市经济活动的核心。各种服务的生产、交换、消费高度聚集在城市中心和各个交通节点,迅速填补尚未得到充分满足的城市福祉需求，即使在网络时代下催生并占据支配地位的“流动空间”中，“场所空间/地方空间”的意义依然坚挺。空间承载、行为心理、经济活动之间不断适配，以“服务×场所×效率”为基本关联运行方式正在城市中强化和凸显。

限于篇幅及对本书定位的考虑，现呈现部分研究要点，供批评指正。

2 城市设计的空间基础与精细化设计方向[3]

城市设计总是以一定范围“特定空间”为研讨基础展开的。这“特定空间”又自然而紧密地关联着城市发展现实进程。对既有城市空间优化完善、挖掘潜能、有机更新，已成为当前乃至今后长期我国城市建设的重要任务与研究焦点。在从经济主导的城市增量阶段到环境主导的存量阶段进化过程中，城市的规划与设计也从“基于预期利益分配的愿景式大空间描绘”向“以现实和即时利益调节为主的较小空间的优化与调整”进化[4]。

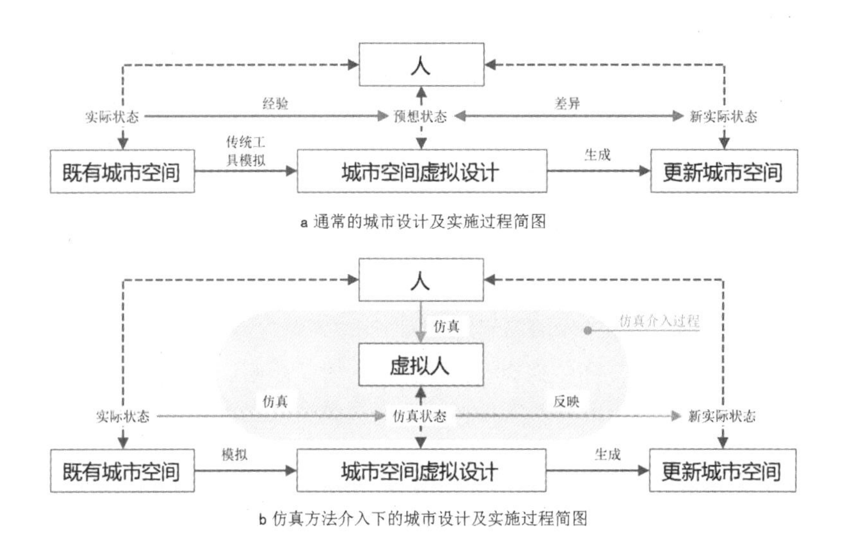

a 通常的城市设计及实施过程简图

b 仿真方法介入下的城市设计及实施过程简图

城市设计关联土地利用、建筑布局、形态体量、景观环境乃至市政道桥等多重要素，已成为城市建设转型中围绕公共空间和整体形态综合协同的重要工具和策略手段。虽相关联系甚广，但城市设计的核心操作对象和研讨基础依然聚焦于城市空间，尤其是城市公共空间。虽然在认知层面，城市设计的操作对象在20世纪就已经完成了从“以建筑群、建筑外部的城市空间为主题的形式设计”到“必须促使环境形态与人的行为活动和生理心理支持互动”（还包括文物古迹、人文景观和自然景观保护与组织等）的转变，但实际应用层面中“城市设计成果具有相当的不确定性，其最终落实依赖于建筑设计的深化”⑤。

新形势下，如何提升城市设计对更具体而细微问题的操作实效，切实承担并发挥对建筑、环境、基础设施的综合关联职责与优势，自然引发出从城市设计“操作对象”到“空间基础”的再讨论。城市设计的执行过程需多个维度的基础支撑，大致可包含空间基础、政策基础、社会基础与技术基础。其中，空间基础是讨论城市设计最为根本的议题，也成为城市设计执行的起点，直接联系着城市设计工作本身的开展深度和实效。

城市在发展，城市设计同样也在发展。城市设计的精细化发展将首先面对关于空间基础的研讨。如何基于人的行为重新审视城市空间，如医学扫描般将城市空间中那些难以通过视觉直接呈现的特征显现成为城市设计发展过程中的重要技术拓展与思维进化，也成为精细化讨论

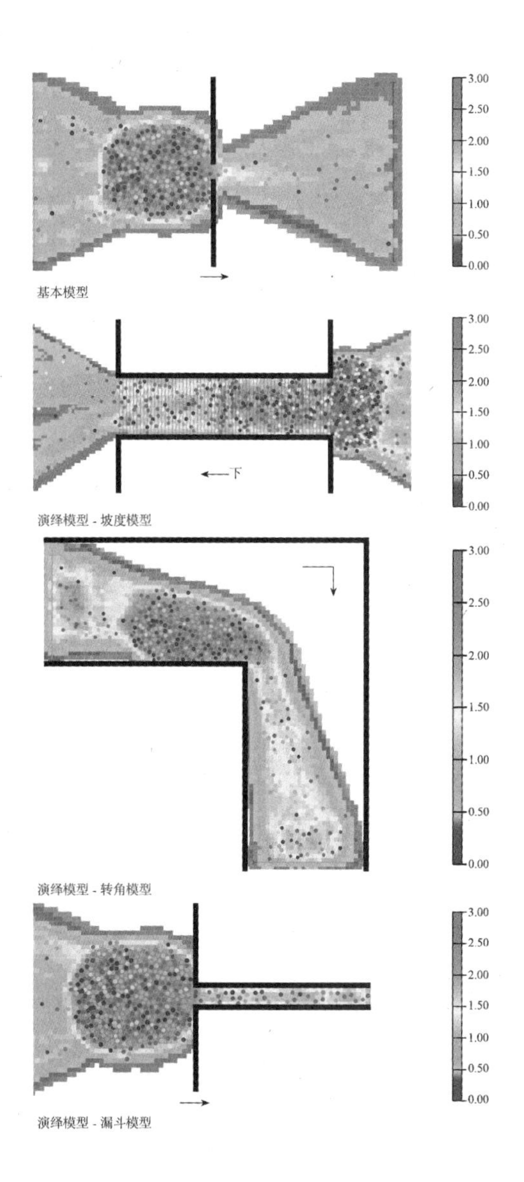

基本模型

演绎模型 - 坡度模型

演绎模型 - 转角模型

演绎模型 - 漏斗模型

城市设计问题的重要前提和新内力。在城市发展逐步进入存量优化、旧城振兴的历史阶段，如何在更细微之处实现城市空间，尤其是公共空间的质量提升，充分发掘空间潜能，在保障公共行为安全的前提下实现更为丰富多样、地区平衡的公共空间资源供给，成为现阶段城市空间研究纵深的重要职责。针对城市空间系统中的关键专题问题或事件，以多学科视角与方法对专项空间及关键问题进行深度理解，最终以专用技术为辅助对空间环境的具体功能形态、人的活动安排等进行详细、动态的设计组织，构成了精细化城市设计的基本内涵。这既是新形势下城市空间进化与精细化城市设计技术方法研究的一个技术性纵深，也是对城市设计、建筑设计回归以“人”为核心思想的坚守与回应。

当前“我国社会主要矛盾已经转化为人民日益增长的美好生活需要和不平衡不充分的发展之间的矛盾”⑥。为了在城市设计环节解决部分城市空间发展中的“不平衡不充分”问题，必须进一步深度解析人与城市的关系，并深度理解在这个过程中城市设计关联要素出现的变化和差异。不同城市空间遇到的现实问题、主要矛盾千差万别，用某种固化的方法步骤界定所有的精细化城市设计，反而与城市设计的实质相悖。对于精细化城市设计的讨论，必须深入剖析其思想与内涵——“专题—专项—专用”的思路成为切入精细化视角的线索。

精细化城市设计针对城市特定空间范围内的关键性专题事件，以问题为导向，通过深度的专项挖掘和剖析，运用相应专用技术手段与工具，实现对特定空间范围内的空间组织。精细化城市设计并非完全新增的城市设计类型，依然因循城市设计的发展规律且必

EXIT B
EXIT C
EXIT A

须保证城市设计基本成果的实现，但它有别于通常所指的局部地段、重点地段城市设计，强调设计执行整个过程的问题剖析针对性与连贯性，通过“专题—专项—专用”的思路将设计问题及其解答关联在一个明晰的线索之上，并将非物理要素作为空间性质区分、边界划定的重要依据，将城市设计推进到更符合综合需求的层面。

3 人群涌现[⑦]

城市空间中存在一类特别却常见的人群移动现象——较大数量人群在一定时间内高密度聚集流动，经空间界壁及瓶颈被动挤压后释放，人群密度、连续性逐渐衰减，直至呈现离散运动状态。整个过程具有类似水流经狭细管口涌出的流动特性，可称为“人群涌现”（以下部分文字简称“涌现”）。

人群涌现现象包含“挤压”与“释放”两个主要过程，具有“涌出”和“呈现”两方面含义，不仅关注人群密度等较为显著的“呈现”的问题[⑧]，更关注相对隐性的诱发“涌出”行为的源点、规律及空间承载。涌现源、瓶颈、承载空间、界壁等共同构成了与涌现现象紧密相关的4个基本要素。涌现源为容纳大流量初始涌出人群的空间；瓶颈是在城市空间中起关键限制作用的“关口”，如对移动速度和方向的限制；承载空间指涌现行为的集散通道（面），是承载涌现流中多种复杂行为发生的最主要场所，其宽度、坡度、材质等直接关乎该区域中涌现行为相关的速度、密度、流量；界壁即限制承载空间的边界。外部空间中人的行为具有明显的不确定性，面对突发状况难以快速形成清晰的物理边界以供管理，安全隐患明显，因此国内外相关研究多集中在对大规模密集人群安全事故预警系统/模型方面，包括风险预测、风险监测、风险分析、风险预警/处置技术等，在空间关联层面触及较少，深度研究城市公共空间中人群涌现的机理、关键变量及呈现状态，对城市空间的设计、安全管理、高效利用有重要的意义。

涌现过程中，大量高密度人流经瓶颈形成被动挤压——行人移动速度方向与大小发生被动变化。瓶颈类型及涌现特性成为进一步探究城市公共空间中涌现机理的关键。通过基于瓶颈模型实验及数字平台仿真检验，瓶颈及涌现特征包含1个基本模型及坡度模型、转角模型、漏斗模型3种演绎模型。

基于对多个涌现“释放”区行人调研反馈及体验，结合平坦防滑地面区域的承载密度实验，可将城市空间中的行人涌现分为日常状态、疏散状态、高危状态。高危状态可分两种情况：第一种情况是行人密度大于4人/平方米；第二种情况是行人密度大于2人/平方米但持续时间过长。前者人与人之间会发生身体接触，难以回避，有时甚至难以控制自己身体的移动，极易发生安全事故；后者行人会出现烦躁的心理，易发生骚乱。在特定时间或某特定事件发生时，大型体育赛事散场以及节日聚集等情况下，特定城市公共空间往往呈现高危状态。涌现承载空间内的行为群体是由众多运动个体组成的。群体的运动状态在一定程度上受运动个体及其相互作用的影响，因此涌现流群体的运动过程比个体复杂得多，这也是其作为复杂适应性系统的典型特征。在城市公共空间中，不同的涌现源可能表现出不同的涌现状态。按照截面流量随时间的变化特征，可以进一步将涌现现象分为瞬时涌现、间隔涌现、持续涌现等三大类。

瞬时涌现是指在城市公共空间中围绕涌现源短时间内完成巨大人流集散的涌现现象，围绕体育馆、演艺中心、学校、集会广场等涌现源周边的涌现现象大多属于瞬时涌现；间隔涌现是指在城市公共空间中围绕涌现源，在一定时间范围内，截面流量随时间呈周期性变化的涌现现象，在涌现源周边的城市空间中会形成较为明显的流体分层现象，城市交通站场周边的涌现大多属于间隔涌现；持续涌现是指在城市公共空间中围绕涌现源，当截面流量达到一定值时，在一定时间范围内达到稳态，并局部出现小范围波动的涌现现象，围绕商业综合体、商业街、公园出入口、热门旅游景点等涌现源周边的涌现现象大多属于持续涌现。

4 轨道交通站点影响域[⑨]

随着轨道交通线路及沿途站点逐步植入城市，产生了以站点为核心的一系列受其影响或辐射的城市空间。这部分城市空间与轨道交通的关系十分紧密，虽不会在空间形态上产生显而易见的变化，却由于其上承载行为的差异和变化，必然在城市空间与集体行为的互动调适过程中产生动态“进化”，以适应交通工具与出行方式的更新。这部分特定城市空间可称为“轨道交通站点影响域”（简称“站点影响域”）。

根据轨道交通站点对步行可达、功能布局、土地价值、视觉可达等不同类型的影响，站点影响域可分为步行可达影响域、功能布局影响域、土地价值影响域、视觉可达影响域等，且每种特定影响包括影响边界、影响强度、影响等级、效益等诸多技术项。其中，步行可达站点影响域是诸多影响域类型中最为基础的一种，与行人行为规律的关系最为明显，具有系统性、多义性、不均性等特征。站点影响域作为城市的关键子系统之一，其运行状况直接关乎城市空间的整体运营。站点植入城市空间之后，站点影响域内新的交通体系、人与城市空间之间会产生多义的影响，这种影响是模糊的、不固定的、双向的、分级的，很难用某种仪器直接测得，会随着时间及空间环境的变化而变化，也会从站点中心向四周扩散与衰减。

“站点影响域”概念的提出及对其界定方式的重新讨论，并非是对诸多已有相关概念的否定或颠覆，而是对城市空间研究视角与方法的创新，是面向城市设计逐步走向精细化、针对性趋势的典型空间基础精细化界定，也表征了规划师/建筑师操作视角的创新性转变。与“范围”一词相比，“域”更加强调将受站点影响的空间作为一个整体系统综合考虑，不仅研究其空间及边界，更关注这一系统中的核心要素（人及其行为）以及其中的诸多技术项（如影响类型、影响响度、影响关联等）。对相似概念（如吸引范围、客流辐射区域、环内吸引区域、步行接驳范围等）的辨析可知，界定方式呈现出从空间形态向个体行为转化的趋势，大致可分为同心圆类、非同心圆算法类、非同心圆模拟类。对站点影响域界定进行重新思考，优化传统的界定方式，是城市设计精细化发展趋势下进一步明确空间基础的设计要求，更是为了满足市民不断追求更高生活品质的社会需求。通过分析交通方式、行为规律与城市空间之间的科学联系，以及站点影响域的系统性、多义性、不均质性等特征，基于对传统界定方式的比较，结合数字化技术的最新进展，研究提出模糊思维介入下影响域界定的PLAR/f（Point-Line-Area-Realm/fuzzification）思路，抓住轨道交通站点对城市空间及行人影响的模糊性、动态性特性，更加符合城市空间的真实运行机理。

基于一类具有某种共同特征的“特定空间”的讨论，目的永远不是划定范围，而是为它的发展提供切实有效的基础支撑。空间与行为的互动响应成为城市设计精细化发展的基本思考维度。站点影响域的提出为该类区域城市空间优化提出了新的方法导向与范围界定，也一定程度上完善了城市设计的“空间基础”确定规则，对建筑师进行影响域内相关任务的研究与实践亦有现实参考意义。

5 衔接与路径[10]

即使是世界上最发达的城市轨道交通系统也难以简单用步行辐射服务范围，从而覆盖所有的建成区，导致不少城市轨道交通在整体出行方式中占比明显偏低。除相对较低的线网密度外，衔接效率与品质依然成为抑制轨道交通效能的瓶颈，有待提升。如何通过引导激励而非刚性限行的方式，将个人机动车交通方式向以轨道交通为代表的公共交通转换，实现由“私”到“公”的积极转变，缓解日益严峻的交通压力，成为有效提升轨道交通运营效能、延展轨道交通服务半径、提高轨道交通服务比例的重要思路。当轨道交通和城市常规公交系统共同构建了第一、二个层次的城市交通动脉，短途交通则作为次级交通系统对其进行补充，毛细血管一般渗透入交通空白。

短途交通为以中短途出行交通行为为主体、出行半径约15~20分钟的非机动车及公共/共享机动车服务的统称。短途交通工具类型目前包括常规公共汽车（包含各种尺寸的公共汽车、定制公交）、自行车（共享单车、私人自行车）、共享汽车等多种形式。随着轨道交通主导地位的进一步确立，常规公交和其他辅助公交向地铁倾斜，一方面支撑地铁服务，另一方面为创造城市交通一体化奠定基础，符合“支线馈给原则”，也是未来城市交通的发展趋势。除了行程短和向心性，短途交通还具有频率高、工具小、线路灵活、绿色节能等特点。

随着轨道交通的骨架成形，常规公交的功能性被逐渐取代，从而明确依托轨道交通站点的公共汽车线路特点由大车、长线、中低频逐渐转变为小车、短线、高频次。届时将有大量的车辆和线路围绕站点出发和抵达。由于公共汽车对空间的占用量最大，因此其站点空间布局成为衔接交通整体布局的重要影响因素。

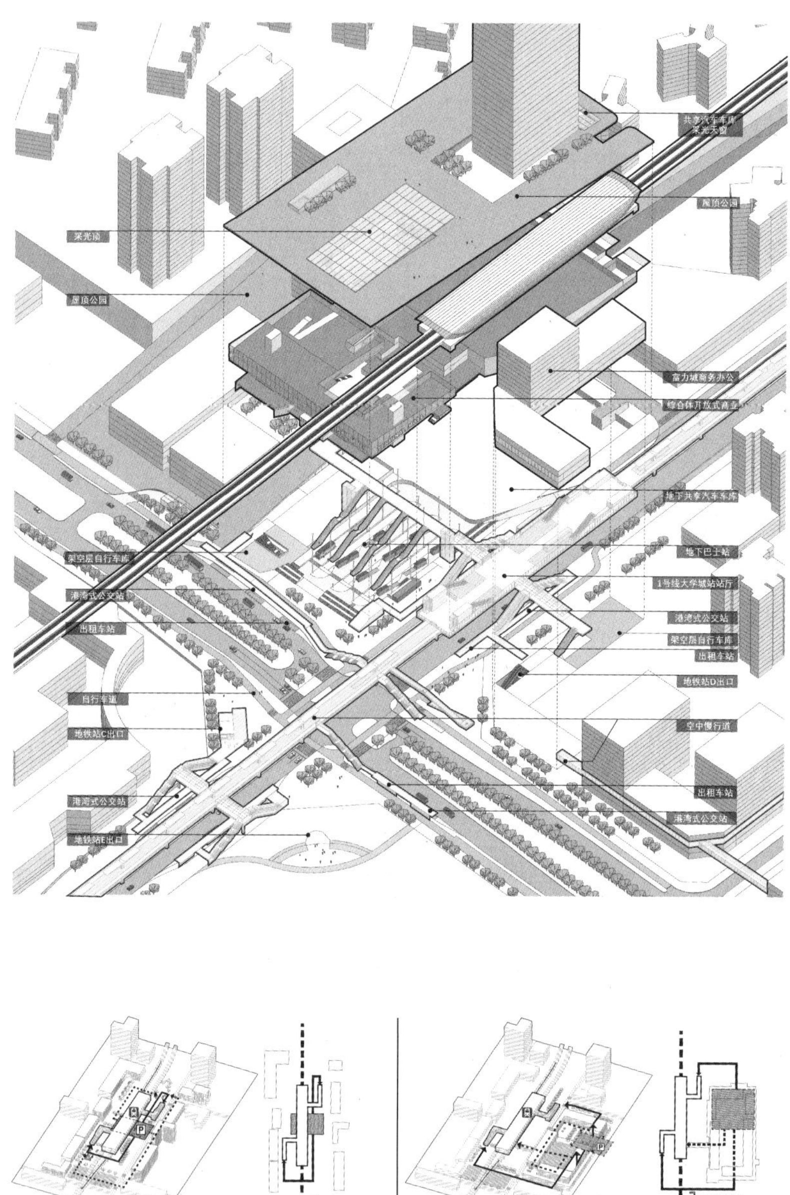
共享汽车车库
采光天窗
屋顶公园
采光顶
屋顶公园
富力城商务办公
综合体开放式商业
地下共享汽车车库
地下巴士站
1号线大学城站站厅
港湾式公交站
架空层自行车库
出租车站
地铁站D出口
空中慢行道
出租车站
港湾式公交站
架空层自行车库
港湾式公交站
出租车站
自行车道
地铁站C出口
港湾式公交站
地铁站E出口

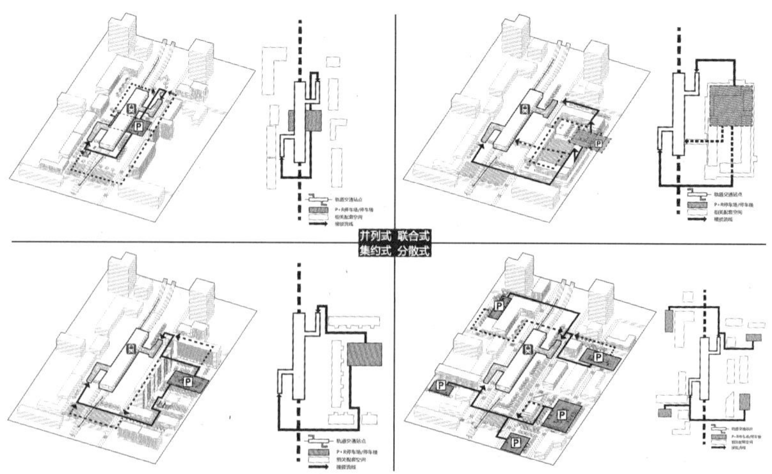
并列式 联合式
集约式 分散式

共享单车的出现促成了“自行车—轨道交通—自行车”的理想出行模式，在互联网技术支持下的共享单车已经摆脱了停车桩的空间束缚，但同时面临公共空间负荷过重和无序停放的问题；虽然在政府和企业的协作下提供了一部分示范性的城市建议停车点，但是市民反映这种供应实际捉襟见肘。尤其是在衔接需求达到一定量级时，有限的城市空间车满为患，严重影响正常的公共活动。在有限的地面公共空间下，由设施引导的立体停车布置方式和结合地下空间同步规划“B+R”自行车停车场应当优先考虑，如东京Kasai站利用广场负一层和装配式地下停车装置，总共可容纳9400辆自行车。同时，面对因周期性使用规律引起的部分空间闲置问题，例如北方城市的季节更替导致的自行车衔接需求变化，可考虑引入灵活商业以最大化利用平时的停车空间。

以共享汽车为代表的未来公共/共享机动车是分时租赁交通的一种形式，相对于自行车具有更高的舒适性和承载能力，相对于公共汽车具有更好的灵活性，共享汽车将是未来另一种逐渐替代私人小汽车的极具潜力的绿色交通出行方式之一，在政策鼓励下有极大的发展空间。共享汽车和轨道交通的衔接障碍主要在于停车空间，目前的停车位规划缺乏对共享汽车的考虑，导致车位稀缺、衔接距离过长等问题；随着相关利益方的协调，逐渐完成公共停车位和私人停车位的属性转换，或进行新增车位的建设，将会让共享汽车的角色逐渐明了。相对于私人小汽车，共享汽车的尺寸将会趋于更加小型化的特点，其流转属性将避免传统“P+R”停车场对城市空间的巨大浪费。

轨道交通站点短途交通衔接空间问题根本上是多交通主体缺乏统筹的问题。一体整合、环环相扣的城市空间，必须建立在层次清晰的一体化的交通模式上。轨道交通、公共汽车、定制公交、共享自行车、共享汽车、私人自行车等交通方式涵盖了从政府到企业到个人多层次的主体，也确立了未来“公共—共享—个人”的城市交通层级，只有明确轨道交通的主导作用，与其他交通形式相辅相成才能完成更为精细的交通层级转化，实现一体化衔接综合交通。

同时，基于当前实际，如何建立有效的停车换乘系统（Park and Ride，简称P+R）也成为衔接私人交通和公共交通的重要举措。停车换乘系统一般指紧邻轨道交通站点或普通公交首末站设置停车换乘场地，为私人出行机动车等提供停放空间，辅以优惠的公共交通收费政策，引导乘客换乘公共交通进入城市中心区，以减少私人出行工具在城市中心区域的使用，缓解中心区域交通压力，实现私人交通方式与公共交通方式间的转换。P+R模式的关键在于停车与站点间的实际转换质量。恰当丰富的空间能匹配、承担直至激发更多样的合理行为需求，探索停车与站点之间的单纯路径关联到综合空间关联，成为实现“私→公”交通模式转化的有效诱因。这类将城市公共空间纳入换乘系统的方式可视为“P+R”模式的拓展与进化[11]。

通常，停车换乘路径系统（P+R）会涉及停车场（楼）的区位、停车规模、出入口数量、收费标准等，接驳路径简单、直接、快捷。但限于客观条件，并非每个站点与停车场（楼）都能够紧密相连，尤其是在旧城，两者往往存在一定距离，导致两者之间的联系形成了城市步行空间体系。此步行空间体系可称为停车换乘空间系统，以“（P+R）

世界部分国家城市地下空间演进进程表

典型站际地下空间基础指标对比图

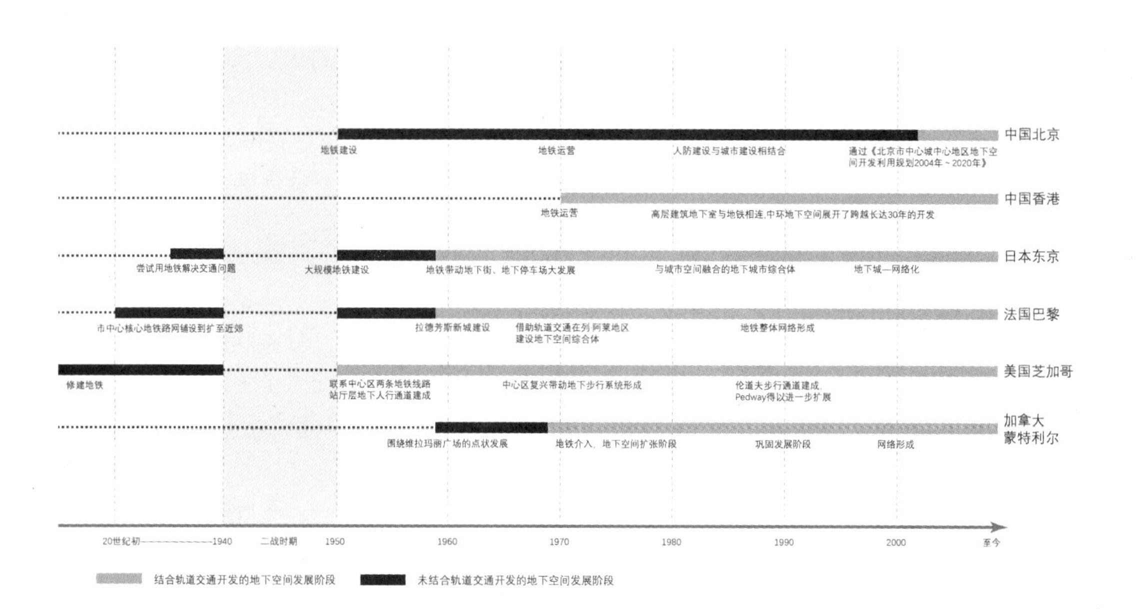

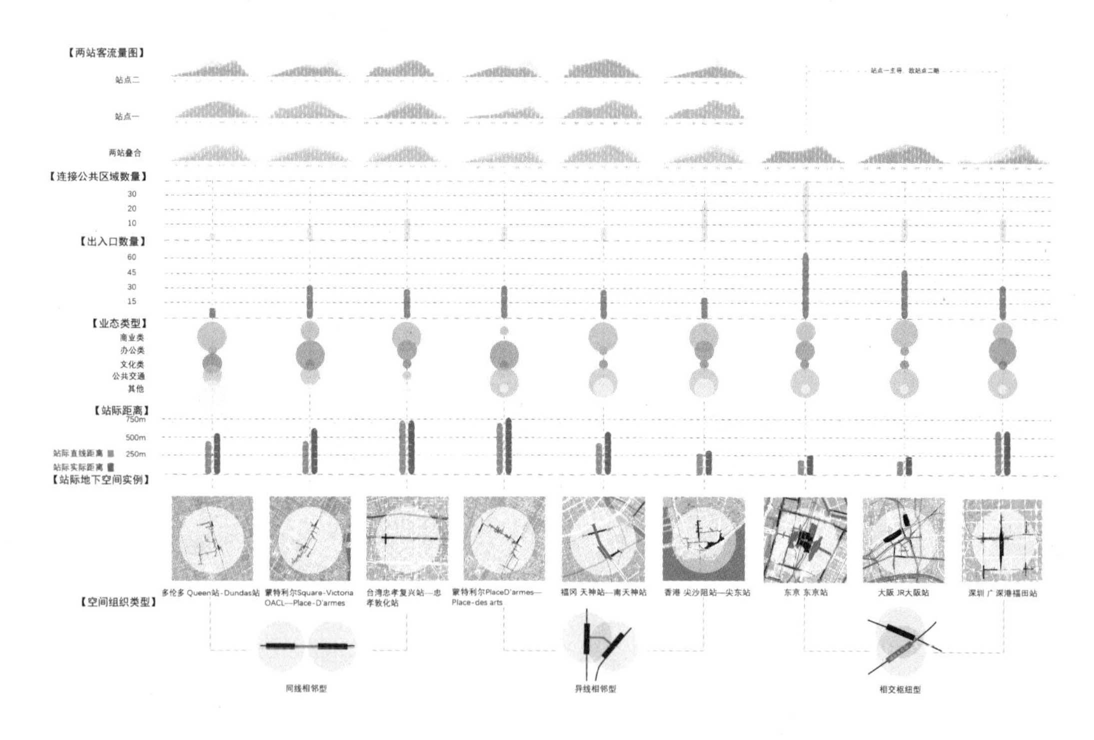

S”指代，S为“城市空间”。强调空间系统的意义在于，将原有对路径的单一关注扩展至对服务于停车换乘行为的城市空间的关注，后者成为停车换乘空间系统的核心。在（P+R）S系统中，强调从“路径接驳”到“空间衔接”的转变，这意味从P+R停车场到轨道交通站点的接驳过程中，根据行为需求和具体客观条件，行人可能存在不同选择——不仅存在直接路径（指向效率、快捷），还存在可能的间接路径（指向愉悦、舒适）。间接路径指“P+R”出行者可接受心理距离范围内的“有益绕行”，在绕行过程中激发一定城市空间的同时，更高的空间品质促使更多的使用者在可接受范围内乐意绕行、愉悦绕行，进而在每段接驳路径中形成一定的空间场域，辅以配套的城市空间，有助于提高接驳空间品质，满足不同年龄、不同出行目的的换乘使用者，形成多层次、多路径的城市空间。

6 站际地下空间：网络与节点[12]

当前中国城市轨道交通建设速度与增量已居世界首位，城市大型地下综合体的建设也已成为地下空间开发利用的重点。地铁站与地下公共空间的体系化发展是城市发展的重要趋势，站际地下空间的合理联系成为地下空间网络化发展的关键一步。

轨道交通站际地下空间指联系两个或多个相邻站体之间的地下空间部分，是地下点状空间迈向地下网络城市的重要途径。它通过连通站点之间的地下公共空间，提供了多样的活动类型与路径选择，从而形成区域网络效应，推进地下空间不断拓展延伸，并获得更大的空间效益。在以站点为核心的开发发展到一定阶段后，伴随着城市活动的丰富及市民更多的空间需求，沿线土地的利用被激发，过去在站点之间孤立分散的地下空间成为吸引力的“点”开始引导站点与之相连。城市地下空间呈现出沿轨道交通线路这根“轴”串联的“点—轴系统”，站际地下空间由此产生。

随着轨道交通站点带来的大规模人流效应，使得周围区域的空间使用逐渐呈现新的特征。站际地下空间的出现是站点与周边城市空间高效共融、互利发展的理想状态，是一个实现二者协调互利的过程。选取中国、加拿大、日本的9个具有代表性的站际地下空间案例进行研究，初步归纳站际地下空间的基本特征，包括：中心区区位、“点”的吸引力激发特性、步行舒适的站际距离、行为多样性。按照站体之间的空间关系，可将站际地下空间分为三个基本的空间组织类型，即同线相

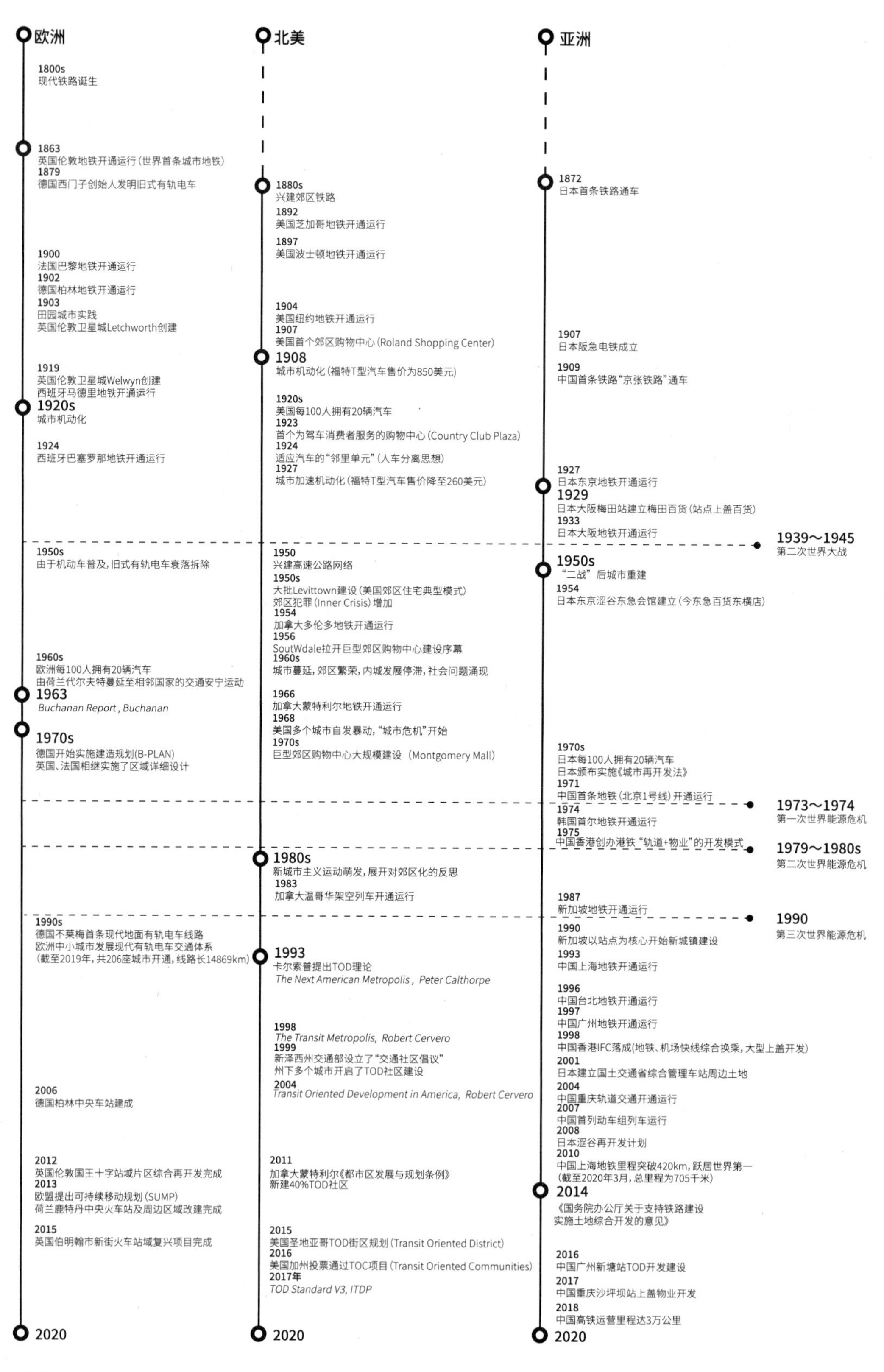

欧洲
1800s
现代铁路诞生
1863
英国伦敦地铁开通运行（世界首条城市地铁）
1879
德国西门子创始人发明旧式有轨电车
1900
法国巴黎地铁开通运行
1902
德国柏林地铁开通运行
1903
田园城市实践
英国伦敦卫星城Letchworth创建
1919
英国伦敦卫星城Welwyn创建
西班牙马德里地铁开通运行
1920s
城市机动化
1924
西班牙巴塞罗那地铁开通运行
1950s
由于机动车普及，旧式有轨电车衰落拆除
1960s
欧洲每100人拥有20辆汽车
由荷兰代尔夫特蔓延至相邻国家的交通安宁运动
1963
Buchanan Report , Buchanan
1970s
德国开始实施建造规划(B-PLAN)
英国、法国相继实施了区域详细设计
1990s
德国不莱梅首条现代地面有轨电车线路
欧洲中小城市发展现代有轨电车交通体系
（截至2019年，共206座城市开通，线路长14869km）
2006
德国柏林中央车站建成
2012
英国伦敦国王十字站城片区综合再开发完成
2013
欧盟提出可持续移动规划(SUMP)
荷兰鹿特丹中央火车站及周边区域改建完成
2015
英国伯明翰市新街火车站城复兴项目完成
2020
北美
1880s
兴建郊区铁路
1892
美国芝加哥地铁开通运行
1897
美国波士顿地铁开通运行
1904
美国纽约地铁开通运行
1907
美国首个郊区购物中心（Roland Shopping Center）
1908
城市机动化（福特T型汽车售价为850美元）
1920s
美国每100人拥有20辆汽车
1923
首个为驾车消费者服务的购物中心（Country Club Plaza）
1924
适应汽车的“邻里单元”（人车分离思想）
1927
城市加速机动化（福特T型汽车售价降至260美元）
1950
兴建高速公路网络
1950s
大批Levittown建设（美国郊区住宅典型模式）
郊区犯罪（Inner Crisis）增加
1954
加拿大多伦多地铁开通运行
1956
SoutWdale拉开巨型郊区购物中心建设序幕
1960s
城市蔓延，郊区繁荣，内城发展停滞，社会问题涌现
1966
加拿大蒙特利尔地铁开通运行
1968
美国多个城市自发暴动，“城市危机”开始
1970s
巨型郊区购物中心大规模建设 （Montgomery Mall）
1980s
新城市主义运动萌发，展开对郊区化的反思
1983
加拿大温哥华架空列车开通运行
1993
卡尔索普提出TOD理论
The Next American Metropolis , Peter Calthorpe
1998
The Transit Metropolis, Robert Cervero
1999
新泽西州交通部设立了“交通社区倡议”
州下多个城市开启了TOD社区建设
2004
Transit Oriented Development in America, Robert Cervero
2011
加拿大蒙特利尔《都市区发展与规划条例》
新建40%TOD社区
2015
美国圣地亚哥TOD街区规划（Transit Oriented District）
2016
美国加州投票通过TOC项目（Transit Oriented Communities）
2017年
TOD Standard V3, ITDP
2020
亚洲
1872
日本首条铁路通车
1907
日本阪急电铁成立
1909
中国首条铁路“京张铁路”通车
1927
日本东京地铁开通运行
1929
日本大阪梅田站建立梅田百货（站点上盖百货）
1933
日本大阪地铁开通运行
1939～1945
第二次世界大战
1950s
“二战”后城市重建
1954
日本东京涩谷东急会馆建立（今东急百货东横店）
1970s
日本每100人拥有20辆汽车
日本颁布实施《城市再开发法》
1971
中国首条地铁（北京1号线）开通运行
1973～1974
第一次世界能源危机
1974
韩国首尔地铁开通运行
1975
中国香港创办港铁“轨道+物业”的开发模式
1979～1980s
第二次世界能源危机
1987
新加坡地铁开通运行
1990
第三次世界能源危机
1990
新加坡以站点为核心开始新城镇建设
1993
中国上海地铁开通运行
1996
中国台北地铁开通运行
1997
中国广州地铁开通运行
1998
中国香港IFC落成(地铁、机场快线综合换乘，大型上盖开发)
2001
日本建立国土交通省综合管理车站周边土地
2004
中国重庆轨道交通开通运行
2007
中国首列动车组列车运行
2008
日本涩谷再开发计划
2010
中国上海地铁里程突破420km，跃居世界第一
（截至2020年3月，总里程为705千米）
2014
《国务院办公厅关于支持铁路建设
实施土地综合开发的意见》
2016
中国广州新塘站TOD开发建设
2017
中国重庆沙坪坝站上盖物业开发
2018
中国高铁运营里程达3万公里
2020

邻型、异线相邻型、相交枢纽型。

轨道交通站际地下空间的生成模式符合“点一轴系统”理论的生成逻辑。这里的“点”指轨道交通站点和公共空间节点。第一阶段，“点一轴”形成前的状态。地铁线路植入一个区域，站际建筑的地下空间散布在城市空间中，虽自成体系，但无组织状态导致的依旧是极端的低效率。该阶段应根据该区域的城市空间发展战略，确定该区域是否形成以TOD发展为导向的发展方向，即轨道交通站点是否为该区域发展核心；第二阶段，“点”的能量开始聚集。地铁站点、站际建筑地下空间因公共属性成为巨大的人流发生源。该阶段需确定地下公共空间发展范围，并应对合理的空间组织模式，深化立体化公共空间布局、立体化步行系统，逐渐发展“轴”，此时区域局部开始呈现有组织状态；第三阶段，“点”的吸引力激发成熟，根据区域内公共交通系统优化及网络化交通接驳，区域内形成两站之间完整地下空间通道“轴”，形成城市功能的空间互补，并提供多样交通路径选择通道。站际地下空间结构形成，迅速辐射周边区域，带动区域的整体发展。因此，站际地下空间的发展可以总结为以点带动线、线带动域的发展路径。⑬⑭

在实际操作中，轨道交通站点与地下空间体系并非同时建立，不同的建立先后顺序涉及在开发建设过程中策略上的调整。因此需要根据其城市发展阶段及所在的不同区位探讨其开发模式要点。故将站际地下空间的开发可以分为三种类型：新城中心一体型、旧城中心渐进型、交通枢纽集中型。此外，站际地下空间规划模式大体可分为利用道路或公共区域地下空间、利用建筑物地下空间和利用地下交通枢纽内部空间连接三种。从地下空间单点式开发到网络化发展，需遵循城市行为整体性的内在逻辑，打破地块与地块之间的界限，以及地上、地下空间各自为政的格局，实现多地块及地上、地下公共空间一体化发展。探讨站际地下空间开发模式，可作为我国日后地下空间开发的有益参考。

---

① [美] 理查德·桑内特. 肉体与石头——西方文明中的身体与城市. 黄煜文译. 上海：上海译文出版社，2016.

② 褚冬竹. 无缝嵌入——城市·建筑一体化观念下的HOPSCA模式设计实践. 新建筑，2009 (2).

③ 原文参见：褚冬竹，魏书祥. 精细化城市设计思路与方法——以“行为—时空—安全”视角为例. 西部人居环境学刊，2018 (3)；褚冬竹，林雁宇. 特性·模型·方法：城市轨道交通站点影响域行人微观仿真初探 [J]. 建筑学报，2015 (3).

④ 施卫良. 规划编制要实现从增量到存量与减量规划的转型 [J]. 城市规划，2014 (11)：21-22.

⑤ 韩冬青. 城市设计创作的对象、过程及其思维特征 [J]. 城市规划，1997 (2)：17-19.

⑥ 习近平. 决胜全面建成小康社会，夺取新时代中国特色社会主义伟大胜利——在中国共产党第十九次全国代表大会上的报告 (2017年10月18日). 北京：人民出版社，2017.

⑦ 原文参见：褚冬竹，魏书祥. 城市公共空间人群涌现现象、机理及意义——关于高密人流区域“行为—时空—安全”关联性研究. 建筑学报，2018 (8).

⑧ M. Carmona. The place-shaping continuum: a theory of urban design process. Journal of Urban Design, 2014, 19 (1) : 2-36.

⑨ 原文参见：褚冬竹，魏书祥. 轨道交通站点影响域的界定与应用——兼议城市设计发展及其空间基础. 建筑学报，2017 (2).

⑩ 原文参见：Chu Dongzhu, Yu yan. Short-distance Traffic Link and Spatial Adaptive Design strategy around City Rail Transit station. Global Cities Forum.Shanghai. 2017；褚冬竹，万骁骁. 从路径到空间——轨道交通站点停车换乘空间系统探析. 新建筑，2019 (3).

⑪ Ian S. J. Dickins. Park and ride facilities on light rail transit system. Transportation, 1991 (28)：23-26.

⑫ 原文参阅：褚冬竹，辜峥嵘. 城市轨道交通站际地下空间形成与开发思路探析 [J]. 南方建筑，2018 (5).

⑬ 陆大道. 关于“点-轴”空间结构系统的形成机理分析. 地理科学，2002 (1)：1-6.

⑭ 刘皆谊. 城市立体化发展与轨道交通. 南京：东南大学出版社，2012.

壹江肆城：
长江流域的联系与交融[①]

为加强长江流域代表性建筑学院青年学者的互动交流，深入研讨长江流域诸多城乡建设中的研究、教育及实践动态，也为了让我所在的学院青年教师更多、更深地与东部院校交流，我联合华中科技大学谭刚毅教授、东南大学张彤教授、同济大学李翔宁教授共同发起创立了“壹江肆城”建筑院校青年学者论坛，以促进这一地区建筑院校青年学者的学术交流、信息互通（2014年酝酿，2015年首届论坛）。按长江流向，论坛顺次由重庆大学、华中科技大学、东南大学、同济大学分别承办。论坛旨在集聚青年学者智慧，共同研讨当前形势下长江流域诸城市中若干问题，已为长江流域各建筑院校青年学者提供一个充分深入探讨流域视角下城市发展问题的平台。

“滚滚长江东逝水，浪花淘尽英雄”。

长江对于中国的意义，从来都不止于一条大河那么简单。作为6300余公里的亚洲第一长河，长江对于中国还有着一个特别的意义——它是完整包含于一个国家境内的世界最长河流。长江流域作为中国最重要的文化发祥地与生态涵养地之一，养育着1/3的中国人。与世界上其他著名大河一样，长江孕育了灿烂的文明。早在万余年前，长江流域便已有人类活动，并从上游到下游多个不同地点创造出一个个多彩闪亮的古代文明。河姆渡、良渚、金沙、三星堆……长江孕育、滋养着每一处古文明的诞生繁盛，见证文明的起落兴衰。文明的进化发展为这条大河增添了斑斓的人文内涵，也为中华文化的丰富多元提供了直接印证。此后的数千年，长江流域在中国经济与文化发展上一直扮演着重要角色，上游、中游、下游分别以各具特色的生产生活方式担当着重要的基本经济区、文化区地位。

在地理的讨论范畴内，流域首先是自然区域，是河流或水系的集水区域，是从河流源头到河口的完整、独立、自成系统的水文单元[②]。有了文化与经济的介入，流域便不仅是地理与生态范畴，更成为人居环境划分的重要依据。由于流域具有明确的边界和相对完整的生态景观，流域内的人居环境体系在生产、生活以及经济发展等方面具有紧密联系，不仅是水文地理单元、生态体系单元，也可视为具有相似性质的人居环境单元。在同一单元内，又因河流与其他地理性质的交织叠合，呈现出丰富的内部差异，造成了发源、上游、中游、下游各段因海拔、地势、地貌差别而迥异的特点。在漫长的人居环境发展历程上，又因支流、气候、交通等原因逐渐出现城市的聚集，一个个大小不等、特色鲜明的城市呈现在大江两岸。

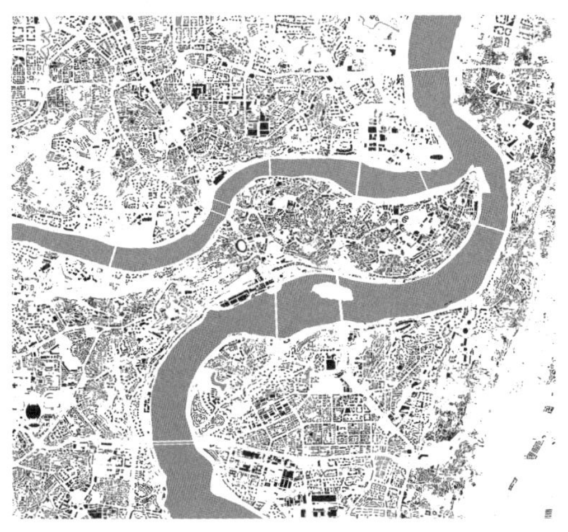
重庆

南京

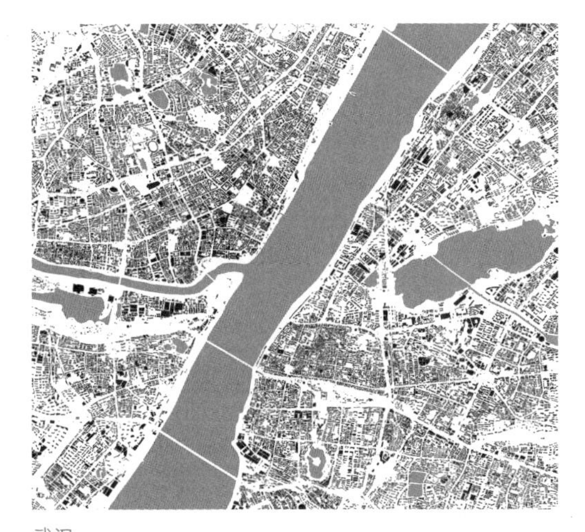
武汉

上海

这些城市，往往既是水系节点，又是交通节点、文化节点和经济节点。由于远古自然经济生产力限制，以及复杂多样的地形山水阻隔，不同单元、不同节点间的经济与文化交流还难以广泛深入，甚至显得相对独立。但是，作为一个长期完整的国家，跨地域的文化交流始终活跃存在，便又催生出独特的文化交流。李白、苏轼、陈子昂顺江出川后的雄美诗篇传颂至今，而杜甫年轻时畅游吴越，安史之乱后则辗转成都、夔州（今奉节）、衡州（今衡阳）……将生命最后11年交给了长江流域这片土地。

近代以后，轮运业、电讯、铁路等基础设施迅猛发展，长江作为国家尺度交通带、经济带的意义迅速凸显，并在外国列强的逼迫利诱之下，内外交织，由东向西渐次“开放”，客观上促成了中国历史上第一次“西部开发”。1871年，产于四川的6000包生丝首次沿长江经上海出口国外，开始了与浙江生丝的竞争。[3]在封建王朝终结、近代工商业发展下，长江流域经济愈来愈成为一个整体，沿江诸多大中城市的往来日益密切，加速了城市之间的交流与发展。

到20世纪30年代，长江流域尤其是中下游，已成中国经济最发达地区，在近代中国占有重要位置。当时全国口岸埠际贸易量最大的20个城市，长江沿岸便占了12个。抗战爆发后，拥有当时中国经济中心（上海）、政治中心（南京）、交通枢纽（武汉）、战时首都（重庆）的长江沿岸诸城首当其冲，成为侵略者觊觎掠夺的重要目标。政府、院校、工厂的内迁进一步促进了长江沿岸城市的紧密联系。上海沦陷、南京迁都、武汉失守、重庆轰炸，自西向东，半个中国成为被肆意蹂躏的焦土。彼时的重庆，危难中成为中国反法西斯正面战场的指挥中心，接纳了大量由上海、南京迁来的文化资源、高校师生和政商要员，更因此经受了日军战机长达6年的狂轰滥炸。从武汉起飞的日军战机越过壮美三峡，将上万枚炸弹倾倒入这座用地并不宽裕的山城。一江、四城，在国难面前被紧紧挤推到了一起。

时光荏苒。如今的长江流域更是中国经济的重要支撑，横跨中国西部、中部和东部三大经济区共计19个省这（自治区、直辖市），流域总面积约180万平方公里，占中国国土面积的18.8%。在经济战略层面，长江经济带是一个包含9省2市的巨型区域，人口和生产总值均超过全国的40%。按照国家的顶层设计，长江经济带将打造成具有全球影响力的内河经济带、国家经济增长新的支撑带、东中西部协调发展与沿海沿江沿边全面开放的示范带。虽然各地区资源禀赋与经济发展状况差异仍然非常大，成熟的全域城市体系还远未形成，但未来的道路已经清晰可见。长江与这个国家的未来命运更密切地联系起来。

重庆、武汉、南京、上海，是沿长江顺流分布的四大重要城市，分属中国西部、中部和东部。4个城市在历史、文化、经济、空间等诸多方面都有着显著的差异和鲜明的个性，但4个城市在气候划分、近代历史、高校布局等多个方面亦有着许多微妙的相似或可比之处。在清末和民国时期，长江流域的所有城市中，这4座城市发展最为繁荣，是当时长江流域中城市经济的领头羊。如今以这四大城市领衔发展的成渝三大跨区域城市群、长江中游和长江三角洲连绵构成了中国重要的规模性城市发展带。城市群之间、城市群内部的分工协作，按沿江集聚、组团发展、互动协作、因地制宜的思路整体推进，成为保证整个长江经济带良性发展的必由之路。

这四个城市分别拥有建筑教育相对先进的优秀高校，以重庆大学倡议，华中科技大学、东南大学、同济大学共同发起创立了“壹江肆城”建筑院校青年学者论坛，以促进这一地区建筑高校青年学者的学术交流、信息互通。在过去的五届（2015—2019）论坛中，共有来自长江流域建筑院系共84位青年学者登台交流。论坛得到了东南大学建筑学院王建国院士的关心和指导。王院士在论坛文集（2019）的编辑过程中欣然应允撰写了寄语——“壹江川流人杰地灵襟带西东风彩多姿，肆城相系青年才俊建思泉涌风华正茂”，将论坛背景、研讨意义和殷切勉励融入文字，为青年学者们展开了敞亮的发展图景，鼓励着长江流域各建筑院校的青年教师们深钻学术、倡言广思！

作为一条孕育生命和文化的大河，长江对沿线城市的文脉传承和文化生态提供了原生且绵长不绝的动力和滋养。“文明因交流而多彩，文明因互鉴而丰富。文明交流互鉴，是推动人类文明进步和世界和平发展的重要动力。”[④]“壹江肆城”作为一个富有特色的新兴学术交流平台，将继续在互动学习中前进发展。有理由相信，在这些充满热情朝气的青年学者持续推动下，未来值得期待。

① 本文节改写《2015-2018壹江肆城建筑院校青年学者论坛文集》（褚冬竹主编．重庆大学出版社，2019）卷首语。
② 陈湘满．论流域开发管理中的区域利益协调．经济地理，2002（5）．
③ 潘君祥，于顾道．近代长江流域城市经济联系的历史考察．中国社会经济史研究，1993（2）．
④ 习近平．文明交流互鉴是推动人类文明进步和世界和平发展的重要动力．求是．2019（09）．

设计

DESIGN

Hasta la Victoria Siempre（直至胜利）| 哈瓦那，古巴

丹麦皇家图书馆（设计：SHL）| 哥本哈根，丹麦

不仅是实践：设计的角色

建筑师是一群常能找到成就感的人。他们的天然责任是完成空间的转译与制造——在现实中完成一次次人与自然的游历，将天然环境变幻为一个个有意义的场所，在这个地球上完成数量庞大的各类人造空间，也贡献了人类文明的一部分。建筑师也是一群最常被打击和挫伤的人。在这个多元激变的时代里，建筑及环境变迁之剧烈早已可用我们的寿命尺度来观察，而建筑师的主观意愿或专业判断并不是决定这场剧变的唯一动因，甚至算不上主要动因，有太多的力量可以把建筑师轻轻一推，冷落在旁。

但建筑师毕竟是建设程序中合法的终端计划输出者。他们千辛万苦考下执业许可，一波三折完成产品设计，并成功将责任与之绑定一生。在建筑师的参与下，建筑拔地而起，建设场地已成为可多次重复书写的“练习簿”。但是，建筑与生俱来来的原生性依然坚固存在，在众多庞杂问题中，建筑师选择以何种视角、何种态度介入，决定着每项任务的起点与方向。面对问题，如何剖解、如何回应、如何呈现……成为建筑师必备的推演历程，也是每项任务最终实现价值的必由之路。

以不同维度观察，建筑设计有着不同的意义。从空间维度看，建筑设计是空间及其限定规则的构成和配置；从时间维度看，建筑设计是形态、空间、环境及规则的逐渐贴近。设计生成过程包含各种发生与决策。它们发生于既定目标下的设计对象操作。设计对象与目标同时交互进行，设计得以推进。在设计对象逐渐由模糊到清晰，由观念的到物质的过程中[①]，设计对象亦被逐步赋予了设计目标所指向的属性。这是一个连续不断、逐渐成形的过程，而对设计问题的恰当定位并通过各种恰当的方式将其解决，是建筑学最根本的特性之一，也是建筑学最吸引人、极富创造性与挑战性的特征之一。随着数字工具的日益强大，很多设计问题已可以借助其完成，但这并不意味着建筑师可以在设计推进上更加轻松。相反，强大的技术性支撑往往能够为某单个问题提供可靠解答，而设计的整体性、综合性、独创性以及利益权衡等话题却难以通过纯粹的、单一的量化计算或模拟找到答案。建筑师的综合性思维、创造性思维能力，远远超越任何一个辅助工具，真正成为保证设计品质的推进要诀。因此，曾宣布现代建筑已经“死亡”的评论家詹克斯曾将建筑师与政治家两种角色放置在一起。在《当代建筑的理论与宣言》(2005)一书导言《火山和丰碑》中，詹克斯写道：“为什么政治家和建筑学家都写宣言？当卡尔·马克思写《共产党宣言》时，并非想创作一部文学作品——正如他所说，不是诠释这个世界，而是去改变它。”火山寓意着情绪的爆发，丰碑则代表着法规和理论，詹克斯暗喻建筑师不仅要具有爆发力强的思维创造方式，也要有理性、规则，协调运作的执行能力。

教师这一职业身份决定了我要学会将实践与教学、研究结合和平衡。随着时间推移，原本相对单纯的教学工作开始日益复杂，但无论工作内容和强度如何变化，以自身介入设计，将自身作为参与者而非评论者投入进去尤为重要。我曾在阿姆斯特丹采访过荷兰著名建筑师维尔·阿雷兹，他的作品有着一种令我着迷的骄傲的冷峻，貌似与这个时代并不密切关联。但那次采访他明确将自己视为参与社会进程的组成部分——“作为建筑师，我是社会的一部分，而不是只会对社会指手画脚的人。建筑师是推进社会进步的那一部分，他们总是在竭力寻找着更新鲜的观念。”这样的建筑师有很多，如我曾经工作的加拿大KPMB事务所，正如前文已经叙述，也积极致力于建筑与社会的联系，将建筑（学）作为一种参与世界变化的工具。那一段经历令人难忘，也促使我即使在数年后赴荷兰访学，依然同时申请了在凯斯·卡恩建筑事务所的工作机会，过上了每天从代尔夫特到鹿特丹的上班族生活。建筑实践，早已不仅是实践本身。透过它，既践行专业，也观察社会。

因此，从开始工作起，实践便是另一种身份，一种与教学和狭义科研不同的身份。在课堂上无法获得的答案，要去实践中寻找；相反，在实践中受到的挫败、困惑或迷茫，又必须在研究、教学及写作中思考、表述或是慰藉。这样往复切换的可能，让我不再纠结于某一次的具体得失，而坚持走下去。

我欣赏古典，也喜爱现代。现代主义的真正魅力在于，它将建筑还原为建筑，而不是其他。任何艺术形式或是文化形式，都有自己特定或有特色的载体，如音乐与声音的关系、舞蹈与肢体的关系、绘画与图像的关系、雕塑与体量的关系……现代主义将建筑从艺术，尤其是纯艺术家族中强拉出来，并赋予它特定的载体——空间。这不是现代主义的创造，而是现代主义的勇气。数千年来，空间是建筑建造的原初目的，但历史上除了“当其无，有室之用”这一哲学叙述以外，建筑空间真的被广泛尊重过？现代主义所做的，便是要在延续多年的传统和惯性中充当重锤、刹车和淬火的角色。固化板结的地面，没有一记狠狠的重击，是不可能有裂纹的。因此，现代主义注定要被误读，就像成年后的孩子才能读懂童年遭受父母责备中的深爱。

漫步欧洲老城，我从心里涌出对那些勇于迈步的先驱们的敬佩，敬佩的不是作品本身，而是在那样一个时代，那样的一个环境，他们是什么样的勇气和远见，预判前方道路必须转向？又是怎样的智慧和缜密，绘制出下一个时代的蓝本和关键？我常常回想那张多伦多中央火车站的巨大工字钢柱大样图[②]，那些被包裹在混凝土外壳内的钢柱，是否仍有挣开束缚、迈步跨越的冲动？

2019年11月，亚洲建筑师协会（ARCASIA）第20届论坛在孟加拉国首都达卡召开。行走城市街头，我惊叹于这个尚未脱贫的国家里竟会有如此精致的清水混凝土建筑，不仅是指那路易斯·康留下的巨著，更有在主干道两侧的办公、公寓及酒店。它们以日常状态撑起了我对这个国家建筑的新感受。我的震撼不在混凝土本身，而是这个南亚国度对待现代主义竟有着如此高度的共鸣和接纳，以及低技但精细的建造能力。而在达卡老城，超高密度的人群与建筑仿佛转入另一个世界。我们的车独行在人群与三轮车流之中，如工业异物般在传统中缓阻前进。这似乎是一次暗喻，关于行进中的目标、技术、载体，以及那些必需的关切和警惕。

对于我，实践担当着这样的角色——补课与测试。我和我的团队需要补上这一课，去理解现代的含义与方法，去理解每一片建设土地的承载和期待，去理解每一次任务背后那个最核心、最迫切的需求，去理解一条从个体迈向群体、从建筑空间走向城市空间的路径。同时，通过实践去测试那些面对快速变化的城乡环境而总结出的理论思辨、工作方法，去测试师生共同探究的方向、判断的走向与真伪。这是长期往复回馈的过程，需要耐心和韧性。

好在这一路风景独好，不知疲惫。

达卡大学美术学院（建筑师：Muzharul Islam）| 达卡，孟加拉

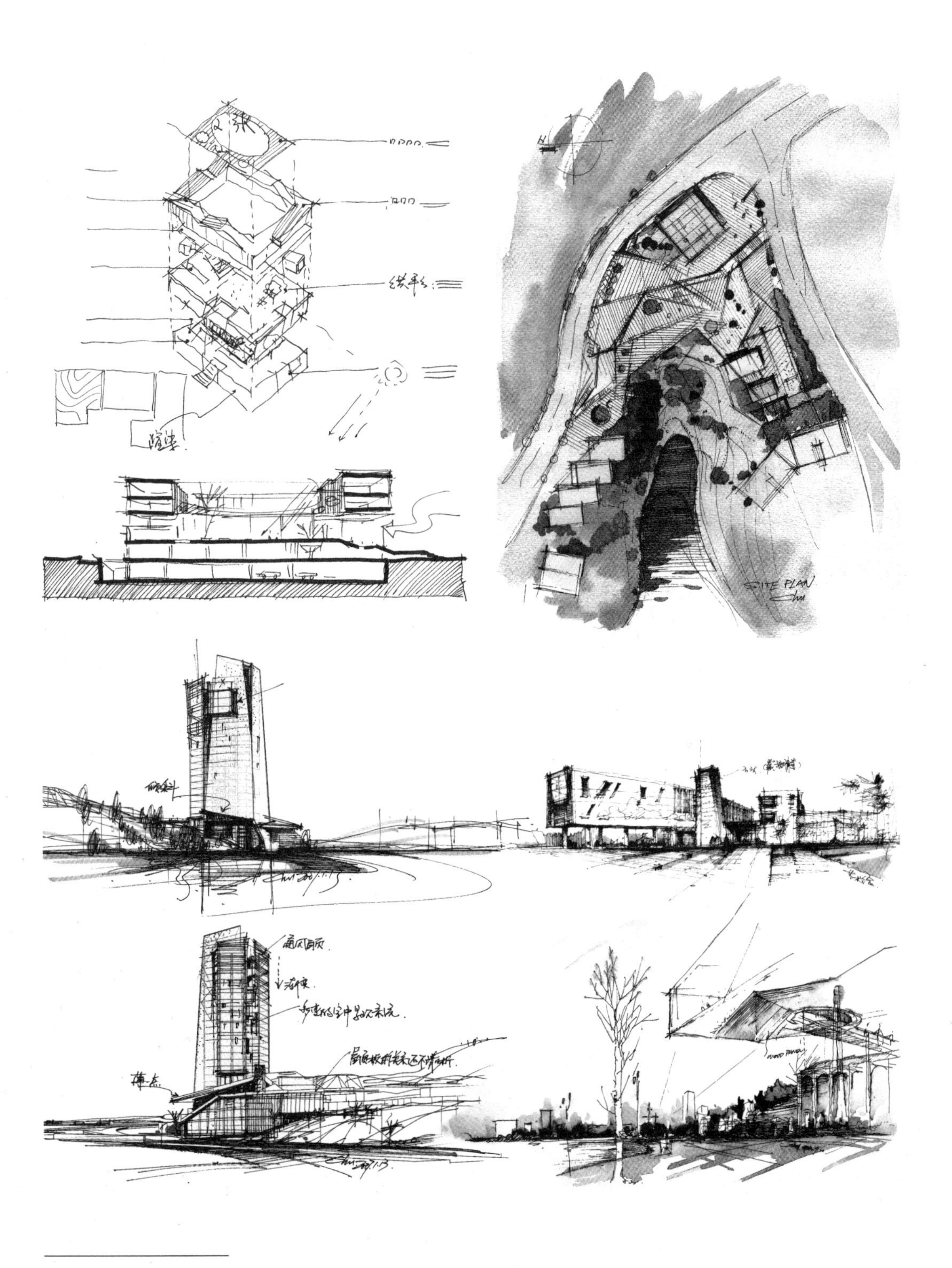

① 这个过程的实质便是建筑设计的基本特性之一：一个物质化（materialization）的过程。

② 参见本书“0学步”中提及的“第三张图”。

2015北京国际设计周参展作品建造团队
现场统筹研究生：万骁骁、王瑞
建造协助：刘文豹与中央美术学院建筑学院
学生，李熙（中国建筑标准设计研究院）
来源：媒体

2015北京国际设计周参展作品

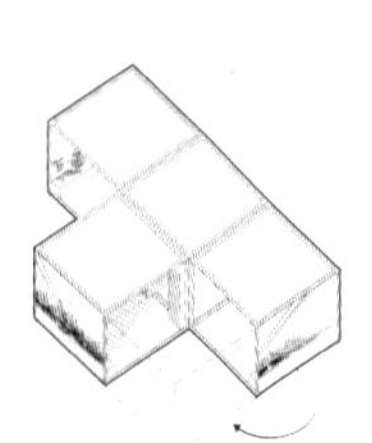

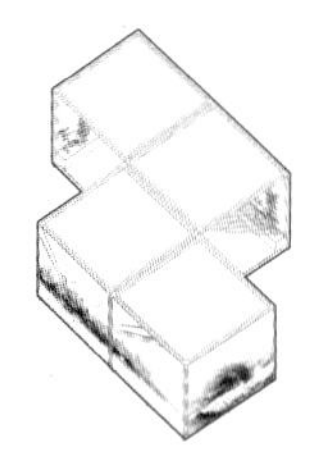

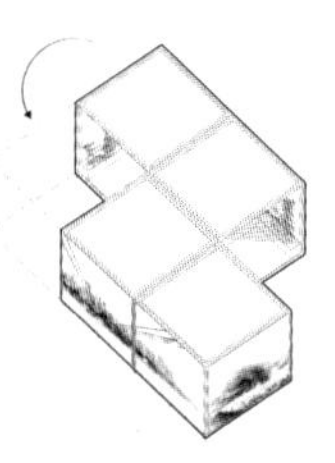

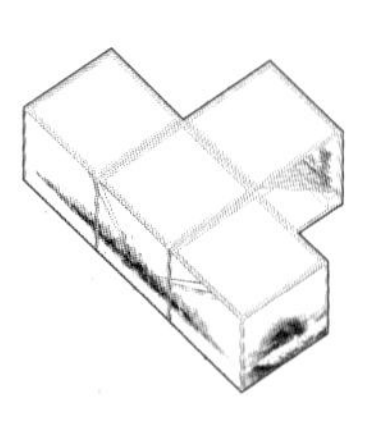

2015北京国际设计周世纪坛现场（右下角为本书作者参展设计）

昭通博物馆（2011）
摄影：存在建筑

重庆大渡口工业博物馆设计竞赛（2013）
2013年“中机中联杯”全球青年规划和建筑设计大赛二等奖（主办单位：重庆团市委、重庆市城乡建委、重庆市规划局）

历史与更新

小城复兴：四川富顺县古县城文庙—西湖片区城市更新（2017）

都市发展与乡村振兴之间，是兼具城市与村镇部分特征的小城市（镇）的不同背景与境遇。目前全国共有约380个小城市（50万人以下），若计入镇区人口5万以上的镇级单位，中国小城镇总数达1371个，占城镇总量的86.1%。小城市作为我国城镇体系重要的基本组成部分、连接城乡的基本载体，应当是未来相当长的一段时期我国推进城市社会变革、提升城镇化发展质量的主要战场之一。

然而，经济快速发展的同时，小城市，尤其是西部小城市的物质、经济、社会与文化条件面临困境，新旧城发展往往失衡，城市建设的激进方式常与旧城历史文化和精神记忆相背离。旧城普遍面临物质环境老化破败、经济发展滞后、居住活力退化、区域认同感缺失等问题。虽然历史文化小城市大多曾经历繁盛时期，但旧城却逐渐走向落寞。破败的环境、低迷的经济迫使居民远离旧城，城市历史、文化、精神随之离散。①

城市复兴作为民族复兴的重要成分之一，具体体现在包含历史小城复兴在内的不同类型的城市复兴，需以城市设计为先导，旨在通过重建城市、恢复活力和遗产保护等各种措施，使城市物质、社会、经济、文化和生态等要素得到整体复兴。借富顺县旧城复兴的设计与研究任务，开始了对历史小城旧城复兴的探讨。

自贡市富顺县历史悠久，人才辈出，地处四川盆地南部，素有“千年古县”与“才子之乡”之美誉。旧城（即古县城）位于城市中心半岛内，历史人文和自然景观资源丰富。钟秀山、五府山、神龟山、玛瑙山与西湖、沱江等构成了“四山一湖一江”的自然景观环境，文庙、千佛寺、烈士墓、刘光第墓、钟鼓楼、罗浮洞等历史文化遗产环西湖密布，但随城市发展重心转向新城，古县城黯然衰落——空间破败、活力缺失、产业匮乏，文化遗产沉睡蛰伏。为了对历史负责、对未来负责，当地政府痛下决心，组织了国际设计竞赛，目标直指古县城的全面复兴。

2016年初，接到竞赛邀请时，我恰在日本参加教学活动，正走在东京的历史街区。一边接听电话那头描述着四川小城的窘境和愿景，一边扫视着眼前这个身处都市中心，却依然保留着历史尺度、文化细节的日本街巷。看着现代与历史、繁忙与闲适、长者与青年就这样共生、共存、共享，一种难以描述的情感被燃起。待放下电话时，我知道，这个任务必须全力以赴。于是，作为唯一来自中国西部的团队，与其他国内外同行一道，参与了这次对历史小城复兴的探索旅程，并有幸最终位列第一，方案成果成为这座古县城更新的基础蓝本。

富顺西湖位于旧城中心，原是钟秀、神龟、五府、玛瑙“四山”诸山雨水汇流的自然洼地，形似如意，早在宋代即已疏凿，素以夏季赏荷闻名，曾“湖阔六七里”，亭榭呼应，曲桥勾连，荷花映日，垂柳列岸。川中素有“天下西湖三十六，富顺西湖甲四川”之美誉，但早已难寻当年盛景。始建于宋代的富顺文庙位于旧城中心南侧，虽为全国重点文保单位，地位甚高，但影响有限，观者寥寥。

环境与形态（富顺县志道光七年刊本第三卷县境图）
来源：东京大学东洋文化研究所所藏汉籍善本全文影像资料库

城墙与要素（富顺县志道光七年刊本第六卷县城图）
来源：东京大学东洋文化研究所所藏汉籍善本全文影像资料库

为重现湖山盛景、激发古城活力，全面剖析空间关键点、瓶颈点和机会点，构建“空间—文化—生态—业态”全线链接，尊重历史，重新打通自然—人文南北主轴，串联掩藏散布于衰败市井间的文化历史元素，以历史溯源、空间疏通、风貌重塑为基础，以期重振古城健康肌体，全面释放内生活力，顺次从三个维度展开。

（1）以历史为线索，捕获古城空间发展关键点。挖掘古县传承渊源与发展线索，多方考证，深度剖析古籍文献资料，明确城市发展历史的关键点、穴位点，复建核心节点，保护残留城墙，织补空间缺憾的关键要素。

（2）以空间为本底，激活古城健康进化机会点。全面调查，谨慎拆改，打通古城南北历史空间主轴，重建空间秩序，以文化激发业态、业态重整生态、生态支撑文化，多层次提升古县城肌体素质。

（3）以技术为支撑，破解古城衰败隐患点瓶颈点。以科技方法支撑人文创建。模拟人车交通，实现传统街巷可达性复原，提升瓶颈疏解科学性、安全保障可靠性。

小城复兴，绝不能视为大城市旧城复兴的简化、模仿或复制，必须根据小城市特有的政策制度、财政条件、目标定位、居民诉求等，以空间体系的设计和更新作为手段之一，使城市社会、经济、空间、生态、文化等维度都实现复苏。历史小城复兴更应聚焦对城市文化地位、历史认同感的重新确立，使城市品位、精神顺应时代需求，对城市吸引力和软实力提出全面要求——基础条件完善是前提，城市活力回归是保障，文化身份重塑是关键。同时，中国小城市发展又与西方国家情况不同，在国家整体的快速发展进程中，中国小城市发展与周边大城市发展有着更为密切的联系，也有着更为迫切的增值、革新诉求。交通、地产、产业、人口……多个迅猛变化的要素改变着小城自然生长节律。如何在尚未被摧枯拉朽般抹去的旧城中找寻出面对未来发展的支撑和要件，在现实中实践、测试“退型进化”[②]思路和方法，富顺成为一个可能的样本。

基于不同的基础条件、目标定位和利益诉求，从设计到实施是一个艰辛而慎重的过程。围绕旧城实际条件、产权归属、修复价值、落地概率等问题进行多次推敲修改，设计才得以基本成形。以此为基础蓝本，已有更多国内外优秀设计力量加入进来，对古县城关键地段进行实施性深化。遵循这个蓝本中的基本改造原则和空间设想，多个关键节点、重要建筑、基础设施等建设工作正紧锣密鼓推进。一个底蕴深厚、生机勃勃的西部古县城正重新站立起来，以青山绿水、文化传承继续滋养着一方百姓。

建设地点：四川省自贡市富顺县
设计时间：2016—2017年
建成时间：逐步实施中
获奖信息：国际竞赛第一名；2018年度重庆市优秀规划设计一等奖；2019World Architecture News Awards铜奖
设计团队：褚冬竹、王晶、严萌、黎柔含、赵紫晔、王瑞、孟兴宇等

---

① 姜文锦，陈可石，马学广. 我国旧城改造的空间生产研究——以上海新天地为例. 城市发展研究，2011，18（10）:84-89，96.
② 参见本书“2 研究”中相关文章“退型进化：城市更新现象与前瞻”。

西湖南岸透视图
文庙周边更新改造透视图

教育和共鸣

虎溪二题：
重大新校区内的两次探索（2007，2014）

虎溪，重庆大学新校区所在地，因原虎溪镇得名。虎溪镇在重庆市沙坪坝区西部，境内小河旁山岗形状如虎饮水，取名虎溪河，后在此建场，1930年设乡，1993年建镇。2003年，以虎溪镇及周边场镇为核心，开始建设大学城。一时间，十余家高校迅速聚集，农田变学府，那如虎的山冈早已不知所踪，但虎溪最终完成了从“乡”到“镇”，再到“城”的身份飞跃。在虎溪校区内，曾参与过两个间隔十年的建设项目——学院综合楼和立新楼。虽均未能实施，但其中的探索和期待，依然值得记录。

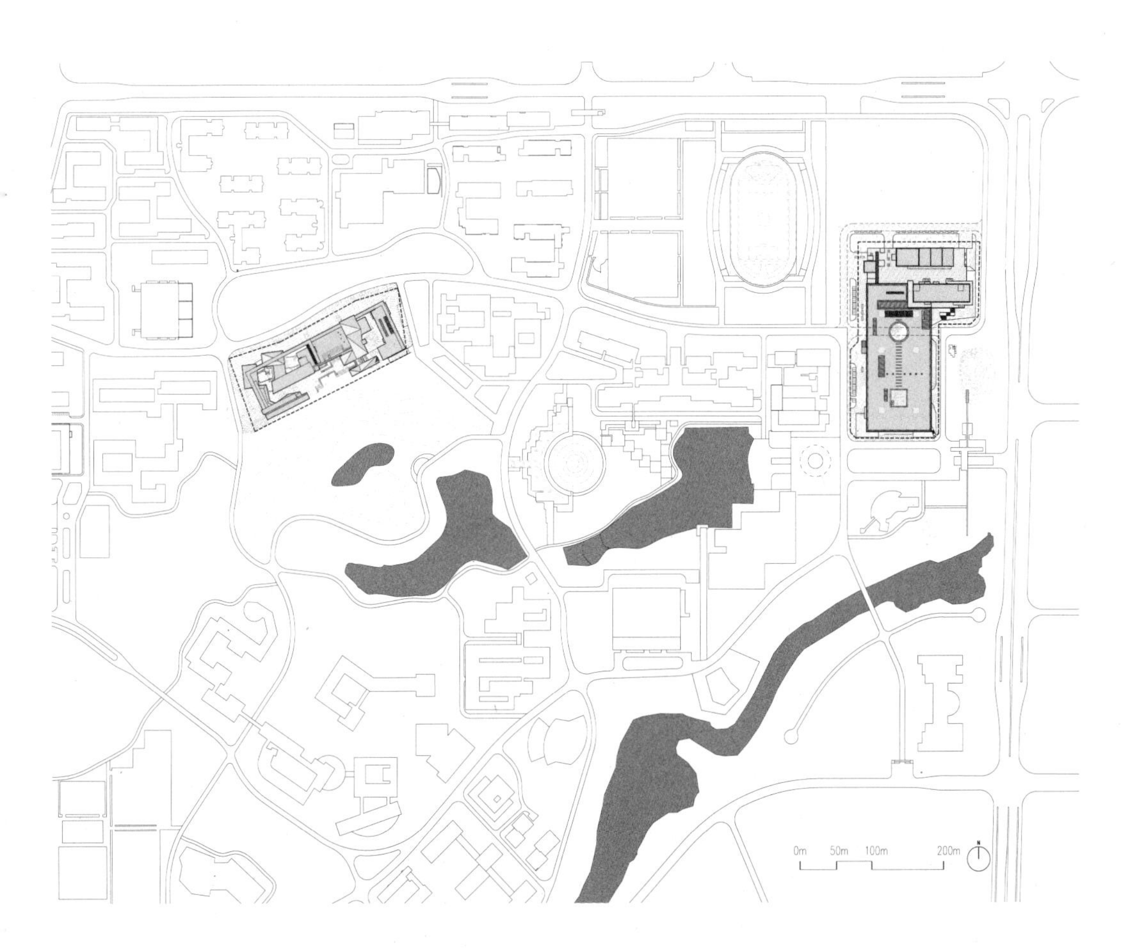

总平面图

（1）学院村：重庆大学虎溪校区学院综合楼

城：重庆虎溪大学城，重庆大学新校区所在地。

村：由五个学院办公楼构成的“学院村”，一种基于场所与平等精神的综合楼模式。

校园中心，有一块不大的用地，北面广场，南靠缓丘，总体平坦。这块地上将会建造“学院综合楼”，供五个学院使用。这五个学院分别是外语学院、艺术学院、文学与新闻学院、软件学院，以及一个暂未明确的“其他学院”。虽作为不同学院的综合，其实更需要“分解”：解析每一个学院的特质和要求，获取最佳针对性的综合解答方案。我们提出“学院＋村落”（college +village，我们将其称为covillage）的空间组合模式，可称为“学院村”。五个学院组成多组不同尺度的院落，院落之间通过小尺度通道互相联系，形成一个完整的外部空间体系，基本近似一个小型村落的尺度。

场所精神——与一些历史悠长的老校园相比，新校园往往缺乏富有趣味性与特定精神的中小尺度外部空间。而良好和丰富的公共空间更具亲和力和参与性，在校园生活中扮演着极为重要的角色。如何让较小的建筑体量能够参与整个场地，让大量公共空间积极有效发挥作用，塑造充满意味的多样化和参与性场所，成为设计始终坚持的目标。

平等参与——均等主义与平等是当代道德哲学与政治哲学中的热点，它涉及平等的三个基本方面：平等的地位、平等的根据和平等的体现。不同的学科自然有不一样风格特征，那么每个学院独特的风格如何展示？学院规模各有差异，如何在不同体量大小的前提下强调平等？尽力让各学院独立性与平等性得到尊重，是这次设计的重点思考方向。因为这不仅简单关系到建筑设计的模式，更关系到大学所必需的平等精神。

识别协调——五个学院从学科内容到师生气质都有明显区别，自然要求在建筑和景观设计上体现对应学院的特征，增强其标识性。同时，基地的中心特殊位置又决定了它最终需要融入校区这个大环境中，所以其建筑形式和风格的选择又必须充分考虑与周边建筑相协调。

资源共享——新建综合楼是为五个学院服务的，但又不仅仅为这五个学院服务。它的建成，可以为校园中心区提供一处面向全校的参与场所，几个学院的形象、资源、氛围都会清楚地展示在所有的师生面前。游走于不同个性的公共空间里，即使不进入建筑物内部，也会吸收到营养。这对其他学院师生来讲，不啻为一笔重要的精神财富。

五个学院在造型和风格上充分体现学院自身的特征，以增加建筑的标识性。五个学院分别设置一处“个性体量”，通过外围柱廊有机组合为一个整体。每个学院都拥有独立的室外场所，而且景观与场所体现各自特色，与建筑一起塑造出相应专业的特殊性格特色。每一个场所的设计都将人的参与放在首位，力求不同场所给人不同的感受。

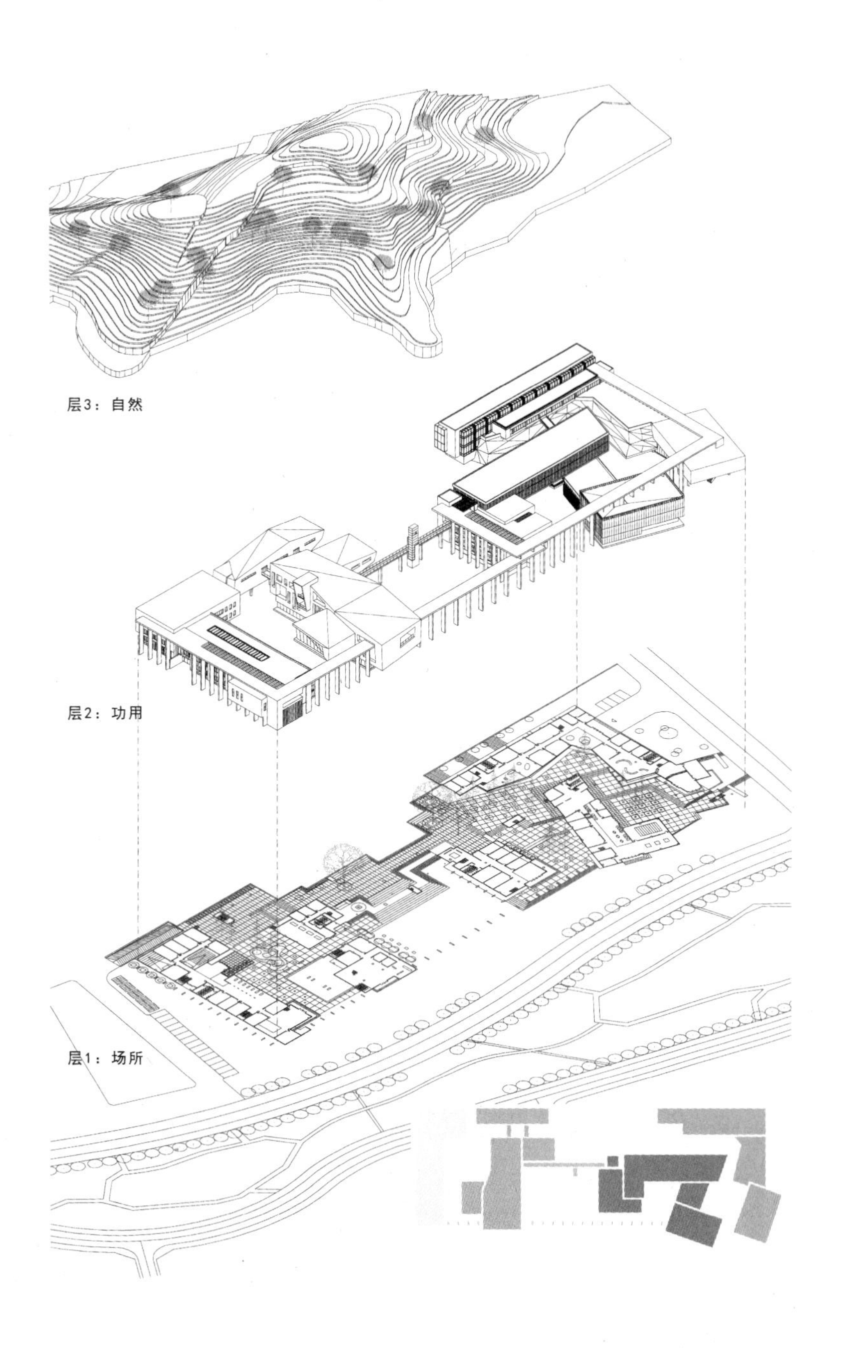
层3：自然
层2：功用
层1：场所

学院综合楼首层平面图

学院综合楼模型

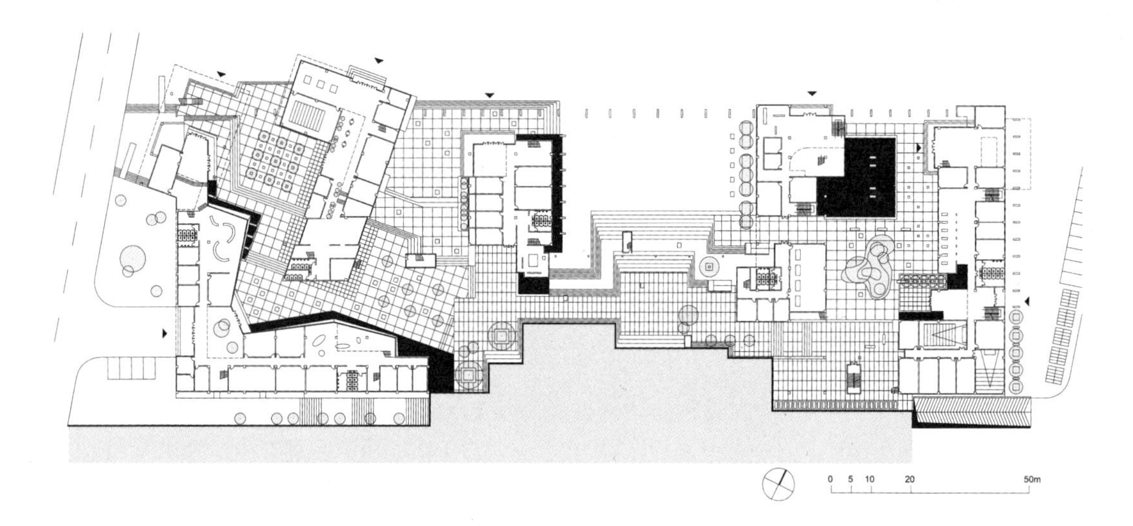

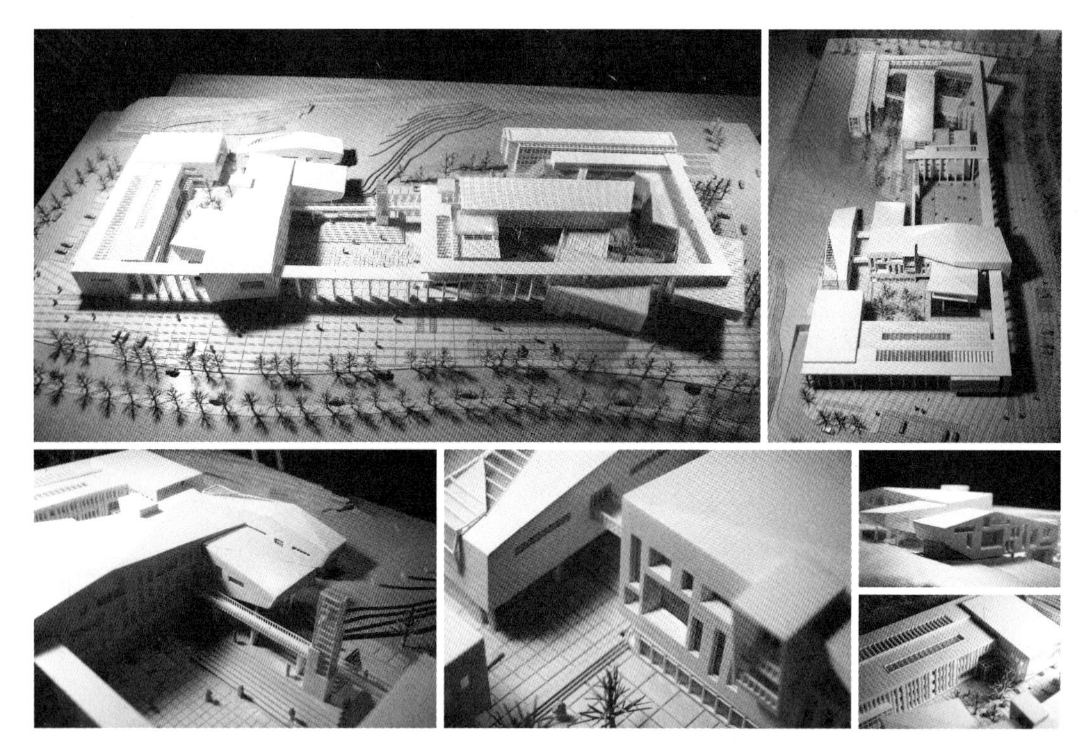

（2）教育综合体：重庆大学虎溪校区立新楼

大学之大，“非谓有大楼之谓也，有大师之谓也”。90年前，梅贻琦先生的话语依然振聋发聩。梅先生的意思很清楚，大楼易得，大师难求。此话有前瞻性，中国高等教育迅猛发展的最直观见证便是——校园愈广，楼宇愈大。

大学是一个国家和民族的精神属地，是文化科技的尊严和殿堂。University（大学）的拉丁词源“universus”（“整体、全世界”之意）或许可以进一步阐释梅先生谓之“大”。任何一所大学的设立，总是有理想的，譬如我目前工作所在的重庆大学。90年前（1929年），重庆大学艰苦创校初始，便将“研究学术、造就人才、佑启乡邦、振导社会”作为办学宗旨和奋斗目标——没有“大楼”，当时显然也难以奢望。现在硬件设施始终是支撑办学质量的基础条件，我们已是世界第二大经济体、拥有14亿人口的大国，高等院校更要在规模和硬件上全力匹配。中国高校校园建设足以成为一个可独立于其他国家高校之外的特定命题，值得记述和研究。

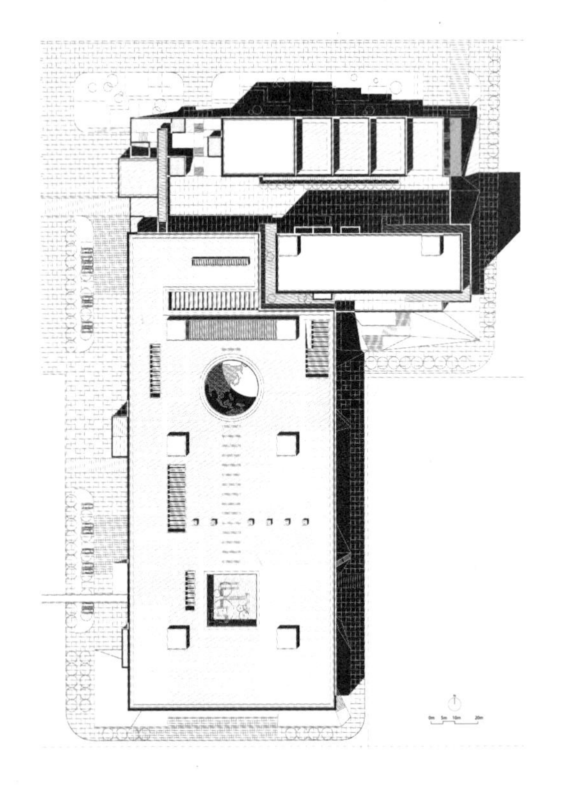

重庆大学“立新楼”便在这样的背景下自然发生。大楼功能涵盖教学科研、学术交流、艺术博览等综合功能，拟建规模为12万平方米，目标指向中国高校最大单体建筑。按捐赠方愿望，“立新楼”最初首选老校区，后因用地紧张难以实施，最终确定在重庆大学虎溪新校区。老校区选址阶段的设计论证与新校区方案征集都曾参与其中，收入本书的这份竞标方案为新校区用地方案，也是整个“立新楼”建设过程的一个中间环节①。

既然是中间过程的概念性方案征集，那么贡献什么“概念”便自然是设计工作重点。建设用地位于重大虎溪校区东校门西北侧空地，轮廓方整，场地平整。除了“大”，未来如何从不同层面去体现建筑的特定精神，如何承载大学文化，并直指长远未来，成为展开工作的首要判断。几个关键问题接踵而来。

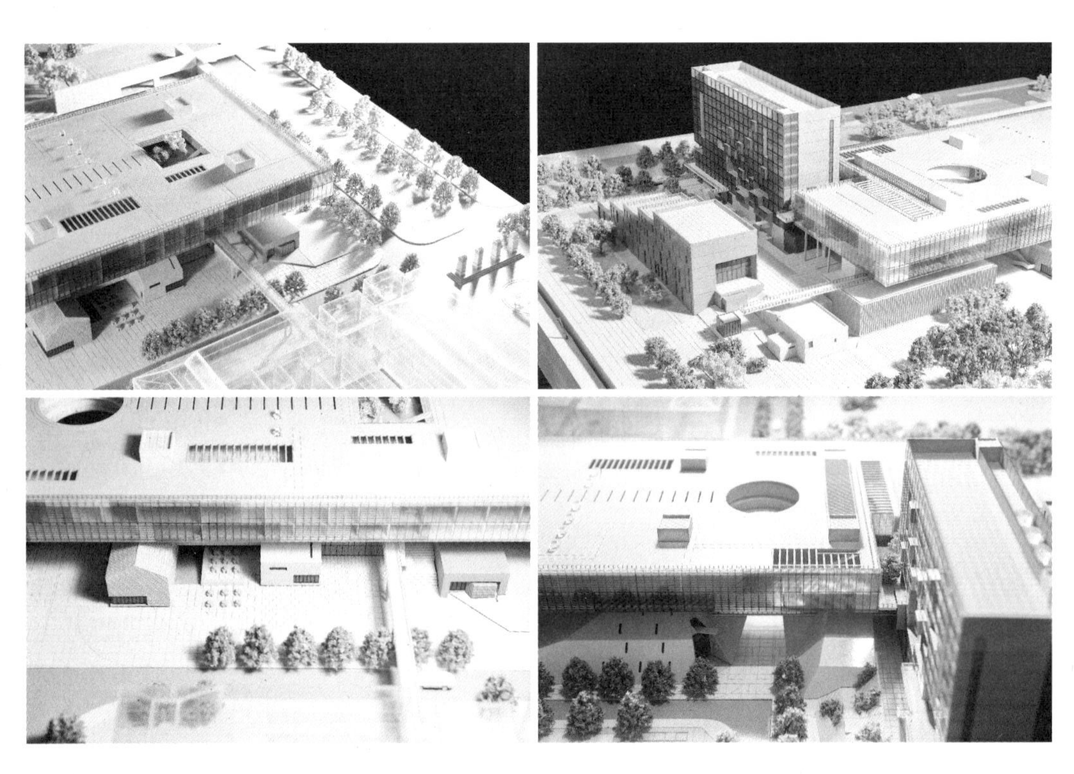

立新楼透视图

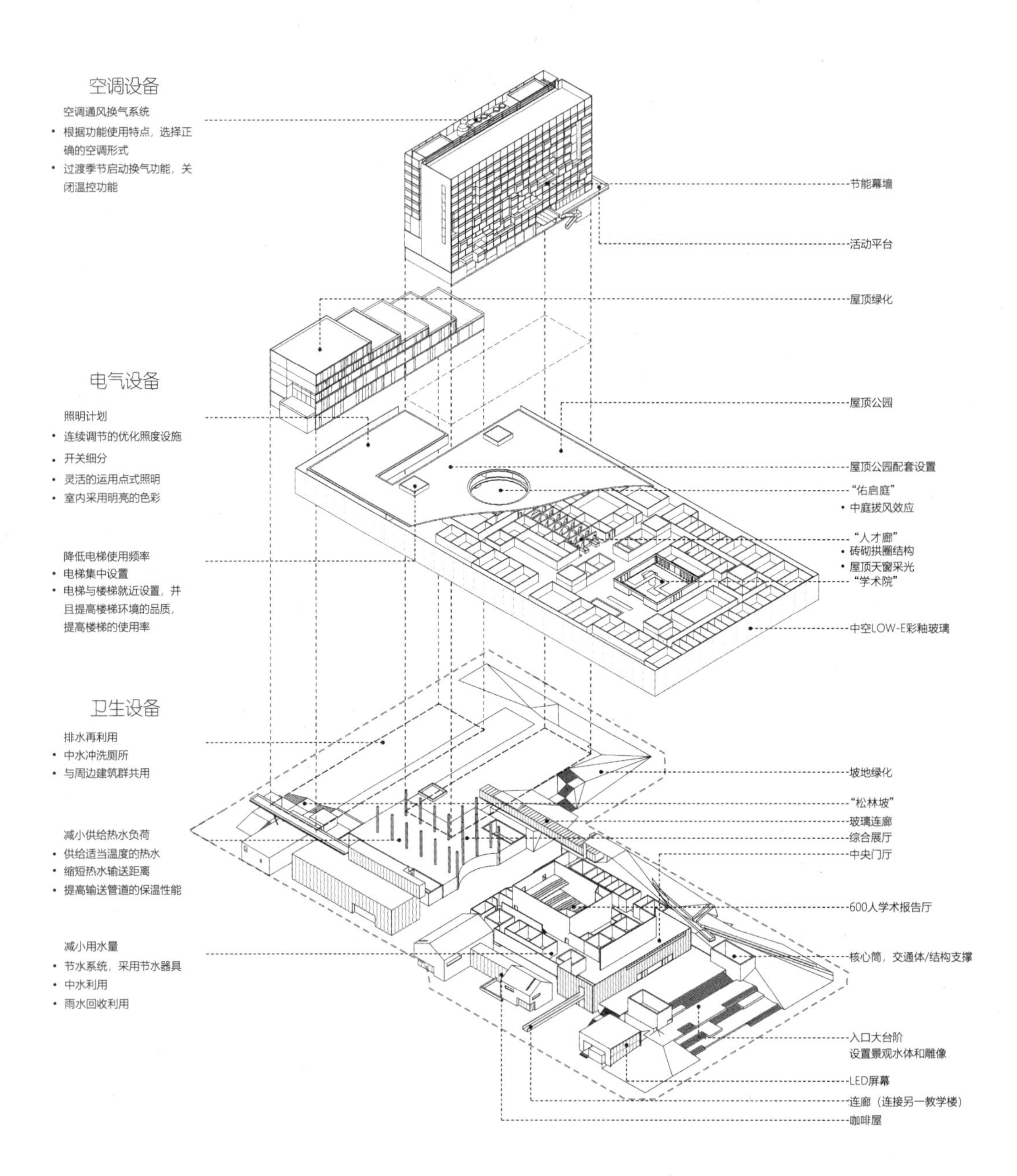
空调设备
空调通风换气系统
• 根据功能使用特点，选择正确的空调形式
• 过渡季节启动换气功能，关闭温控功能
电气设备
照明计划
• 连续调节的优化照度设施
• 开关细分
• 灵活的运用点式照明
• 室内采用明亮的色彩
降低电梯使用频率
• 电梯集中设置
• 电梯与楼梯就近设置，并且提高楼梯环境的品质，提高楼梯的使用率
卫生设备
排水再利用
• 中水冲洗厕所
• 与周边建筑群共用
减小供给热水负荷
• 供给适当温度的热水
• 缩短热水输送距离
• 提高输送管道的保温性能
减小用水量
• 节水系统，采用节水器具
• 中水利用
• 雨水回收利用
节能幕墙
活动平台
屋顶绿化
屋顶公园
屋顶公园配套设置
“佑启庭”
• 中庭拔风效应
“人才廊”
• 砖砌拱圈结构
• 屋顶天窗采光
“学术院”
中空LOW-E彩釉玻璃
坡地绿化
“松林坡”
玻璃连廊
综合展厅
中央门厅
600人学术报告厅
核心筒，交通体/结构支撑
入口大台阶
设置景观水体和雕像
LED屏幕
连廊（连接另一教学楼）
咖啡屋

分散与集约——场所限定的应对之策。根据任务书，基地总体限高原则上不能超过30米，用地面积约37050平方米，需容纳下总建筑面积12万平方米大楼，显然并不宽裕。将如此大规模体量放入30米高的限制空间内，如何合理组织功能和流线？

标志与边界——融于环境的空间塑造。场地靠近校园边界，与校外城市空间相邻，决定了建筑不仅与校园空间有关，也必须同城市产生良好对话，建筑将以怎样的姿态融入城市区域，消隐内向抑或个性张扬？

建筑功能众多，且相互独立。在传统校园中，这些功能通常以不同独立建筑物的形式出现，之间可以没有特别密切的联系。如今，建筑必须高度集成，以大型的建筑尺度、多样的功能组合，形成了高效关联的功能体系，使之形成强大聚集效应的“教育综合体”。以“悬浮方体+聚落空间”建立了基本的空间组织关系，隐喻大学发展中的理想与现实。数十年风雨历程，使得重庆大学身上深深地蕴含着中国大学的特性与风骨。我们期望中国书院、中华文化的方正、礼仪、德行、包容等特征也由现代建筑语言呈现出来，但绝不是形式模仿。

在当时提交的设计中写道：“立新楼的建立，必是为未来重庆大学在世界之崛起的重要前奏。纵观世界名校典型校园空间，可为该楼设下目标：建筑既要散发兼收并蓄、海纳百川的气魄，也要有学科交叉、中西融贯之空间，不仅关注宏大的整体形态，更不能忽略细微个体的差异需求，需要将西方倡导的科学、人文、自由、自治诸精神与中国特色与文化相融，最终构建重庆大学与世界对话之空间平台。”

文字写得兴奋而急切，但最终这个期望空间高度整合的想法还是停留在了纸面上，存在于硬盘里。中国高校数量近3000，校园建设的议题必然是基础问题，能否在建设中更多地融入大学精神，而非简单扩充面积，是我在这次设计过程中常常念想的问题。

大学需有理想，设计也当然如此。哪怕这份理想贡献的不是实施的空间，而是一些触动，也好。

学院综合楼
设计时间：2007年
建筑面积：22461平方米
设计团队：褚冬竹、许剑峰、杨仕川、杨振宇

立新楼
设计时间：2014年
建筑面积：121186平方米
设计团队：褚冬竹、马可、王旭昊、曾渝京、许琦玮、李祖钰、万骁骁、王瑞等

① 这个环节之后，学校与捐赠方又多次组织不同设计单位展开设计和比较。目前，由其他建筑师完成的“立新楼”实施方案已经通过，正待实施。

立新楼

立新楼透视图

在地织补：内江职业技术学院（2018）

这是个颇有特点的任务——对一所早已由其他单位完成了整体规划却未完全建成，已使用数年的校园进行空间结构性优化与建筑增补。当年因资金短缺留下来的近半空白，成为现在重新思考和再出发的原点和机会。

内江职业技术学院始于1956年建校的内江专区合作干部学校和内江专区粮食干部学校，是目前内江市属唯一的综合类高职院校。校园一期工程项目已于2013年投入使用，但近半建筑仍未实施。如何延续完善现有校园脉络，使新规划设计自然顺应、新旧配合，又如何让新规划、新建筑突破原规划不足，呈现新特点，提升新标准，为更长远的教育事业服务，成为这次设计任务的根本要求。

近年来，国内外高等教育快速发展，教育理念持续更新，各高等院校均积极彰显自身办学理念、凸显办学特色。原规划时间较早，未全面建设，若按原规划继续执行，部分功能、指标已不能满足面向未来的教育目标及现行规范，同时，功能、指标的完善必然带来空间结构、交通系统的进一步调整，也必然要求对原有景观设计思路做较大程度的适应和优化。因此，对尚未实施部分的及时调整和校园整体融合成为瞄准教育百年大计、助推高校发展的一次重要契机。

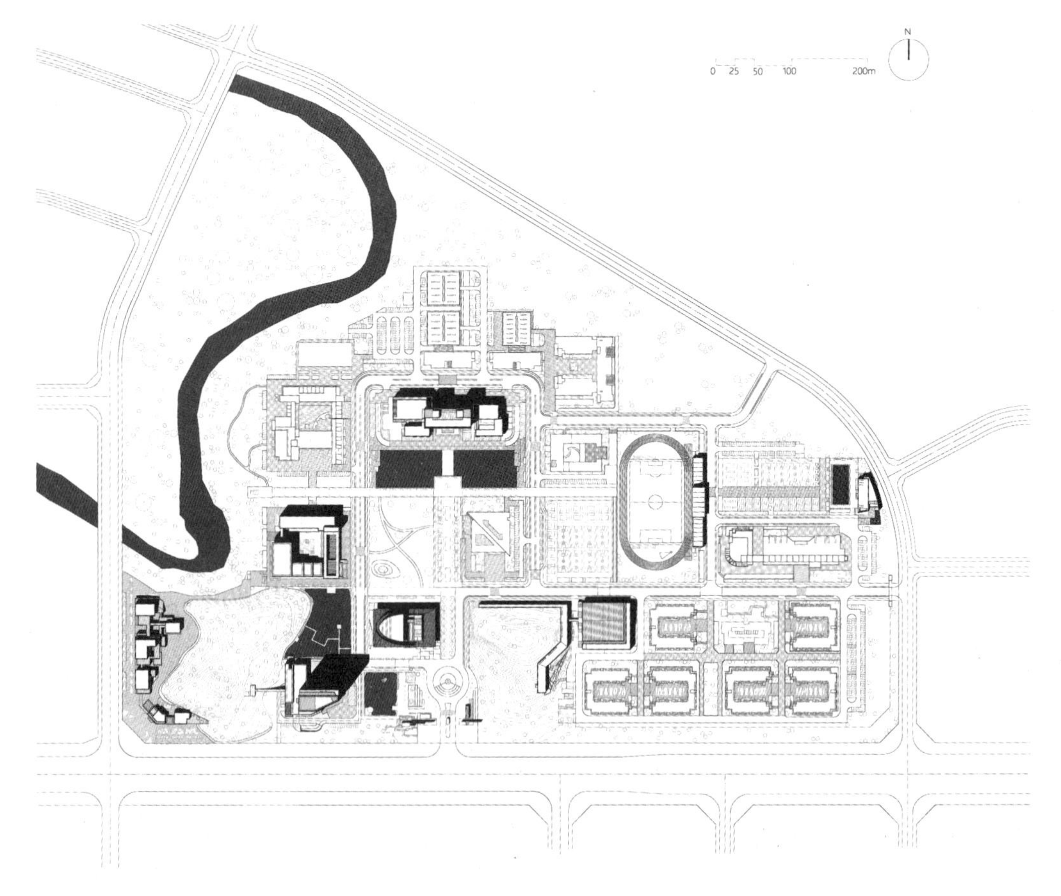

总平面图（带阴影部分建筑为新增）

原规划总平面图
深灰色为已建成建筑，浅灰色为未建成建筑

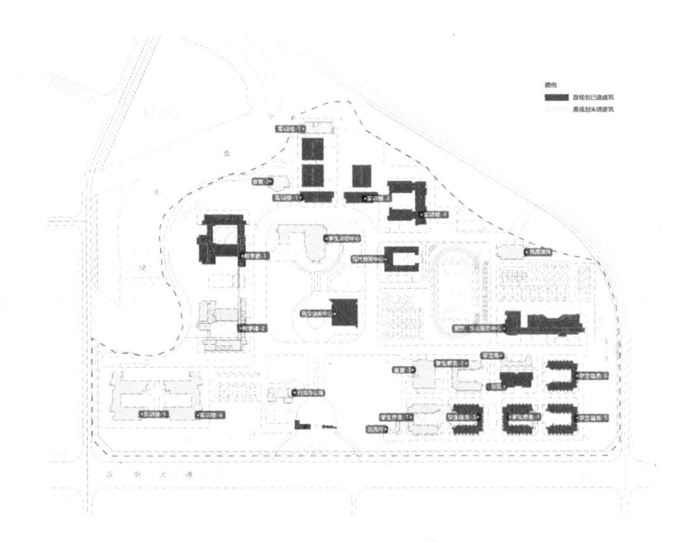

以“在地织补”为基本方向，在已建成校园的基础上，高度重视场地特征和环境资源，充分结合学校办学理念与目标，瞄准国内外高等教育发展趋势，采用了“调适、更新、整合、发展”基本原则，力争以生态策略激发校园活力，以空间秩序塑造弹性设计，创造新旧融合、开放多元、面向未来的校园空间：

1）调适——以与时俱进的发展思路，调整优化校园既有格局，以南北主轴线、东西次轴线两条轴线组织校园空间功能，重构校园秩序。现状校园机动车道尺度过大，人车混行矛盾重重，新规划缩减不必要的日常车行道，将校园日常车行道占地面积从9.3万平方米降低至3.9万平方米，显著扩大校园中心步行无车区范围。

2）更新——以“新旧共融”更新校园空间。新规划强调校园的历时整体性，尽力使新、旧建筑与环境空间相互衔接，焕发空间新活力，强化校前景观区对整体校园人文景观氛围的营造，增补了原设计任务书中并没有的小型艺术馆，以提升校园人文气息。

3）整合——“化零为整”，整合空间功能。通过优化校园内部交通结构，梳理交通网络，整合原本因道路切割而支离破碎的公共空间，在明确分区的同时增强不同功能区的相互渗透。尽力尊重原始地形，保留自然山丘，最大限度减少山体破坏。充分利用西侧城市河道景观，与校园内水景系统共同书写校园画卷。

4）发展——以“弹性可变”面对可持续发展要求，充分考虑未来的功能发展需求，结合校园景观设计，为校园未来的发展预留弹性空间；同时在建筑设计上尽可能使用标准化、通用化、模数化的方法设计内外空间，适应未来职业教育发展的不同需求。结合高职院校特点，将校园西南角创业基地作为学生实践的窗口面对城市完全开放，与城市滨河景观衔接一体。

建设地点：四川省内江市
设计时间：2018～2019年
建成时间：2021年
校园面积：830亩
建筑面积：27万平方米（校园总体，含已建建筑）
设计团队：褚冬竹、喻焰、薛凯、沈方圆、罗丹娜、陈熙、李超、蔡蕊、何瀚翔、邓宇文、顾明睿、阳蕊

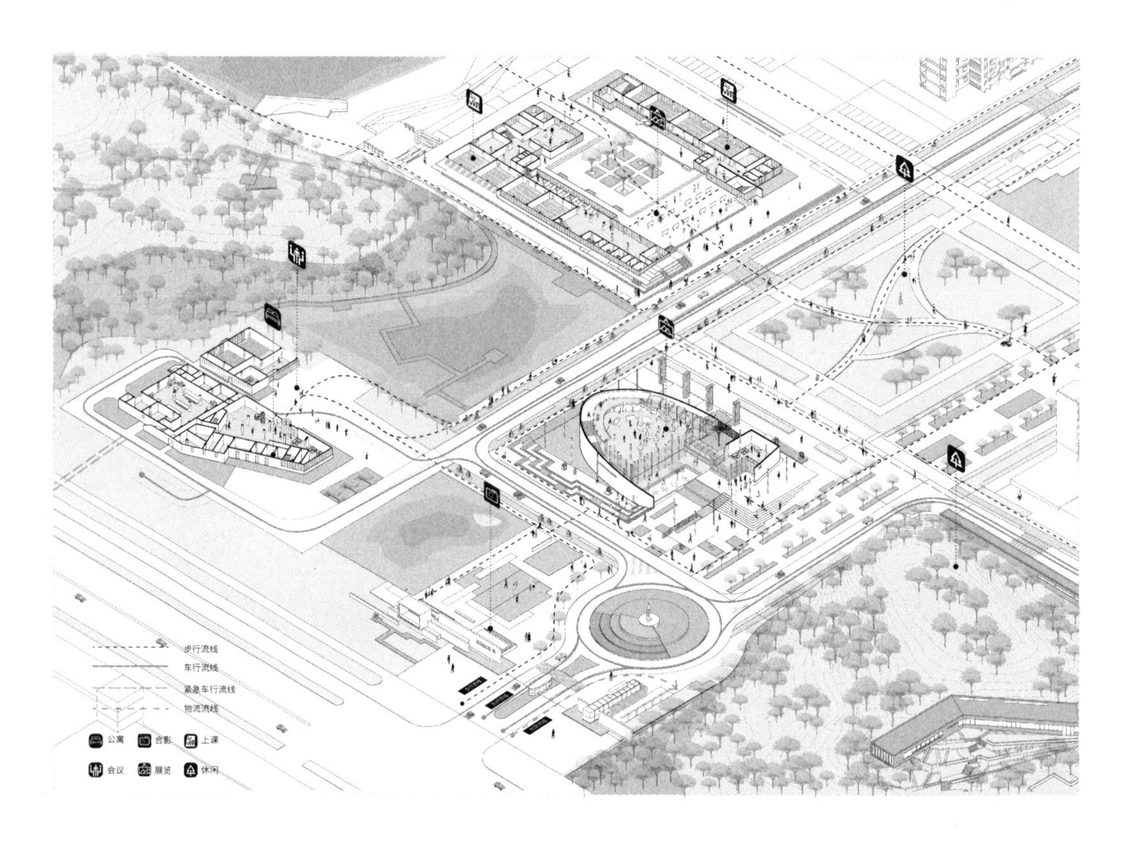
步行流线
车行流线
紧急车行流线
物流流线
公寓
合影
上课
会议
展览
休闲

艺术馆外观
教学楼外观

校园整体鸟瞰图

小城大学：川南幼儿师范高等专科学校（2012，2018）

川南幼儿师范高等专科学校位于四川省隆昌市（县级市，由内江市代管），是西南地区重要的学前教育师资培养培训基地，自1932年成立“隆昌县立乡村师范学校”起，已走过近90年办学历程。2012年起，学校经历了两次重要的建设机遇：第一次为旧址搬迁，在城市西郊新区建设了一所全新的校园，从城市中心狭窄拥挤的老校园搬出，办学条件得到极大提升，学校也成功由中专升级为高专；第二次为拓展扩建，紧邻一期校园，新增百亩用地，为后续发展补充更优质的硬件资源。我们有幸在两次建设工作中深度参与，先后承担了一期、二期的规划及建筑方案工作。两次设计如何一脉相承，整合关系，成为这个前后跨越7年的工作重点。

设计立足于“自然”“性格”“模式”“效率”与“限定”5个要素，捕获基地内可能被粗放型路网规划忽略的种种变化，尽量保留自然丘陵和主要树木，并将其作为空间生成的契机。由于该校采用封闭管理模式，且新区短期内难以形成有活力的城市氛围，校园空间本身的多样性、趣味性与适应性要求尤为突出。规划设计着力在空间组织上创造层次丰富、形式多样的交流、学习空间。

隆昌是著名的“中国石牌坊之乡”，城内拥有古石牌坊17座，2001年被列入第五批全国重点文物保护单位名单。当地政府期望这所隆昌唯一的高等院校能够适当体现地方特色文化。规划设计避免对古建筑的简单模仿，通过现代建筑语言转译，将古牌坊与抽象后的艺术连廊（“红廊”）结合，在校前区抽象形成礼仪性的二校门，有牌坊之空间特征。同时，红廊穿插游走于各教学区之间，成为贯穿教学区和校前区的纽带。一期工程于2014年建成后正式投入使用。与此同时，原“四川省隆昌幼儿师范学校”正式升级为“川南幼儿师范高等专科学校”。

一期投入使用数年后，学校得到迅速发展，办学规模逐步扩大，基础设施开始捉襟见肘。在各级政府的大力支持下，2018年初，紧邻一期用地东侧的100亩土地划拨给学校，作为扩建用地，用于建设新教学楼、体育中心、教师宿舍、师生餐厅以及示范性教学幼儿园。该用地范围内有较大高差，且在南侧有两座已关闭的天然气井，需按规定保持安全距离。

二期规划在一期校园基础上发展延伸，在“整合”“延续”“集约”的指导思想下展开设计。综合考虑与现有校园功能及城市的联系程度，二期规划将场地分为四个象限，分别对应4个不同功能区域——教学区、幼儿园教学示范区、文体活动区以及教师生活区。结合场地浅丘的现状，在南北两个区域之间利用场地高差布置“景观餐厅”分隔。餐厅为朝向西侧一期校园的

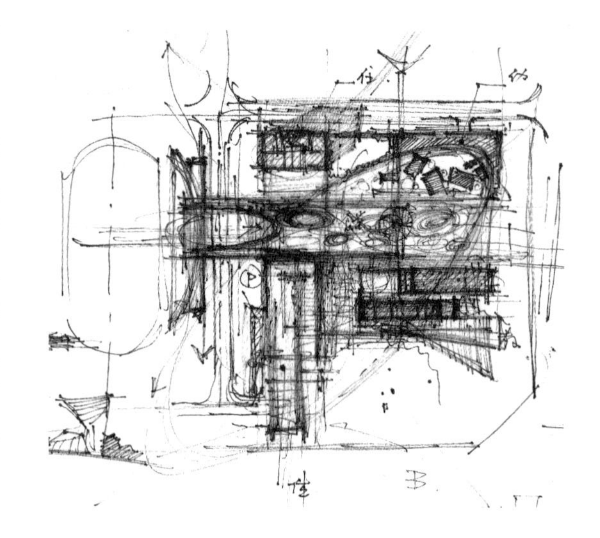

二期设计草图（褚冬竹）

一期校园实景鸟瞰（摄影：邓怀伍）
来源：川南幼儿师范高等专科学校提供

一期规划设计模型

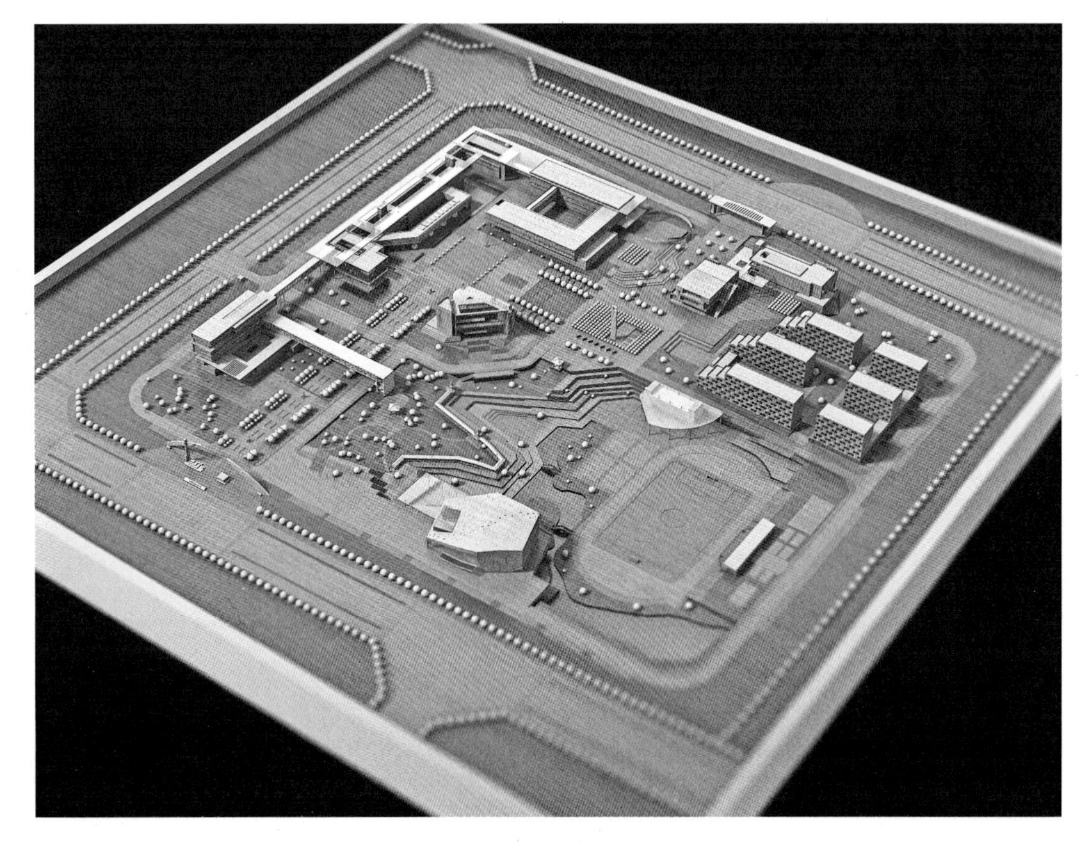

斜面休闲景观建筑，自西向东顺势起坡，为校园开辟出新的生态化文化休闲场所，延续了地面广场的活动空间，既满足师生休闲远眺，也降低校园密度感知。幼儿园位于用地东北角，以“纯净之眼”为题，将L形空间体量作为用地角部控制要素布置于其中，与其他空间适度分离。

一期校园中的特色“红廊”在二期中继续延续，并与一期对位呼应，以同样的形式对现有校园的体育场看台、扩建校园的新建体育中心、景观餐厅和综合教学楼进行一体化的形式和功能串联，使师生高频使用的空间产生更为积极的联系。连廊内部空间丰富多变，不仅实现了交通联系的基本功能，也容纳下体育、展示、交流、观景等功能，着力实现校园空间的多样性。

一期规划设计结束后，我曾写下：“作为隆昌新区建设的首个项目，目前场地四周的农家依然炊烟袅袅，日出而作，日落而息。未来数年，这里将迎来热火朝天的建设大军，城市化的快速列车将小城市不断载入更新更远的世界。在这个时期，需要的不仅是豪迈壮志的干劲，更需要对细微问题的审慎、冷静的思考。尊重每一方土地的特质，遵循每一个建筑的性格，作为建筑师、规划师，就能最大限度避免在这场宏大变革中犯下难以逆转的错误。因此，我们小心翼翼地，尝试用相对理性的视角对制约因素进行分析，以期获得更可信赖的结果。”

数年后，校园周边建筑已经陆续矗立，宽阔干道已四通八达，当年的隆昌县也于2017年撤县设市。在大多数城市基础硬件快速提升之后，文化精神内涵的自信与显现，或将成为下一阶段必须直面的问题。西部县级市发展高等教育是不易的，这也是我们对于川南幼专建设有着特别感情的原因。在同一校园的两次建设活动中，能够积极贡献我们的思考和探索，将前后不同时间的工作衔接起来，在一个较长的时间尺度中思考城市新区发展、校园文化与空间匹配、未来发展与传统精神、微地形与空间适应等议题，亦成为我们成长的一次难得机会。

建设地点：四川省隆昌市
设计时间：2012年（一期）；2018年（二期）
建成时间：2014年；2021年
用地面积：一期400亩；二期100亩
建筑面积：一期13.7万平方米；二期6.4万平方米
设计团队：褚冬竹、罗韧、张文青、童琳、魏书祥、Valeriy Myronenko、池磊、傅媛（一期）；
褚冬竹、喻焰、罗丹娜、沈方圆、陈熙、汪鑫乙、邓虹、薛凯、蔡蕊等（二期）

一、二期之间的对应关系
从二期地块西看一期校园

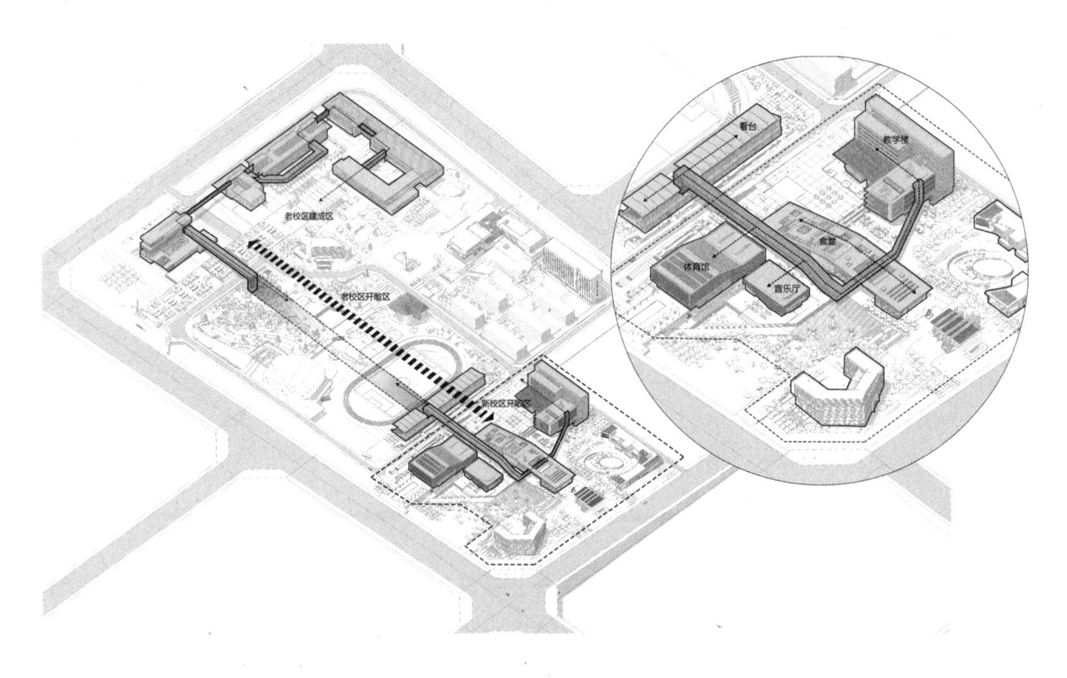

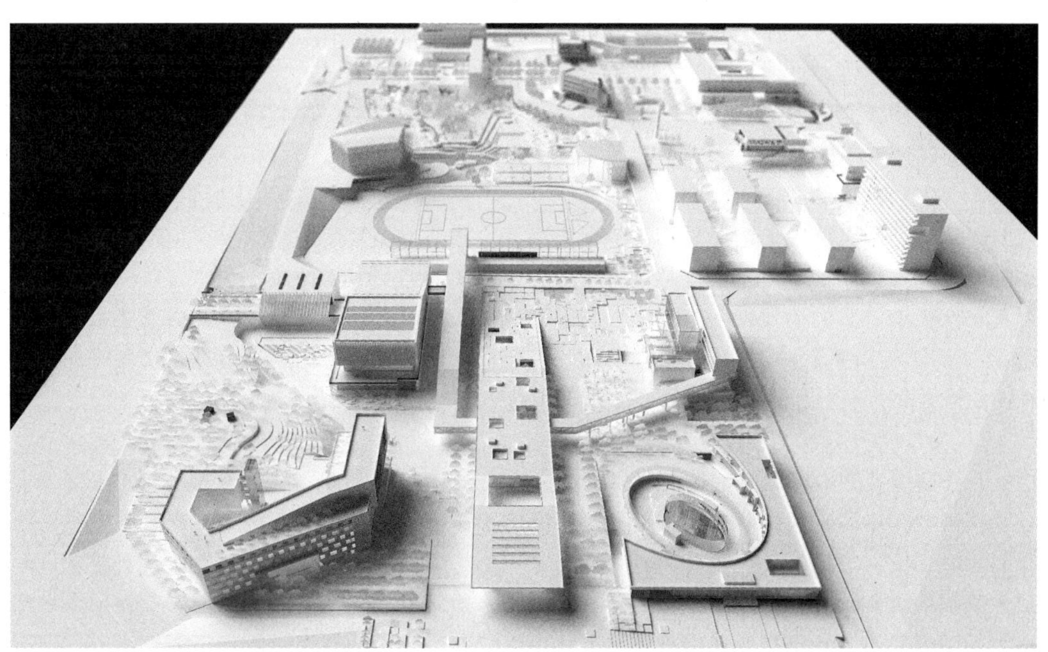

大城小学：
大坪、鹿山与龙兴（2016，2017，2019）

作为公共建筑类别中的重要组成部分，中小学校园尤其是小学校园及建筑，无论使用者的生理心理特征，还是建筑的使用方式、管理模式都与其他大部分公共建筑有着明显的不同。如何以恰当的建筑学方式去关注和应对孩童长达6年的成长与变化，显然是其他公共建筑不具有、也不必承担的责任。不仅如此，教育理念、管理方式、决策机制乃至造价投资，都可能成为影响建筑发展的重要因素。如何应对甚至影响教育模式与理念的变化，如何解析每个设计任务背后差别微妙的逻辑，成为实现设计创新时绕不开的关键问题。

笔者先后完成了重庆主城范围内的三所小学校（大坪小学、鹿山小学与龙兴小学）方案设计，虽因各种原因均未有机会实施，但由于所遇问题背景差异显著，无意间成了一组有趣的对比，可借此讨论小学校校园建筑设计中的不同可能性。

（1）竖向共生：大坪小学

大坪小学地处重庆渝中区高密度旧城区域，用地条件极其紧张，一个东西向非标准操场是全校唯一的集中开放空间。为适应未来发展，政府决定将北面紧邻小学的原某街道企业危旧厂房全部拆除，其用地（4000余平方米）纳入小学校扩建，用于建设教学楼。但限于渝中区用地紧张的现实，在此范围内还必须合建一座区级档案馆。

这是一个极不典型的任务，如何在用地高度紧张的条件下实现小学和档案馆两大功能的并置共生成为设计关注的首要问题。

同时，旧城的现实决定了这来之不易的新增用地也绝非方便好用。小学校园与原厂区虽直接贴邻，但两者在各自数十年的发展中并无实质联系，两块场地高差近14米，为一生硬陡坎，这是一个无法忽略的场地特征。另外，学校公共空间的缺乏，也在设计中成为重要的考虑因素。对于旧城校园而言，这样大规模的新建机会非常难得，校方的强烈诉求是使新增的教学楼面积最大化，至于开放的公共空间是否丰富，校方直言并不重点考虑。

因此，在高度紧张的用地中塑造“独立双功能建筑”，彻底消除流线上的互相干扰。在多次沟通并探索各种布局方式的基础上，最终选择教学楼在上、档案馆在下的竖向组合方案。将新建教学楼布置在靠近学校操场一侧，保持与原教学楼界面的连续性和统一性。针对小学活动场地紧缺的困境，利用底层架空，连通操场层和档案馆屋顶，在有限的场地内最大限度地创造地面活动空间。新建教学楼部分适当向南侧退让，有效缓解建筑对城市空间产生的压迫感的同时又可将档案馆屋顶用作学校的活动平台。

在操场下方形成地下体育活动场馆，整体下挖约13米，与档案馆背向而建，可作为篮球、羽毛球、乒乓球等体育活动场地使用，在有效利用地下空间的同时最大限度地降低了对教学楼的干扰。至此，一个以前没有先例的“综合体”嵌入旧城，期待完成它的使命。

三个小学选址相对关系示意

（2）学游小镇：鹿山小学

鹿山小学为60班完全小学新建校园，位于重庆市渝北区空港新城，东侧为城市主干道，南面邻近加油站及轨道交通10号线鹿山站，总用地面积近5公顷，内部北高南低、东高西低，最大高差约17米。与大坪小学校相比，鹿山小学校的用地资源多了许多。但面临新区尚未成熟的文化氛围、周围相对较快的车速、邻近加油站等消极因素，如何在尽可能消除不利影响的前提下创建校园特色，成为设计必须回答的基本问题。

大坪小学（下部浅色部分为档案馆）

设计不仅充分考量场地特征和环境资源，更结合儿童身心特征、教育发展趋势，在功能、空间、人文与生态等方面综合协同，创造以高质量教育为根本，以儿童心智体魄培育为核心的现代校园空间。设计以“学游小镇”为基本理念，围绕“弹性、生长、绿色、安全”四个重要目标，提出全方位设计策略并展开设计。

1）适应教育持续发展的弹性空间体系。首先建构出具有强烈公共参与性、景观标识性的“小镇中心”，作为校园文化建设和非正式空间育人的重要依托。通过三条“特色街道”将校园分为三个基本片区，同时形成两个特色鲜明的校园入口。

2）契合儿童身心特征的教育空间载体。灵活布置多样化的公共设施，形成以“小镇生活”为蓝本的校园环境。面对“小镇中心”，在建筑形体上形成层层跌落，并在组团端头点缀各具特色的五个功能体，利用高差营造合理架空层，尽力形成大量利于儿童活动的公共空间和社交空间。

3）绿色校园的自然—人文有机联系。利用场地自然高差形成基本的景观层次，结合屋顶绿地和活水景观，为儿童提供丰富多变的步行体验。设置天空农场，供师生劳作实践、触摸自然。充分利用自然采光通风，合理规避噪声、西晒等不利因素，深入挖掘被动式绿色策略，营造生机勃勃的绿色校园。

4）多层次、多维度的校园空间安全保障。利用北入口三角缓冲区设置二道校门，提高通行安全性。根据儿童心理与行为特点，结合建筑布置将疏散交通体系与日常交通体系可视化。餐厅屋顶采用内向斜面布置，混凝土外墙为防护结构，以应对加油站安全隐患。操场可作为防恐避险场所，充分考虑其与外界的联系。

校园设置了北入口和西入口，由此出发衍生出三条主要轴线——中央大街、艺体大街、智趣大街，将校园空间由西至东、由北向南划分为教学区、运动区。教学区与运动区之间为素质培养中心，一个心中的“小镇”便在纸上建成。

我们喜爱这个“小镇”，还为它建立了卡片和导览地图，希望这是一个能够陪伴孩子6年成长的家园。非常遗憾，这个专家组评审第一名的方案却没有打动最后的决策者。

鹿山小学总平面图

“学游小镇”信息卡

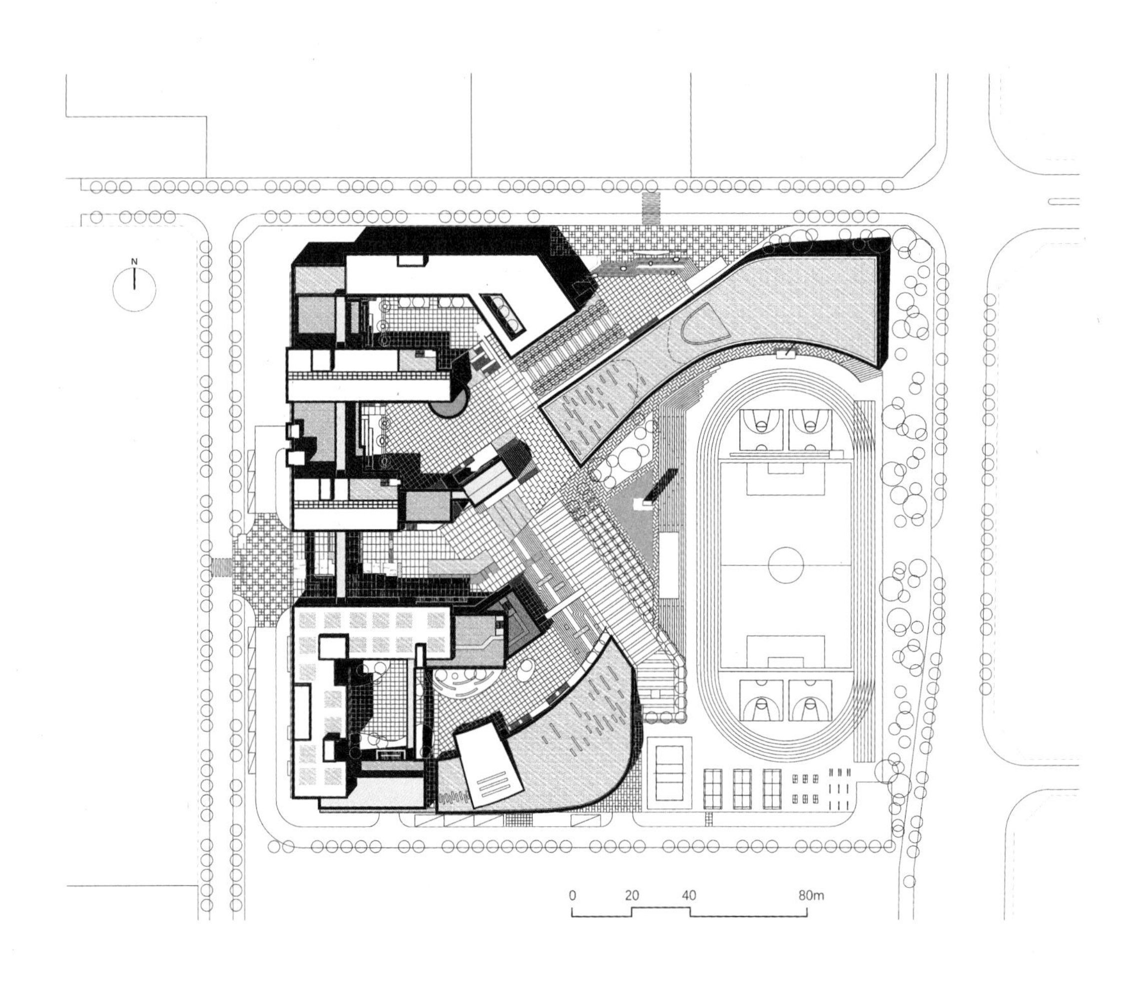

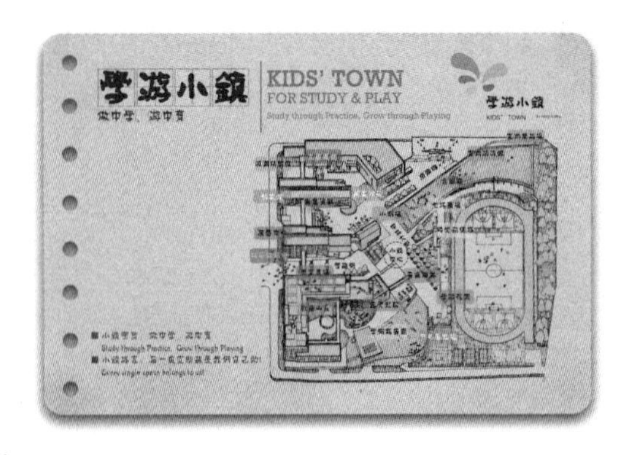

鹿山小学鸟瞰图
鹿山小学体量分析

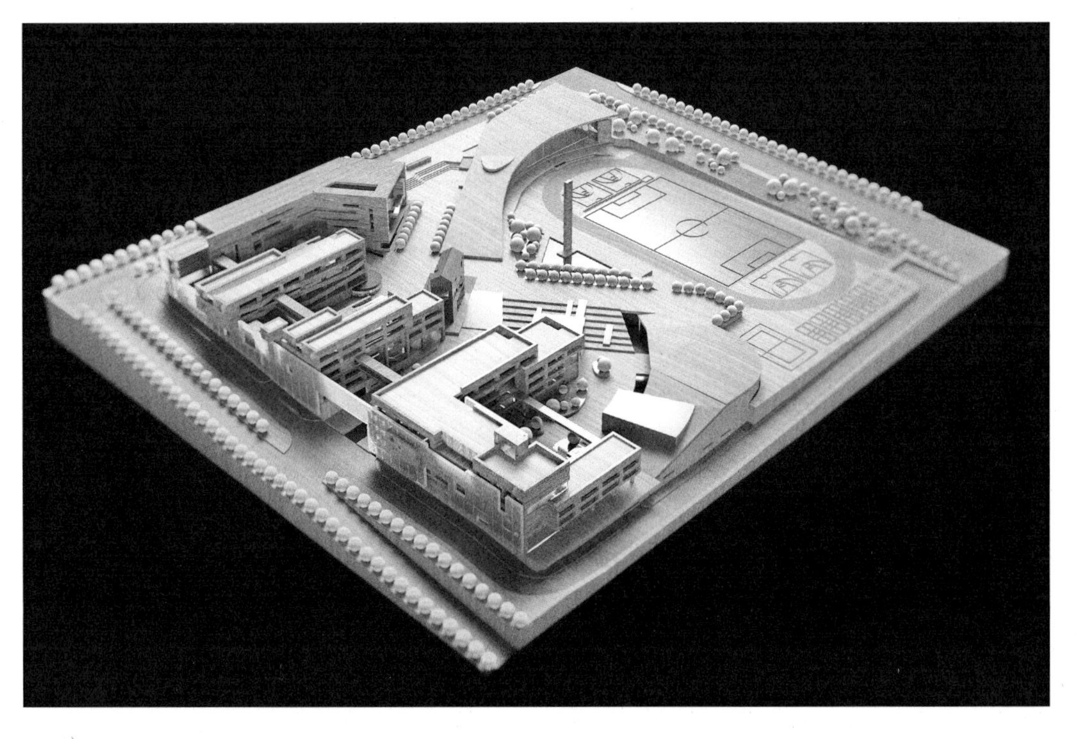

(3)山径趣园：龙兴小学

龙兴小学位于距城市中心更远，基础设施尚未完善的城市新区，拟建48班，用地面积约3.57公顷。场地四周环绕城市道路，西高东低，现状最大高差约24米。同样，我们希望这个校园也能够成为陪伴孩子成长的环境。设计初始，便有意将“校”与“园”分别解读，在“校园”一词中注入被隐藏的环境要素，把“Campus”和“Garden”作为设计推演的基本线索，“校”(Campus)乃教育载体，是教学责任；“园”(Garden)乃空间形态，是自然与人造的结合。教育思想和教学空间彼此塑造，人文与自然相互渗透，方能成就优秀的校园。为便于归纳记忆，进一步提出“PLUS”原则，即以“多元”(Pluralism)、“活力”(Live)、“连接”(Unite)、“共享”(Share)赋予空间之中，立足在地场所特质、结合发展动态展开设计。

每次设计，谈了太多希望和愿景。其实，每一次的希望背后其实是设计者不希望什么：

不希望孩子朝夕相处的环境呆板乏味；
不希望季节变换在校园里留不下痕迹；
不希望窗外只能看到平行复制的外墙；
不希望课间只能在单调走廊行走玩耍；
不希望孩子只能用一种方式奔跑嬉戏；
…………

大学之道，在明明德，在亲民，在止于至善[①]。而小学之道，大概在知春秋，识自然，学科学技艺，习修为举止；是由垂髫孩童至阳光少年，开启教育历程中的第一段航程。“少成若天性，习惯成自然。”[②]每个孩子都是与这个世界的不期而遇。在成长过程中的整整六年，他们将会与一个称作“小学”的空间共同度过。三个校园的设计时间，我的孩子也从5岁到了8岁。他成了我看待校园的小小透镜，令我获取到太多书本上无法呈现的知识。

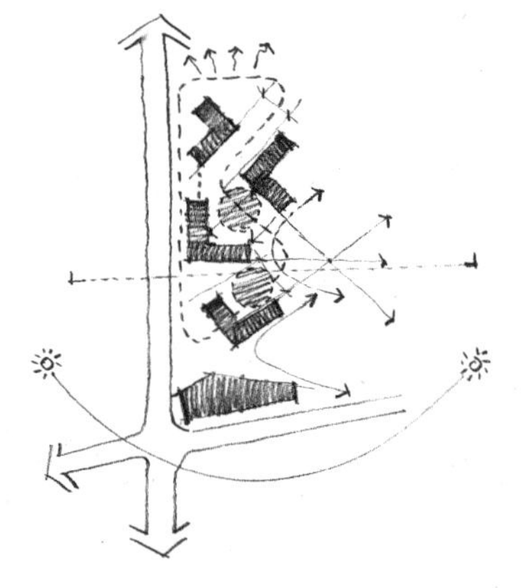

设计草图(褚冬竹)

小学校园空间，不仅为了满足教学活动，更是孩童的成长伴侣，以及他们记忆深处的印痕。“教师和书本不再是唯一的导师；手、眼睛、耳朵、实际上整个身体都成了知识的源泉。”[③]我们希望所有的校园都有“趣”，不仅是乐趣，更是志趣；志趣之上，便为志向与梦想。能够通过空间创建，表达我们对于孩童、教育及未来的立场，更表达对成长的敬意。

小学校园不仅担负着各类教育功能，更因其承担着孩童数年的成长与体验而变得不那么普通。建筑、环境、空间能

龙兴小学模型

龙兴小学效果图

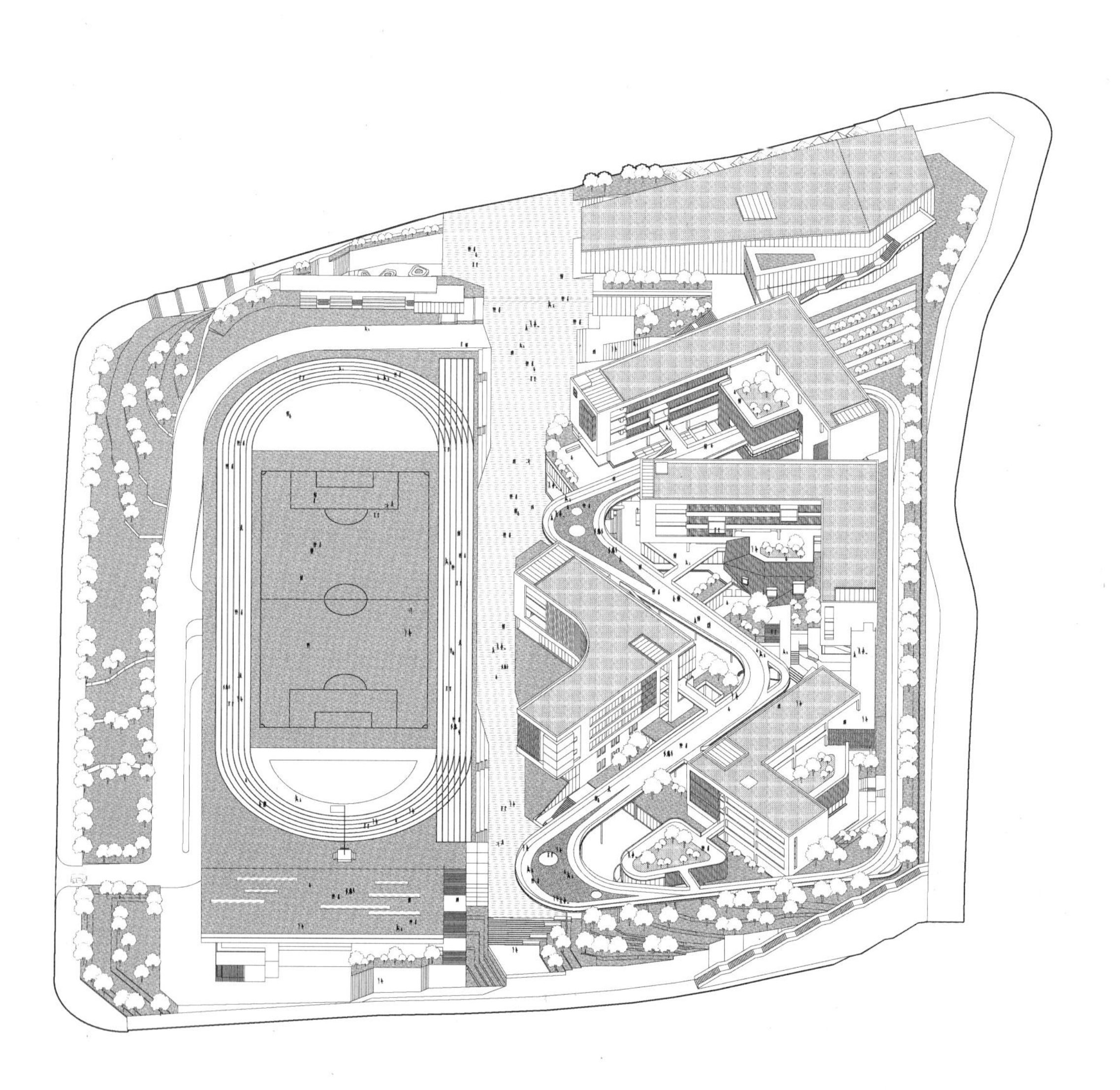

龙兴小学鸟瞰效果图

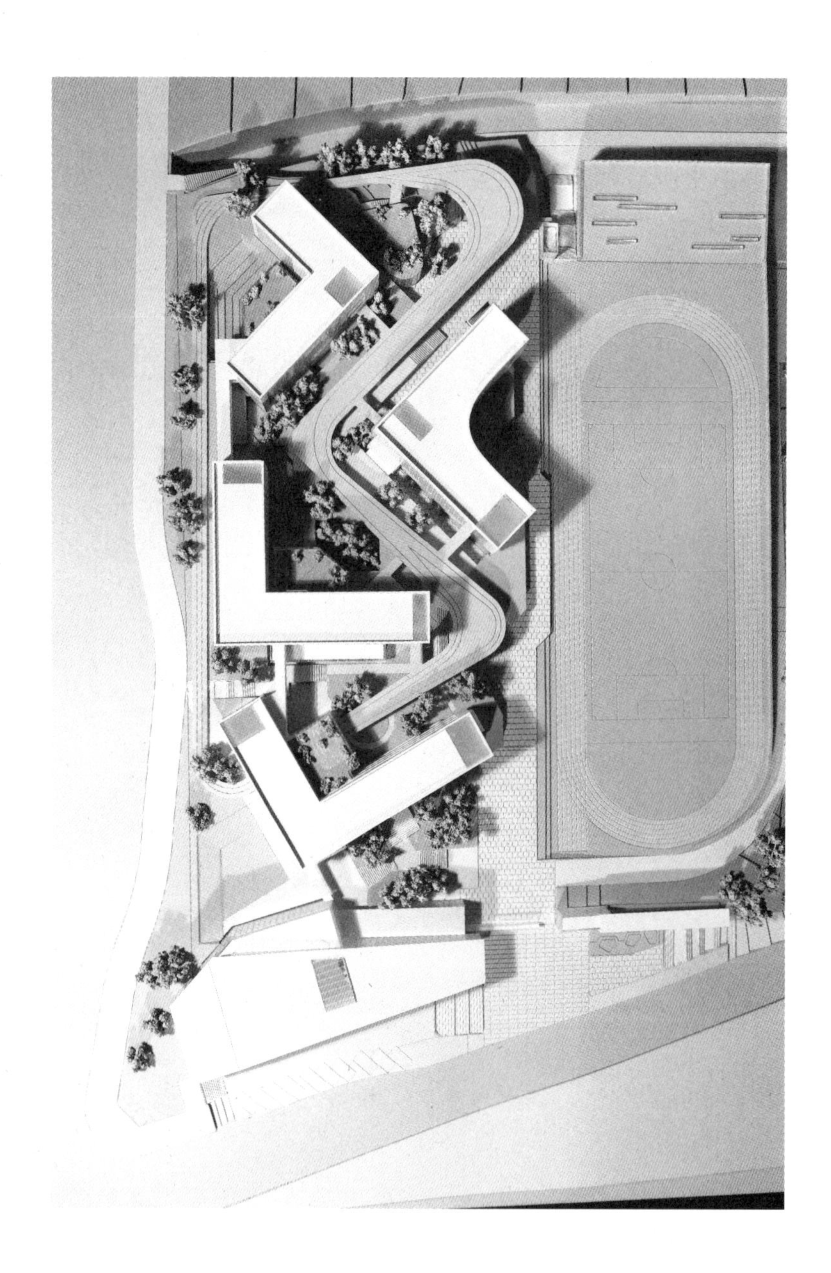

如此深刻地塑造人、影响人，其力量甚至超过了设计者的想象。赫曼·赫兹伯格（Herman Hertzberger）曾回忆他童年在阿姆斯特丹Montessori学校的个人记忆——宽大的教室里有几个小空间，有一处被孩子们称为“厨房”，在那里可以溅水取乐；还有一处被称为“静静的房间”，在那里有着舒适的长凳和窗帘。拉上窗帘，孩子们可以在里面读书、发呆。而空间、行为与感知，成为学校设计中自始至终关注与思考的焦点关系。但同为学校，不同区位特征和具体现实，构成了每次设计任务所面临的核心问题。

三次设计任务，三次问题应对，也是三次与理想的擦身而过。

“事不过三”，希望下一个理想能够真实矗立。

大坪小学
建设地点：重庆市渝中区
设计时间：2016年
用地面积：14766平方米
建筑面积：31282平方米（小学16774平方米，档案馆14508平方米）
设计团队：褚冬竹、曾渝京、王瑞、喻焰、颜家智、唐晓汐、辜峥嵘、王志飞、李奕阳等

鹿山小学
建设地点：重庆市渝北区
设计时间：2017年
用地面积：48388平方米
建筑面积：49950平方米
设计团队：褚冬竹、喻焰、王志飞、辜峥嵘、张大福、汪鑫乙、张叶青、姜黎明等

龙兴小学
建设地点：重庆市渝北区
设计时间：2019年
用地面积：35712平方米
建筑面积：33257平方米
设计团队：褚冬竹、喻焰、罗丹娜、邓宇文、沈方圆、薛凯、陈熙、李超、何瀚翔等

①《大学》(《礼记》，春秋末期）。
②《汉书·贾谊传》。
③ 约翰·杜威（John Dewey，1859~1952），美国著名哲学家、教育家。

空间的意义

寒冬暖意：
加拿大曼尼托巴水电集团办公楼（2005）

这个设计是本书中唯一我不是负责人，而是团队成员之一的工作，但由于它对我的建筑观念、工作方法及科研工作都起着重要作用，故将其作为一个有意义的节点将其收录。在KPMB建筑事务所工作期间，全程参与了“加拿大曼尼托巴水电集团办公楼设计”（Manitoba Hydro Place），体会到从前期策划到设计生成发展的全过程。当时，我也正在工作之余紧张撰写《开始设计》。研究与设计，几乎每天都同时冲击在脑海。

“场所—空间—形式”这一组基础关系是建筑设计生成的重要背景。不同地区的不同建筑形式、不同空间的处置方法通常来自对地区环境特殊需求的调节对策。该项目所处城市温尼泊（Winnipeg）虽不具备明显的形态地域特征，但其气候特征相当特殊。这里不仅是世界上冬季最寒冷的城市之一，也是温差最大的城市之一。它一年中的温差达到70℃，冬季的极端低温可以达到零下40℃并伴有强烈寒风，而夏季会超过30℃。同时，常年充足的南向风力和丰富的日照也是这个城市重要的气候特点之一。也正是由于气候原因，冬季城市中的很大部分生活时间都在室内进行。新建建筑不仅将承担预定的使用功能，也必须考虑城市公共活动的可能性和灵活性。温尼泊城市人口仅有60余万人，这座办公楼几乎将安置下整个城市人口的1/300。如果考虑可能穿行于建筑公共部分的庞大人数，这座建筑显然在很大程度上影响到温尼泊市中心的行为方式。如何让建筑为城市注入活力，良好引导大量人流的合理运动，显然是建筑师所必须思考的问题。

设计前期，业主曼尼托巴水电集团已针对该项目开展了详细的可持续问题研究，并在随之举行的国际设计竞标中明确了标准：节约能源、高效实用、形象鲜明、融于城市、造价控制。

作为设计的基础，首先是对建筑布局的思考。从总体上看，建筑基本上是由两大功能构成，即办公与商业。这幢大楼占据了一个完整的街区，其布局与体量关系严格依据日照方位分析得来。通过多方案的比较，最终确定了由东西两翼夹角形成的塔楼布局。建筑裙房共三层，主要功能由商业、办公门厅以及公共通道构成。由一层平面与周边环境的关系可以看出，这条由东北向西南的斜向通道，将底层建筑划分成两部分体量，这也成为底层空间最大的特点。这条通道有两个重要作用，首先是联系南北两条道路的人行捷径，形成具有城市特征的公共空间。另外，也为建筑生态意义提供了可能性，为后来进一步达到节能目标埋下伏笔。

在设计前期，不仅是建筑师需要对设计方向有高度战略性的判断，在可持续设计中，设备工程师在这一阶段的作用也积极的凸现出来。设计过程中，来自德国的气候生态合作团队Transsolar公司做出了一个关键的早期决策：将通风系统从空调系统中分离出来，在建筑中使用了3~6层高的前厅，作为新风与气候调节系统的一部分。建筑南中庭的一角里设置了聚酯薄膜系统，用于温度与湿度的控制。这样便将设备与空间艺术形象结合起来。

设计高度注重室内空气质量和自然光线的引入，做到了全天候的户外新鲜空气引入以及能够日照最大化的外墙系统。公共通道的第二个重要作用就是将南向的日照引入到北侧。这是一个非常重要的设计策略，由设计者充分分析温尼泊日照丰富但气温寒冷的特点后得出。因此，这条通道不仅考虑地面人行通行捷径，也研究了最佳日照的投射方位角，使得使用功能与节能目标相适应。

塔楼的两翼朝南向张开，有效地利用来自南方的风向和日照。南北向分别设置大小不同的中庭，用于引入日照、空气交换等。“阳光井道”位于建筑北主入口一侧，利用太阳能促使井道内新鲜空气的流动，使每层空间都可能在冬季引入新鲜空气。为了避免在主入口处形成强烈的风道效应，根据风压和风速设置了雨棚。

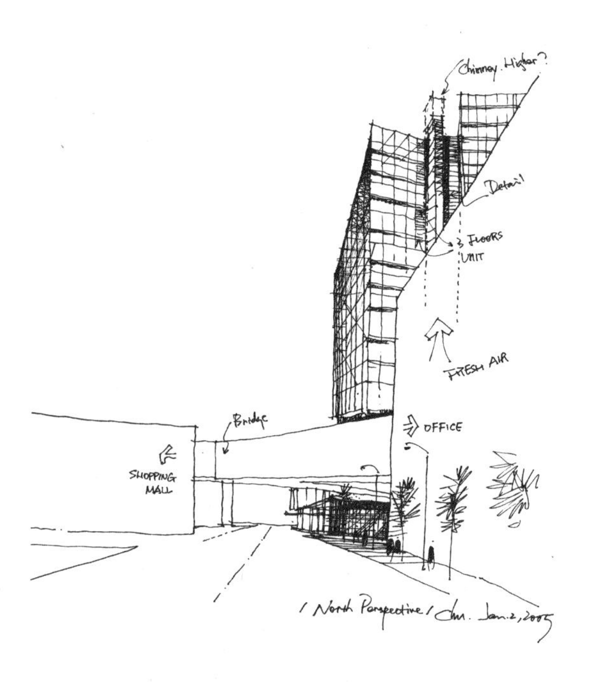

设计研究草图（褚冬竹，2005）

夏季首先通过南侧带内百页的玻璃幕墙控制进入建筑的热辐射，同时考虑在玻璃幕墙两侧设置引导新风进入的设备。在南侧中庭与楼层联系的地方，设置有水幕过滤系统，净化和加湿由此进入的新风。在建筑北侧设置阳光井道，通过顶部的太阳能动力装置，将新风从底层抽向上层，再通过各层的新风引入系统进入各楼层，同时通过埋在地下的热交换机为大楼制冷。冬季则通过调节玻璃幕墙内侧的机械式百页系统，控制对阳光的引入。通过阳光井道上部开口的闭合，将使用后的空气引向下流动，冬季通过热交换机将地下热储备释放为大楼供暖。

在塔楼的设计中，首先考虑两翼与城市之间的关系。利用两翼间的夹角形成共享的边庭，同时也形成舒展、亲和的办公大楼形象。在每个楼层的平面研究中，设计通过具体的实验，比如照度测试，目的在于研究内部办公桌面的自然采光是否符合标准，由此确定一个较为理想的办公进深（轴线间距离12米）。这个22层大楼犹如一个高层社区，将使用者有机地组织起来。根据公司本身的组织结构，合理设置中庭大小，将大楼划分为若干个“邻里单元”。在每一层约1800平方米的空间里，围绕着数个6层通高的中庭划分为若干更小的工作区域。这样的研究方法，充分体现了使用者的个性化需求，也必然能够更好地为其提供功能载体。

由于本身是能源类企业的自用办公，业主明确提出要建设高品质的、符合气候特征与使用要求的办公建筑，并鼓励建筑师创新地寻找解决问题的思路。与早期的设计模式相比，这个由多方构成的设计组不仅关注能源效率问题，还包含城市·建筑一体化、商业运作、城市生态、办公品质以及形态标志性，Transsolar起到了重要的作用。在具体的工作过程中，设计采用IDP（整合设计流程）设计模式①，涉及建筑平面功能、空间和造型设计、能耗、室内环境、建筑结构和构造等方面。

地域主义实践方式反对那种“放之四海而皆准”的国际风格，反对为最大限度地获得经济利润而机械地生产，反对大同式的世界建筑标准，要求强调对地区的不同性、多元文化、地区的地理、气候和材料的不同性的建筑设计的意义加以重视。这样的观念，我在与加拿大建筑师共事过程中深有体会。对地域主义研究也许不是每一个方案初始的出发点，但只要城市之间有着这样那样的差异，一个优秀的设计必然会在最终的结果中恰如其分地体现地域性的特征。

建筑地点：加拿大曼尼托巴省温尼泊市
设计时间：2004～2005年
建成时间：2008年
建筑面积：6.5万平方米

获奖信息：
2006 Canadian Architect Award of Excellence
2006 MIPIM Architectural Review Awards - Commended for Innovation
2009 Canadian Urban Institute Brownie Award
2009 Council for Tall Buildings and Urban Habitat (CTBUH) Best Tall Building Award - Americas
2010 Association of Consulting Engineering Companies, Canadian Consulting Engineering Award - Buildings
2010 Royal Architectural Institute of Canada, National Urban Design Award
2010 Sustainable Architecture & Building Magazine Award, Project Winner
2010 The American Institute of Architects-The Committee on the Environment, Top Ten Green Projects Award
2011 Royal Architectural Institute of Canada, Innovation in Architecture

设计团队：布鲁斯·桑原（Bruce Kuwabara）, Luigi LaRocca, John Peterson, Kael Opie, Lucy Timbers, Glenn MacMullin, Ramon Janer, Javier Uribe, Taymoore Balbaa, Steven Casey, Clementine Chang, 褚冬竹, Virginia Dos Reis, Andrew Dyke, Omar Gandhi, Bettina Herz, Eric Ho, Tanya Keigan, Steven Kopp, John Lee, Norm Li, Eric Johnson, Andrea Macaroun, Rob Micacchi, Lauren Poon, Rachel Stecker, Matt Storus, Richard Unterthiner, Dustin Valen, Francesco Valente-Gorjup, Marnie Williams, William Wilmotte, Paulo Zasso

---

① 可持续建筑的设计方法重在整合思维，研究相对领先的有加拿大“可持续性建成环境国际首创机构”（International Initiative for a Sustainable Built Environment，缩写为iiSBE）等，代表性人物有加拿大的尼尔斯·拉森（Nils Larsson）、丹尼尔·佩尔（Daniel Pearl）等。尼尔斯·拉森是加拿大知名建筑师，也是iiSBE的执行官。他在2000年左右提出了名为IDP（Integrated Design Process，即“整合设计流程”）的理念。与传统设计程序相比，IDP提出了一种不同的、有意识的通向可持续性建筑的道路。IDP将建筑的高性能作为设计评价标准，以建筑的长期使用状态为决策基础，关注环境、客户、效能，为可持续性建筑的设计与评估建立了一种整合的思路。这样的设计程序，事实上已经整合了评价体系于其中。2004年，蒙特利尔大学建筑系的丹尼尔·佩尔发表了《整体设计过程》（*an Integrated Design Process*）一文，详细阐述了IDP的特点与在设计实践和建筑教育中运用，探讨了在设计程序研究中IDP应用的可能性与可行性。

首层平面图

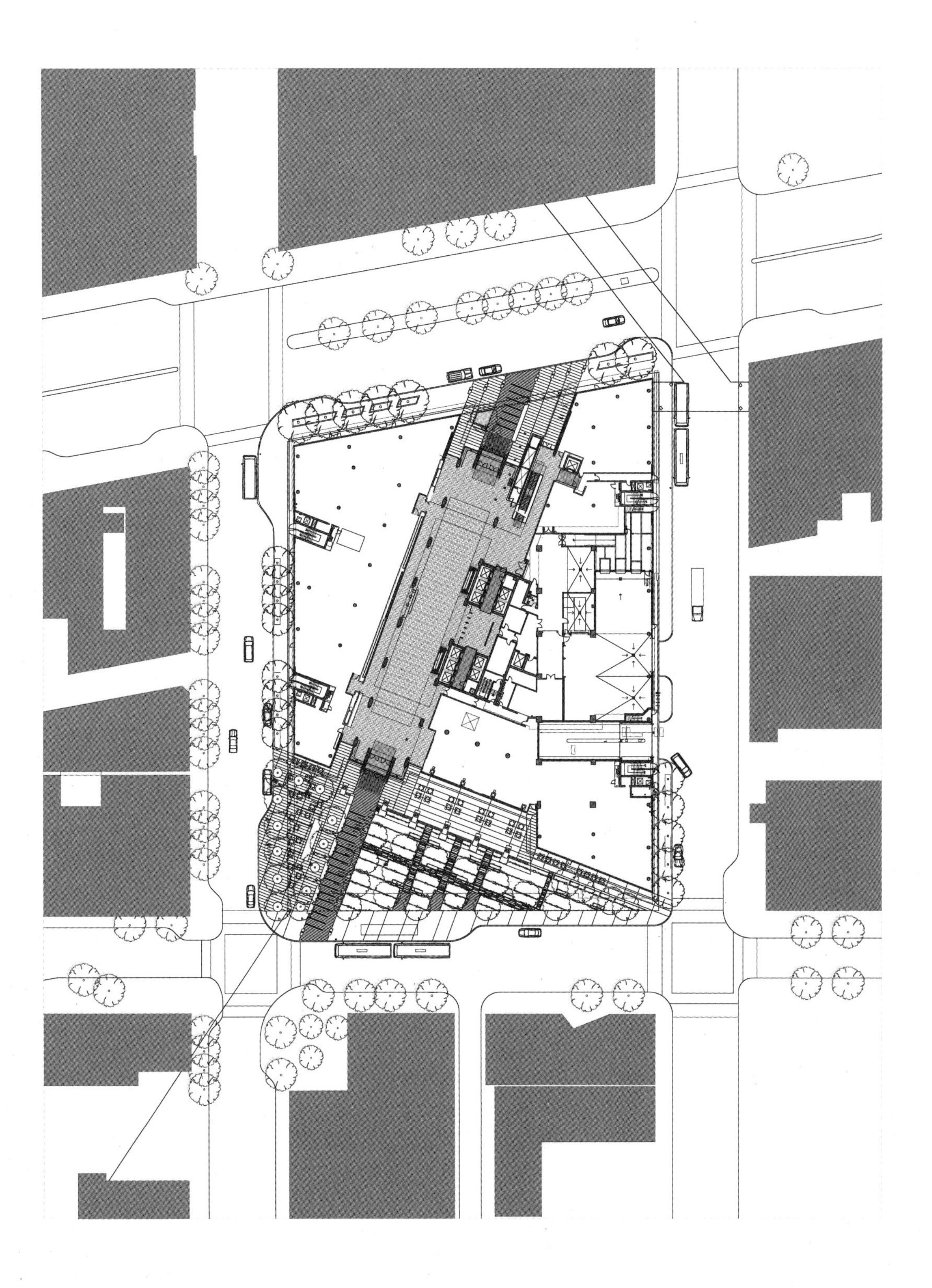

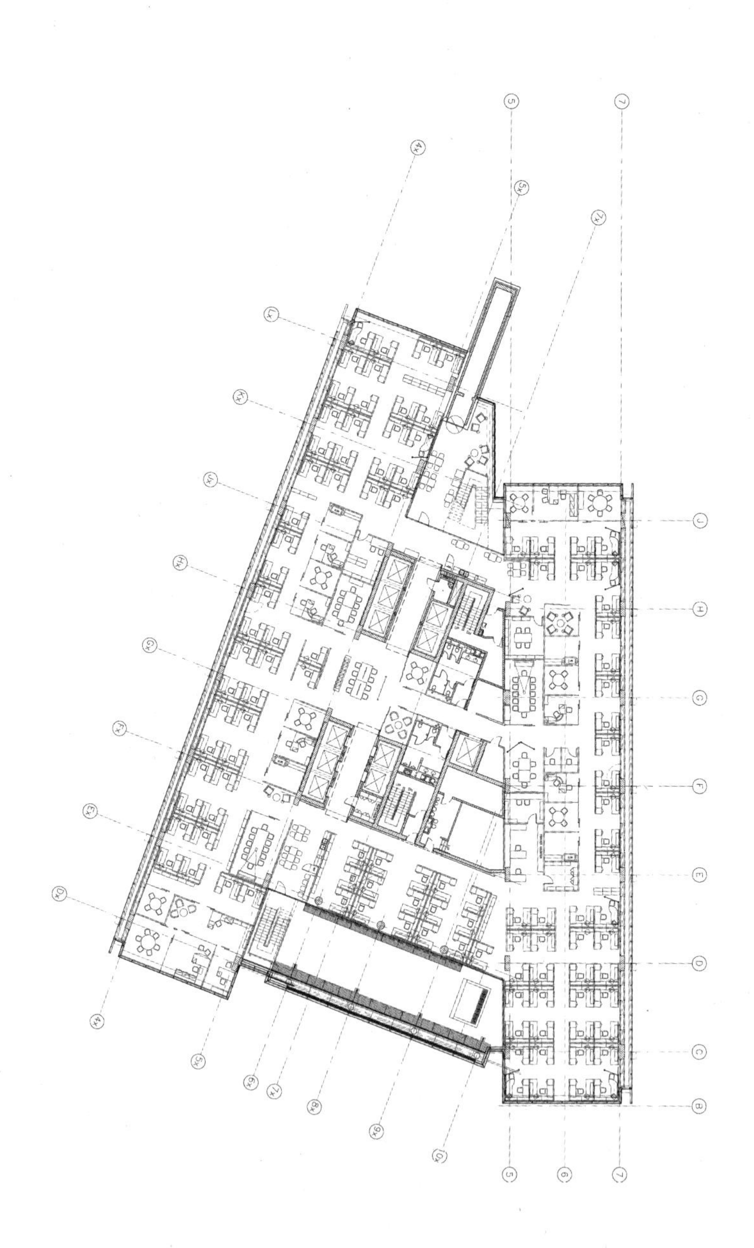
5
7
J
H
G
F
E
D
C
B
5
6
7

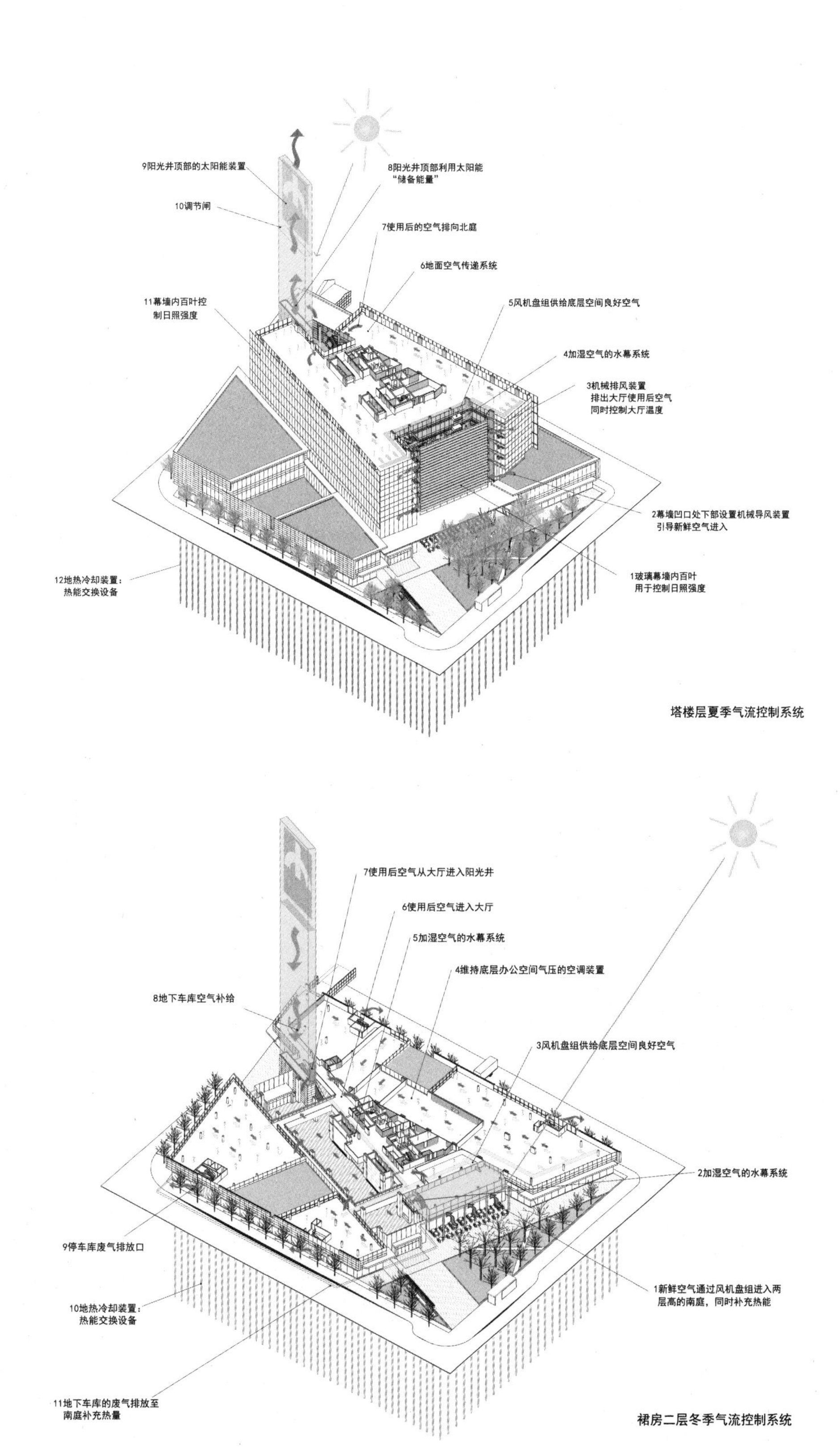

塔楼层夏季气流控制系统

裙房二层冬季气流控制系统

建筑外观（KPMB提供）

建筑室内（KPMB提供）

用激情致敬激情：816小镇军工陈列馆（2019）

这是一个用激情致敬激情的设计历程。

“一不怕苦，二不怕死。”
“一不为名，二不为利。”
“下定决心，不怕牺牲，排除万难，争取胜利。”
“一面学习，一面生产，克服困难，敌人丧胆。”
“要承认困难，分析困难，向困难作斗争。”
“亿万人民亿万兵，万里江山万里营。”
“只有人民才是历史进步的动力。”
…………

数年前，第一次走进崇山峻岭中这个代号“816”的神秘洞体，仰视那巨大空旷的反应堆大厅，我终于读懂了洞内墙上那些标语，那不仅仅是标语。

816工程位于重庆市涪陵区白涛镇，是继中国第一套核反应堆建设之后，1966年由周恩来总理亲自批准在我国西南腹地修建的第二个核原料工业基地，建设之初即被列为绝密级军事机密。为了隐蔽性及核反应降温需要的大量稳定水源保障，工程最终选址白涛镇。此地沟壑纵深的山地地形与茂密森林成为建设的天然掩护，乌江则为核原料生产提供优质水源保障。为了增加抗打击性，工程主体部分需在山体中开凿大量山洞，为核反应工程的安装提供空间。除山内洞体外，完整的816工程还包括周边多处配套生产与生活区。建设从1967年至1984年，共持续17年。整个工程洞体轴向总线长约20 余公里，山体内部共包括18个大型洞室，包括130多条道路、导洞、支洞、隧道及竖井，完全隐藏在山体内部，是世界现存最大的人工洞体。无论从工程量与技术难度看，该工程在当时的条件下，都是异常艰巨、难以想象的任务。

今天的白涛镇，清澈的乌江两岸依然苍翠。那场不见硝烟的冷战对峙似乎离我们已远，极不起眼的洞体入口已解密呈现[①]。行走在交错纵横的山体内部，忽而宽阔，忽而狭窄，整个山体里竟如同容下了一幢巨大的高层综合体，交通明晰、通风顺畅。我佩服的，不仅是战斗精神，更有创新。任何人定胜天的豪迈从起步开始，都源于勇气与创新。在山体内部建设军工基地，不仅是工程难题，更是科技挑战。从无到有，边学边做，当年的勇士们就这样隐姓埋名地完成了一次不可思议的“愚公掏山”。

20世纪80年代，国际局势相对平稳，美苏冷战趋于缓和。1984年国务院和中央军委正式决定816核工程停建。彼时，整体工程几近完成，总控室仪表已全部安装完成，洁净江水已引入洞内。大局已定，816工程停建，洞体封闭，相关生产配套转型为化肥生产厂。

时光变迁，产业转移，原生产生活配套区的土地、建筑、职工、居民如何再发展，成了当下现实而急迫的需求。为实现更为完整的产业支撑，围绕816工程周边的配套厂区、住宿区开始了新一轮转型。原816机修厂厂区（含职工生活区）片区改造是其中首要任务。机修厂原为816核军工洞体配套服务的机械制造厂，于1973年挂牌，1984年停止建设。为避免核辐射对工作人员身体的影响，在建设时特将机修厂及员工生活区域与816核工程分开布局，相距路程约7.7公里。今天的机修厂，环境优美，视线开阔，整个片区未来将会建设成为集主体教育、休闲旅游、创意设计、生态农业等多样业态于一体的远郊型文创小镇。军工陈列馆是其中主入口区域的核心内容，由纵横两个方向的数个厂房组成。整个片区改造和运营由民营资本注入，以“文旅结合、经济适宜、改造为主、弹性可变”作为基本建设原则，尽力在有限的条件下，以简明易做的方式实现全新的空间体验。

目前的建设场地适当远离816洞体本身，恰是个合适的隐喻。当年参与工作者的战斗激情，全部挥洒在那青山绿水之中，当走出大山，所有的情绪必须全部收藏于平静之中。即使有与家人见面的时候，对于所从事工作也绝不能提及。距离与控制，是纪律，更是高层级的感情。

于无声处听惊雷。观察、体验、测绘、讨论……整个设计过程充满着一种特别的兴奋与激情。站在场地边缘，看着远方连绵不绝的群山，我们希望此地的变化能够恰到好处。思考再三，以三个基本步骤展开了全部的设计：

第一步，转——改变和延长入口流线走向和序列。这是最为关键的一步，通过隔离、遮挡、引导，将原厂区流线进行转变。参观者不再从原入口进入，而是被引导至更远的厂区内部，再两次转折从新通道进入陈列馆中心空间，延长了参观者进入陈列馆前的流程时间，结合高差制造了由低到高、穿越洞体的空间体验。新混凝土墙体与旧青石厂房基座共同限定了前进通道，清水混凝土坡道拱廊则明确向那些深藏山体的万米洞体致敬。更重要的，拱廊遮挡住游人初进时上方视线，使其只能前行平视，等待走出拱廊后的那一刹反差。

第二步，消——去除被紧紧挤压在中心的厂房外墙和屋顶，仅留结构，拓展全新公共空间。由坡道拱廊出来进入中心公共空间后，狭窄压抑突然变得开敞，面前呈现的是主展馆正立面和两侧的厂房结构。反身回望，巨大的厂房山墙已经消除，透过厂房结构轮廓，眼前只有苍翠青山和悠悠白云。地面上，平静水面将眼前一切镜像复制，与粗糙朴拙的旧厂房并置。水池远端的保留大树成为视觉焦点，平和静谧。树根依然是那个位置，枝叶却常年吐新，继续念想着那些年、那些人、那些事。

第三步，隐——隐蔽是816工程建设的最大特征，无论是工程本身，还是参与的将领、战士、专家，是特殊环境下的特殊工作必然的自我保护。若干年后，当这片神秘之地向公众开放，在原本隔绝于世外的环境中涌入大量人群的时候，那份神秘感是否还能依稀感知？是否还需要依稀感知？在关

设计草图（褚冬竹）

键空间细节中，对于这份隐藏和神秘进行了反复思量，如1号主展馆入口处的门厅，选择球体作为嵌入建筑的转换节点，新植入的混凝土拱插入旧厂房外墙，一个球状空间将参观者路径转折进入，避免原厂房大门进入后的一览无余，形成新的入口视觉和听觉的体验。

博览建筑长期被视为“专业化、定义严格的文化展示机构”，但它并非僵化不变，“展品被抽离原始的时空背景及功用后，往往会被赋予新的意义，隐含不自觉的利益关系”②。博物馆其实是“有意建构的，用以向公众展现作品本身无法揭示的东西”③。建设意图、空间指向、引导方向，在这些层面上，博物馆（本项目最初定名为博物馆）显然具有了影响观展倾向的权

816小镇整体鸟瞰（摄影：如果视觉）

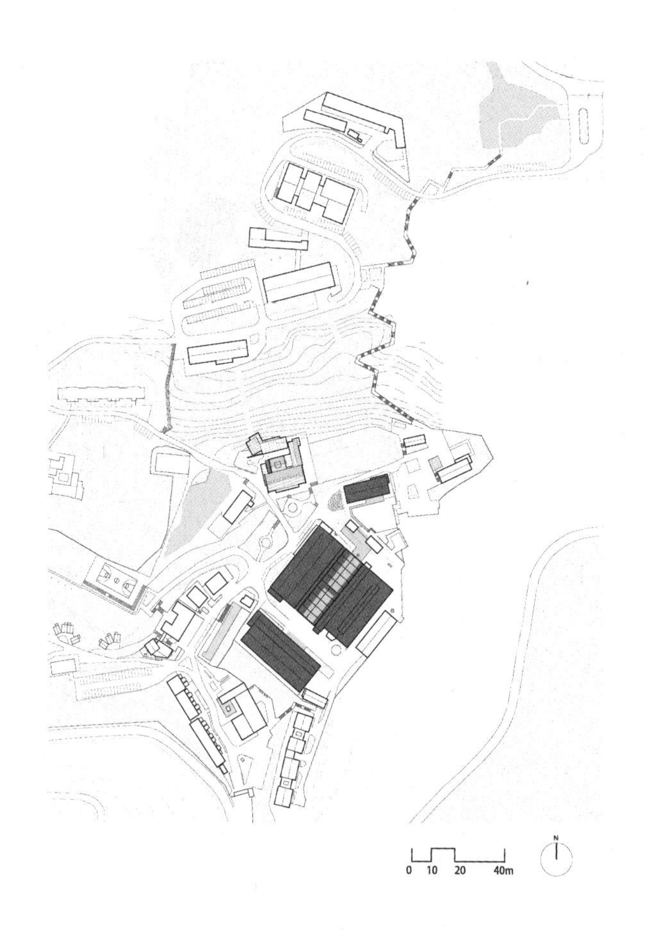

威性，无论是藏品形式、空间组合，还是动线序列、情景关系，博物馆一方面将本身即富有客观性的历史材料和视觉证据统筹起来；另一面，更将策展、导览等主观判断和价值观植入其中，构建态度明确的信息传递方式，最终实现建筑的意义。

体量模型渲染

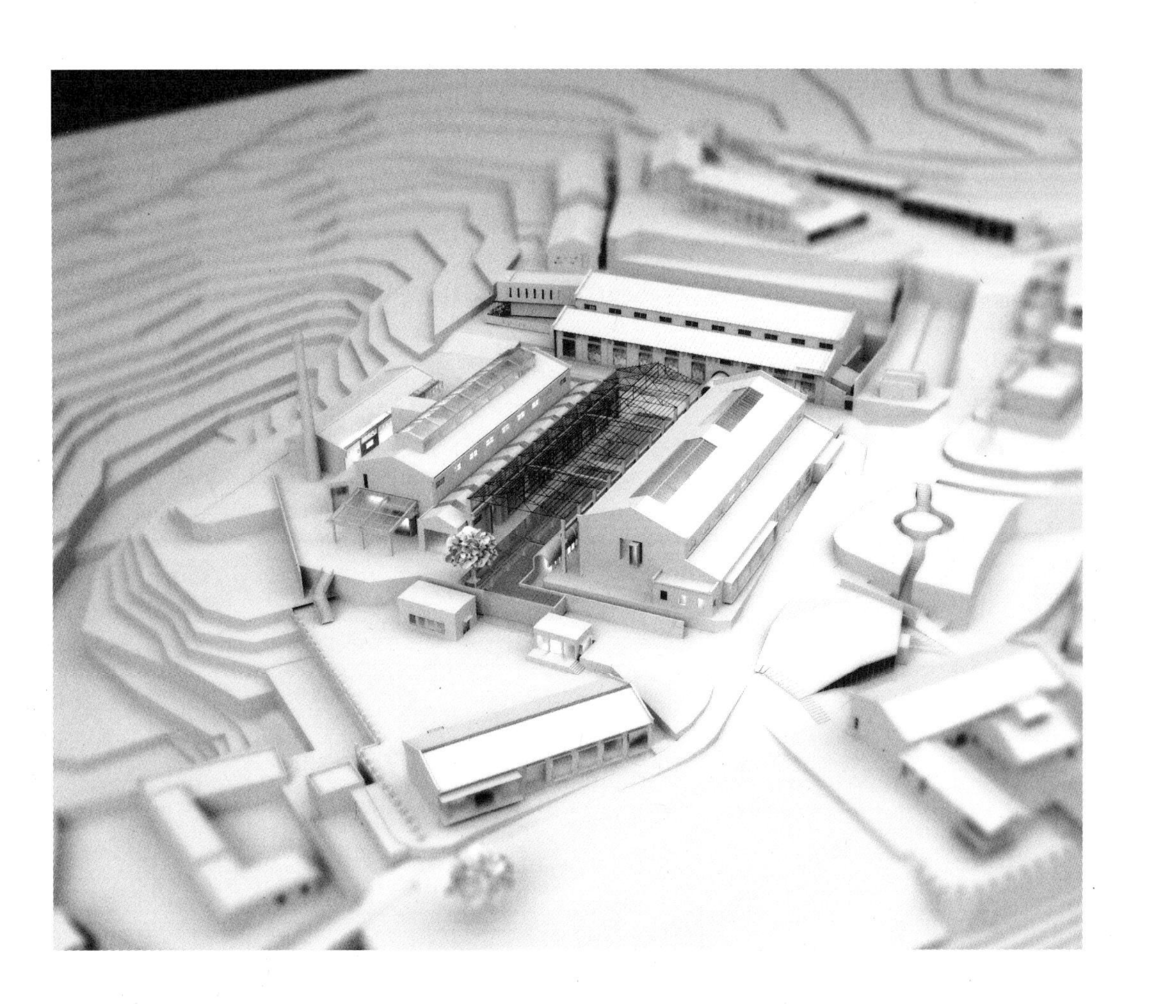

① 2002年4月，国防科工委下达对816工程的解密令。
② 徐玲，赵慧君. 真实与重构：博物馆展示本质的思考. 东南文化，2017（1）.
③［英］贝拉·迪克斯. 被展示的文化：当代“可参观性”的生产. 冯悦译. 北京：北京大学出版社，2012.
④《园冶》：兴造论。

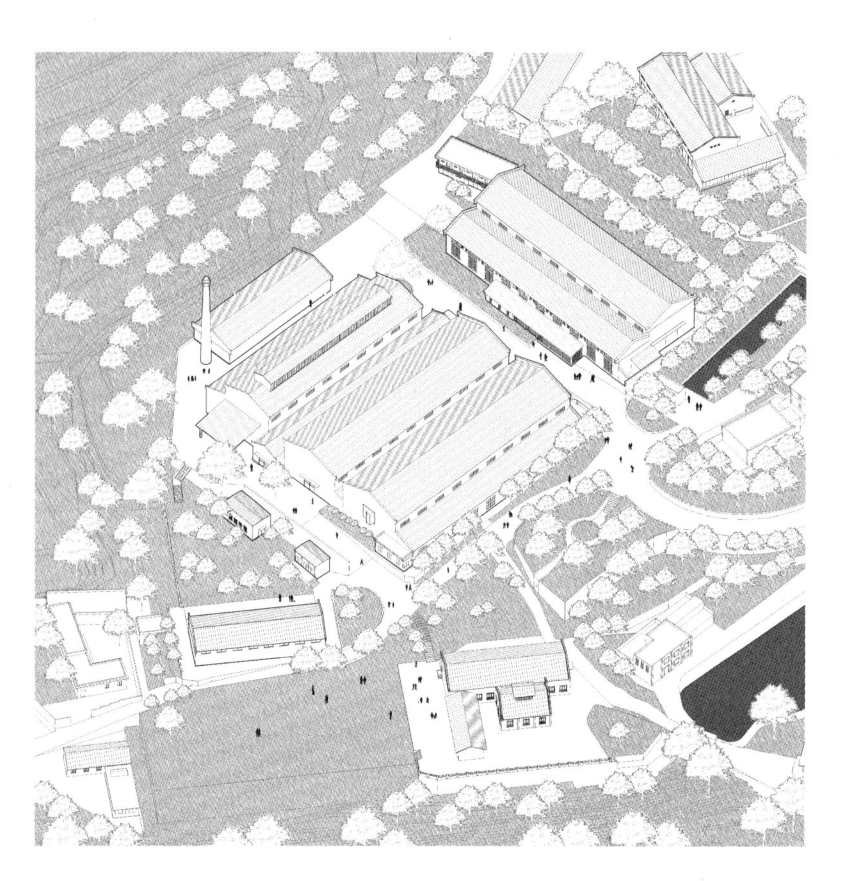

“园林巧于‘因’‘借’，精在‘体’‘宜’。”[④]面对这个试图与过去岁月对话的场所，设计中针对既有物质载体的改造量并不算大，而重点放在了与时间序列相关联的空间重组上，将观者与建筑的相遇过程理解为一次园林般的游历——不仅是藏品，更是空间和时间。那些早已陈旧的砖墙混凝土柱，正与室内藏品同样富有意义地真实存在着。这个陈列馆，将与周围其他建筑的蜕变升华一道，共同完成一次新空间、新场所的绽放，以纪念半个世纪前那个几近完成、但如今仅剩下空间本身的世界奇迹。

改造后

改造前后流线关系比较

剖面图

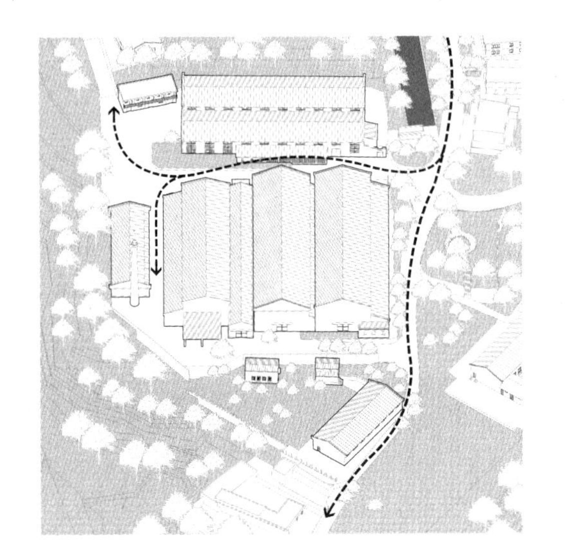

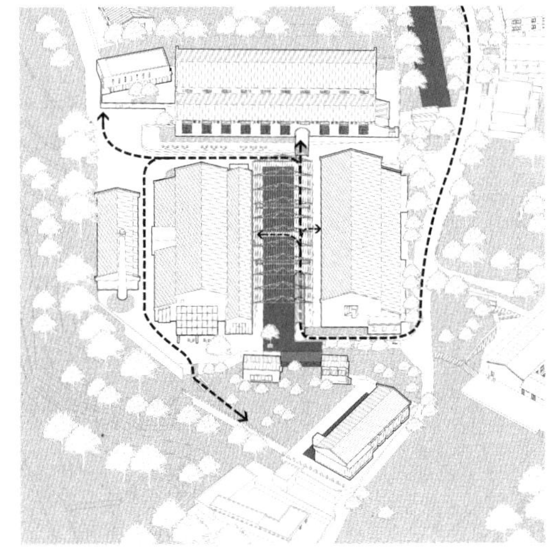

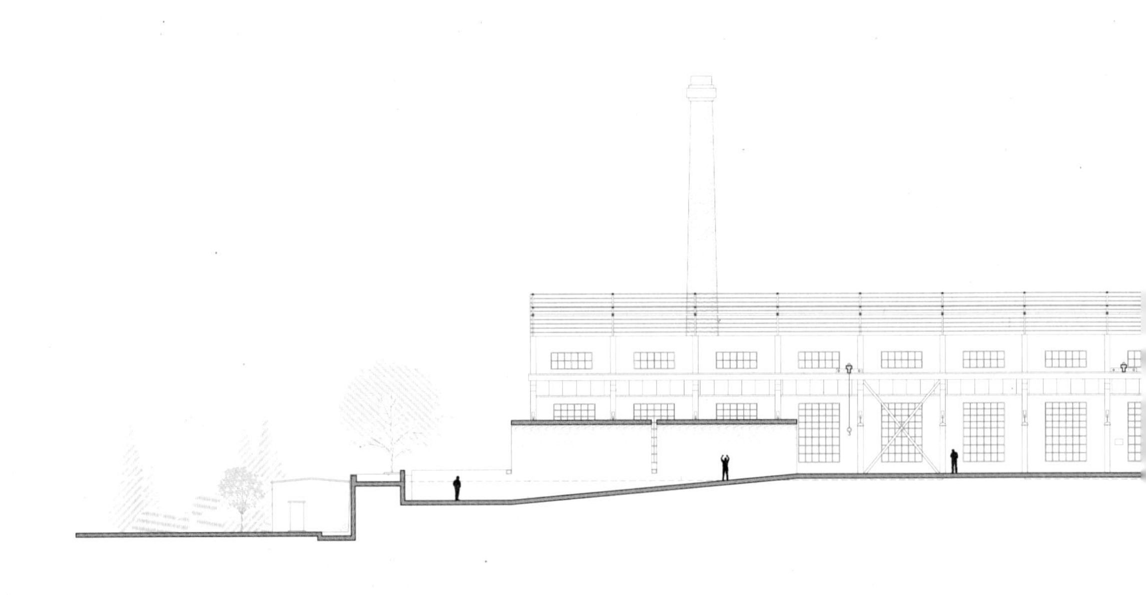

816
鼓足干劲
力争上游

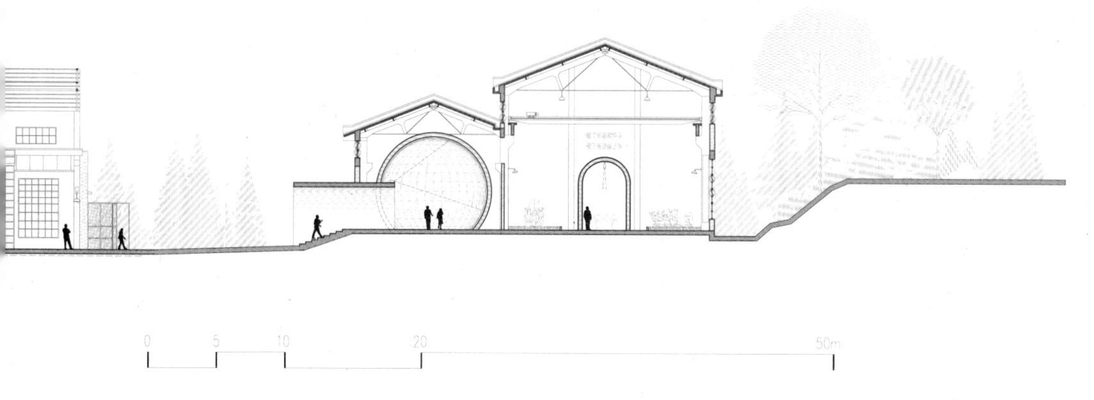
0
5
10
20
50m

建设地点：重庆市涪陵区白涛镇
设计时间：2019年
建成时间：2020年
建筑面积：5950平方米
设计团队：褚冬竹、李传波、罗丹娜、邓宇文、喻焰等

中心敞厅（摄影：如果视觉）

1：50的静默对话：湖北秭归茅坪游轮母港换乘中心（2018）

这是三峡旅游的重要起（终）点客运港，距离三峡大坝不到4公里。按照相关要求，这个建筑必须塑造出与三峡及三峡大坝相契合的空间形象，体现独特建筑个性。于是，这个沿江面总长不足60米的建筑，要与全长3.3公里的三峡大坝展开一场悬殊的“对话”。因此，它不仅是一个交通建筑，也是景观建筑、文化建筑，需要充分考虑在各个视角呈现的标志性特征，设计拟以异质形态，将其从周边环境及城市背景建筑中脱离出来，成为秭归的新城市门户。

面对三峡大坝这个大型工程，不仅要充分考虑场地特征及环境资源，更需要结合旅游客运承载效率与安全，在形式、空间、流线与人文等方面综合协同，为秭归的旅游客运、文化意蕴以及滨水景观带来高效与活力。三峡既是一座天然地质博物馆，也是一座奇石的艺术宫殿。形态取于倚江而立的三峡磐石，将“磐石”转译为形式语言，以自然之石面对人工巨构，鲜明对比的同时构成另一种均衡与协调。同时，建筑内部空间沿中轴线贯穿通高，营造峡江两岸，高山平湖的空间意境——以人的空间体验，回应了自然景观的特征。

不清楚有多少主管领导曾给建筑师提出这样的要求——把某个建筑建成本地的“悉尼歌剧院”。领导的愿望是真切的，在经济实力和文化自信仍在上升期的中国，孕育优质当代建筑的土壤也正在逐步成熟中，要快速形成城市亮点，提升城市品牌，悉尼歌剧院作为世界知名的标志符号，几乎是大部分人能够说得出的悉尼甚至是澳洲唯一的建筑，当然也成为大部分人心目中的优质标杆和品牌捷径，但这对建筑师而言却是个双刃剑。承担标志性建筑设计的机会当然千载难逢，但对标志性的过度热情往往带来更为生猛的形式操作，将问题快速转移到形式尤其是外观上，却易忽略建筑与城市、环境、历史的有机联系和必要的逻辑推演，甚至可能以牺牲其他方面为代价来获得一个过目不忘的形式。因此，这次设计便是在标志性形象创造和地域文脉之间反复打磨推敲的学习过程，也是不断在奔放与约束之间碰撞的过程。作为一次探索性的答卷，我们小心翼翼地把它放在了水边。我们期待，与三峡大坝相比，这个微型“地标”将以1：50的悬殊比例，完成一次隔水相望的静默对话。

建设地点：湖北省秭归县
设计时间：2018年
建成时间：2021年
建筑面积：6324平方米
获奖信息：2019World Architecture News Awards（WAN）银奖；
2019 Architizer A+ Awards提名奖
设计团队：褚冬竹、颜家智、姜黎明、张大福等；梁路、周桦、史红梅、王七林、龙莉萍、潘芸芸、廖了、张林等（施工图）

设计草图（褚冬竹）

首层平面图

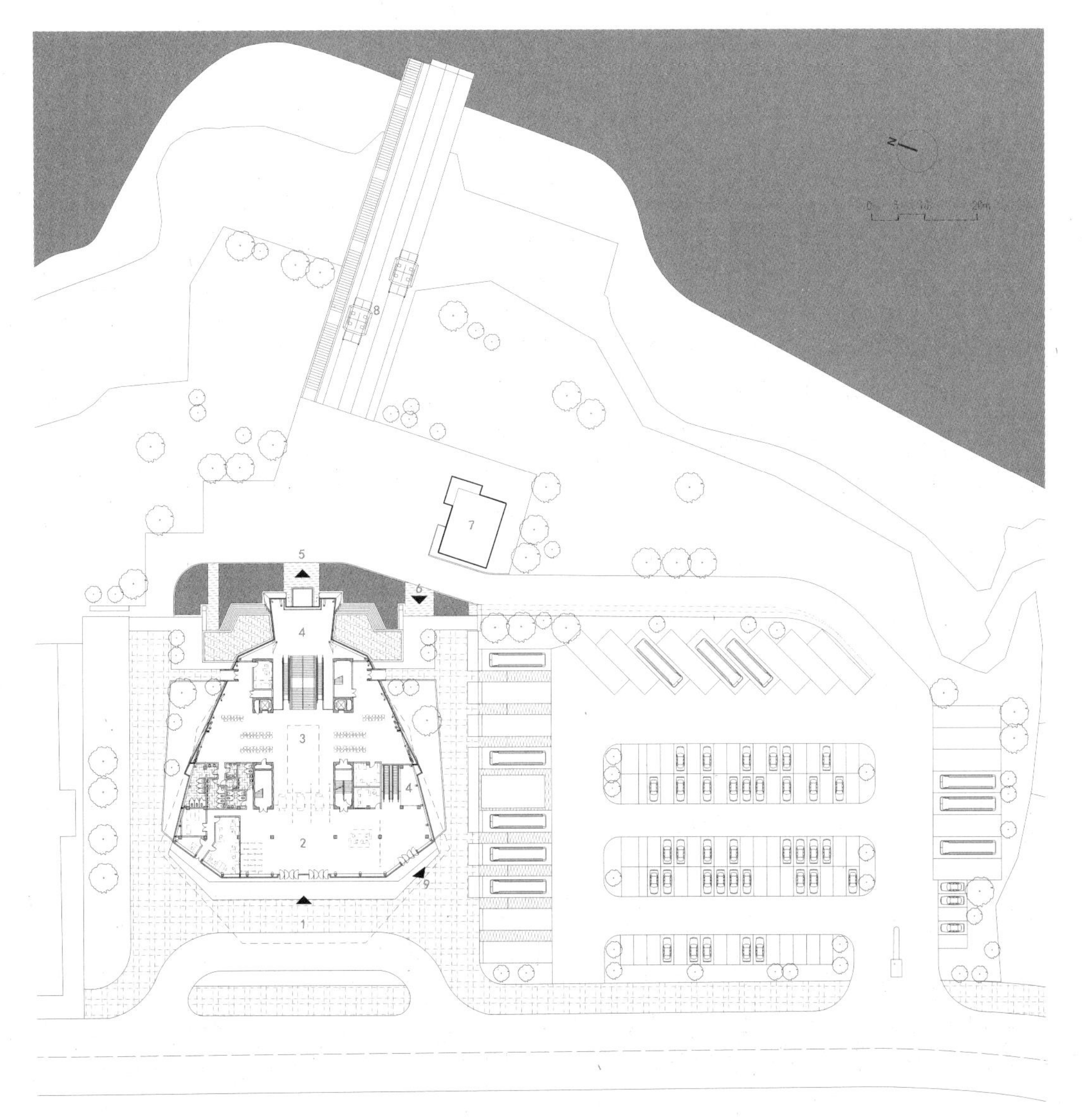

1 主入口　　4 上空区域　　7 缆车控制机房（既有）
2 入口大厅　5 出发口　　　8 缆车轨道
3 候船大厅　6 到达入口　　9 到达出口

临江正面透视图

滨江透视图

剖面模型研究

故土与新园：湖北三峡移民博物馆（2020）

2002年3月24日14时30分，长江三峡工程库区首座完成整体搬迁的县城——湖北省宜昌市秭归县老县城（归州镇），成功进行了二期移民清库第一次拆除爆破，这是当时三峡库区135米水位以下进行的最大规模拆除爆破。三峡水库从2003年开始下闸蓄水到海拔135米高程，秭归县归州镇成为最先被淹没的县城。从1992年开始，秭归县城由归州迁往茅坪，直至1998年秭归、兴山、巴东三座县城完成整体搬迁。为留存这一段中国三峡建设历史上的重要事件，纪念那些为支持国家建设而离土离乡的牺牲精神，展示当代湖北移民建设新风貌，湖北三峡移民博物馆建设正式启动。秭归县为博物馆建设提供了最佳场所——滨湖路北侧木鱼岛相接位置，可直接眺望三峡大坝。

故土与新园，是整个三峡移民中的一对根本关系。百姓离开栖居千年的家乡故土，在异乡新园扎根发展。设计首先要做的，是通过空间流动来展示这一事件，于是建筑由中轴分开，分别赋予“故土”和“新园”的含义。

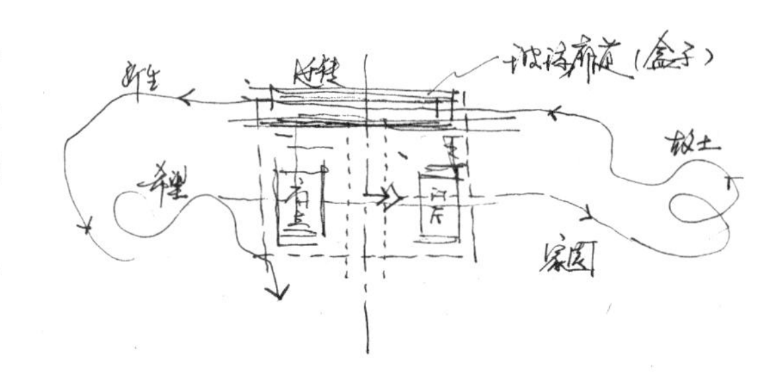

设计草图（褚冬竹）

有着1700多年历史的三峡库首第一县——秭归是屈原的故乡。峡江楚韵、诗墨传香，大山大水孕育了秭归悠久的历史与深厚的文化。千年前，屈子于扬子江畔，留下“四方之门，其谁从焉？”的历史追问，“门”对于秭归的意义，仿佛从此便开始了。“孤城更喜天门辟，举首常瞻叔度名。”我们希望通过博物馆的创建来塑造一道“三峡之门”，连接历史，启迪新生。

整体布局呈中轴对称，轴线延伸，遥指归州老城，面对三峡大坝。进一步将建筑体量与布局化整为零，分解为左右两个散落的组团，分别对应着故土与新园。左右组团由玻璃廊道连接，象征迁徙之路，重现三峡移民事件的行为特征与空间情感。迁徙之廊是展览流线中的必经之路。阳光倾泻而下，指引着参观者从水下故土走向希望。

面对任务，设计主动采用了向两极分离的策略——一方面强化建筑形体、空间、材质的现代性，不做简单形式模仿，与其他历史遗迹风貌适度拉开距离，以准确应对并暗示三峡移民这一当代事件；另一方面，则在轴线尽头隐喻嵌入了一个虚空的“巴楚大殿”，避开对传统构件与形式的简单描摹，而用现代建筑本身的层叠、遮挡形成了一种若有若无、若似不似的空间剪影，以呼应这座历史久远但同时拥有三峡大坝这个现代巨构的江畔名城，同时也化解了古建形式多样、难以僵化参照的无奈。意味深长的是，秭归在战国后期称为“归乡”，似乎早在2000多年前就注定了有一场远离家园的思念。因此，在博物馆流线尾端，一个名为“归园”的小型楚风园林被嵌入建筑，寓意等待那些已在异地落地生根的移民及他们的后代能够再访故里，沉思寻根。

对于我，这个设计的意义还在于放下某种习惯，触发了对文化思考的另一层起步。

建筑区位（含游轮母港换乘中心）

轴线对应关系

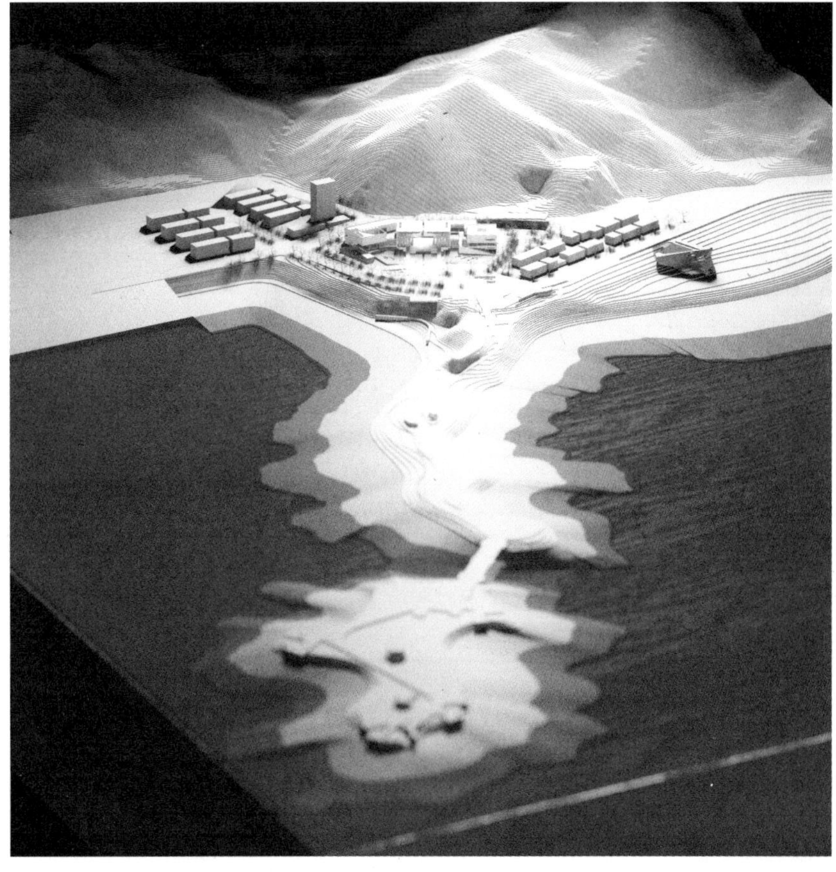

首层平面图

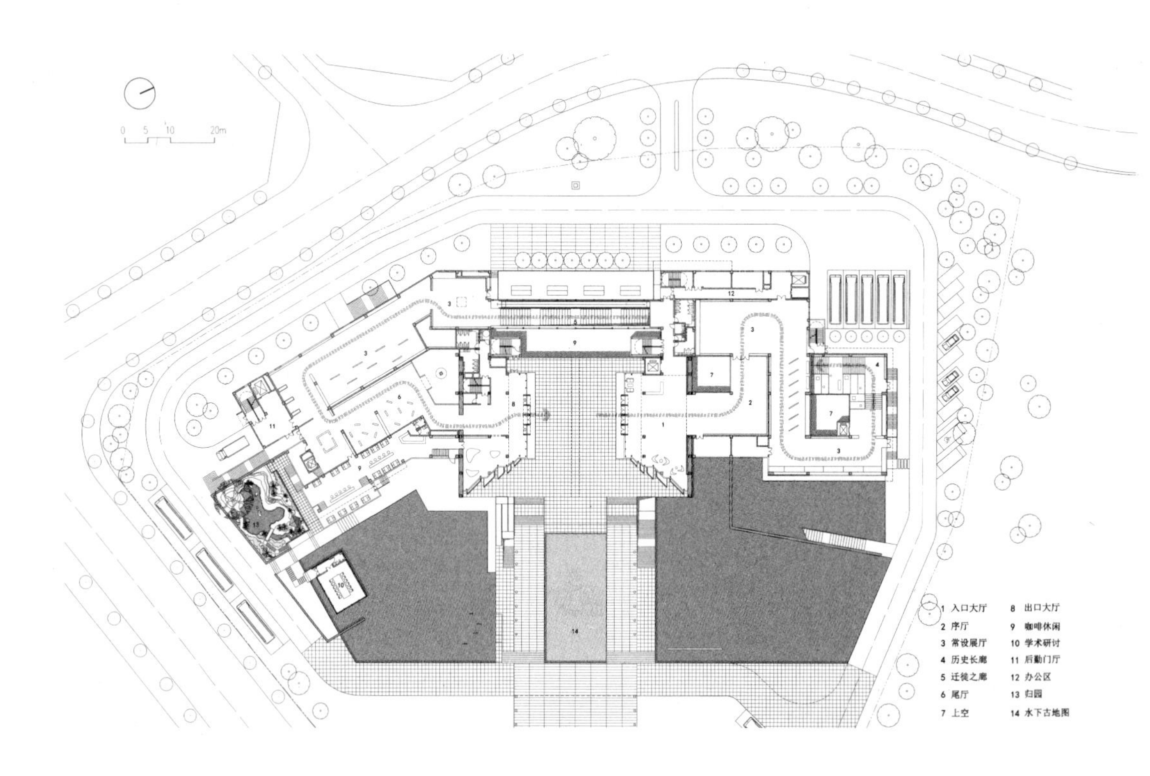

建设地点：湖北省宜昌市秭归县

设计时间：2019~2020年

建成时间：2021年

建筑面积：12528平方米

设计团队：褚冬竹、喻焰、邓宇文、何瀚翔、阳蕊、顾明睿等；梁路、史红梅、甯睿、王七林、龙莉萍、韩治国、郑歆、赵颖、王代兵、张林等（施工图）

透视图

外观透视图

肆

行进

FORWARD

龙安寺方丈庭园 | 京都，日本

1 从身体到宇宙

为什么将一本讨论建筑学的书借《园冶》命名？那不是园林景观领域的经典著作么？搁笔之前，容再对书名稍作阐释。姑且不谈《园冶》中以大量篇幅论述了建筑造屋的方法和规则，反而对植物、理水记录寥寥，我们先谈谈一个话题，庭院的意义。

藤森照信（Terunobu Fujimori）[①]曾写过一篇短文——《庭园要用临终时的目光来观看》，以“临终时的目光”作为判断事物本质和价值的标尺，其视角着实让人吃惊，但细想亦不无道理。如果视力和思维尚可，临走前一定对这个世界有着别样的留恋。身处缓缓驶离站台的列车，车后的景象必然渐行渐远，直至模糊不见。短暂时光不可能存留下所有的眷恋和牵挂，更无法根据评价指标算出排序结果再决定想看到什么。希望在最后时光记忆在脑海中的，一定是发自内心或出于直觉的，应该是拂去表象，最沁人心脾的景象。再三思考后，庭园，是藤森最愿意在那一刻看到的风景。

时光是公平但冷酷的，这就是为什么我们常用“逝去”来表达对它的惋惜。流走后的时间和临终可以轻微但贴切的触碰在一起，去抓取那些最深、最美或是最遗憾的念想。作为建筑学家，藤森叙述了建筑与庭园的关系。他谈到，建筑师和庭园设计师之间，有一道“从表面无法察觉的又深又窄的沟”。建筑师倾向于认为庭园是建筑完成后“顺便建造的”，而庭园设计师则曾平静地告诫他，请回想一下去京都寺庙时的情景。确实，“比如龙安寺[②]。有去龙安寺看建筑的么？没有。大家都坐在建筑里，仔细眺望对面宽敞的庭园。”藤森并没有挑起建筑与园林景观矛盾之意，他选择庭园是因为在其中“时间是静止的”“庭园是让时间消失的装置”。作为日本庭园抽象美的代表，龙安寺方丈庭园在一片矩形白砂地上分布着5组长着青苔的岩石，此外别无一物。石上苔藓既是枯寂，又是生命，“刹那即是永恒”。

不同的文化浸润下，我们的选择也许不是庭园。建筑绝不是房屋本身，而是链接自然的那一根丝线，牵扯着人与这个世界的关系。1800年前的成都，“邛竹缘岭，菌桂临崖……栋宇相望，桑梓接连。家有盐泉之井，户有橘柚之园。……金城石郭……实号成都。辟二九之通门，画方轨之广涂。……结阳城之延阁，飞观榭乎云中。开高轩以临山，列绮窗而瞰江。”[③]邛竹橘柚、延阁飞榭、临山瞰江，“自然”从来就是决定栖居质量的关键角色。而更早的东汉农家，早已熟谙自然之于建筑、劳作及生活的意义，将水稻、垂柳、棕树、荷花与建筑、家畜一道，印刻在了生活图像的记载之中[④]。当年的日常，今藏博物馆，成了“文化”。

成都曾家包东汉墓出土汉画像石“农作·养老图”

“刚柔交错，天文也；文明以止，人文也。观乎天文，以察时变，观乎人文，以化成天下”⑤。文化，即"人文化成"“以文教化”。此处的“文”，指一切现象。与今意不同，“天文”不单是天体的构造、性质和运行规律，而指代了所有在人之外的天道自然规律，是人生存发展的基本载体。在广泛关联的基础上，人与自然的集成、共生关系成为人和社会不断进化的基本前提，是建筑演变的思维原点，也是吸引或困扰人类不断思考的基础问题。

中国古代营造的尺度系统，与身体紧密相关。所谓“以身为度，以声为律”，一指宽或中指第一节为“寸”，四指并宽为“肤”，拇指与食指叉开为“尺”，双臂摊开引长约八尺，古制为“丈”[⑥]……西方建筑营造关注的，与此相通。“我把观察到的觉得有用的事物收集在一起，形成一个整体。”维特鲁威不仅将身体与建造数据相联系，更在几何学的支撑与启发下，试图将人体与自然的关联凝聚在一系列精确的量化之中——“肘部到手的中指尖的长度为身高的五分之一；肘部到腋窝的长度为身高八分之一……”。他认为，人体可以恰好放进一个圆形和正方之内。这样的判断，被1500年后的一位天才巨匠——列奥纳多·达·芬奇用素描画作呈现出来。

曾有幸在威尼斯艺术学院美术馆一睹“维特鲁威人”画作真容，那是一张不足A3尺寸的素描，如有灵魔般的吸引力将我的脚步凝固在它面前，久久无法挪动。画中一人通过四肢摆出了两个动作，一个稳定、一个动态，舒展的四肢分别与正方与正圆接触，建构了两个人体动作。人体线条清晰而简约，关键细节入木三分，脸部细节尤为突出，目光犀利、神情严肃。原作中，可以清晰地观察到达·芬奇在纸张中的用笔和力道。微微凹陷的墨水线条极为肯定，没有丝毫犹豫和试探，我甚至恍惚中感觉达·芬奇不是在绘制一个人，而是在精确设计一个比例完美的“机器”。

“人是世界的模型。”[⑦]这一切，不仅来自于对人体的探讨，更是对自然的仰望。维特鲁威坚信，人体结构应与神秘的宇宙几何学标准一致，方与圆尤为重要——方代表尘世和世俗，而圆则代表宇宙和神性。因此，维特鲁威与达·芬奇寻找的，不仅是人体与几何的关联，更是人体与宇宙的关系。其实，在达·芬奇之前多年，已有不少解读人体比例、维特鲁威人的分析画作，也有将人体与建筑平面、立面叠合研究[⑧]，但他的技法和领悟实在是高出太多，于是便是这个卷发怒目的“人”，而不是其他，站立在整个世界面前。

彼时，达·芬奇还没有创作出《最后的晚餐》和《蒙娜丽莎》。这位巨匠涉猎之广，成就之大，溢美之词已不用累加。“他不仅通晓雕塑、绘画、建筑，他还是一位真正伟大的哲学家。”[⑨]确实，达·芬奇的世界里，“绘画即哲学”[⑩]。似乎困扰这位天才的只有一件事——表达精神与灵魂。“好的画家主要只画两个对象：人及其灵魂的意图。前者简单，后者困难。”（达·芬奇）[⑪]他高超逼真的造型能力在表现“灵魂和意图”面前，依然会有困惑和无力。

维特鲁威人（意大利语：Uomo vitruviano），
列奥纳多·达·芬奇绘，34.6厘米×25.5厘米，
1490年

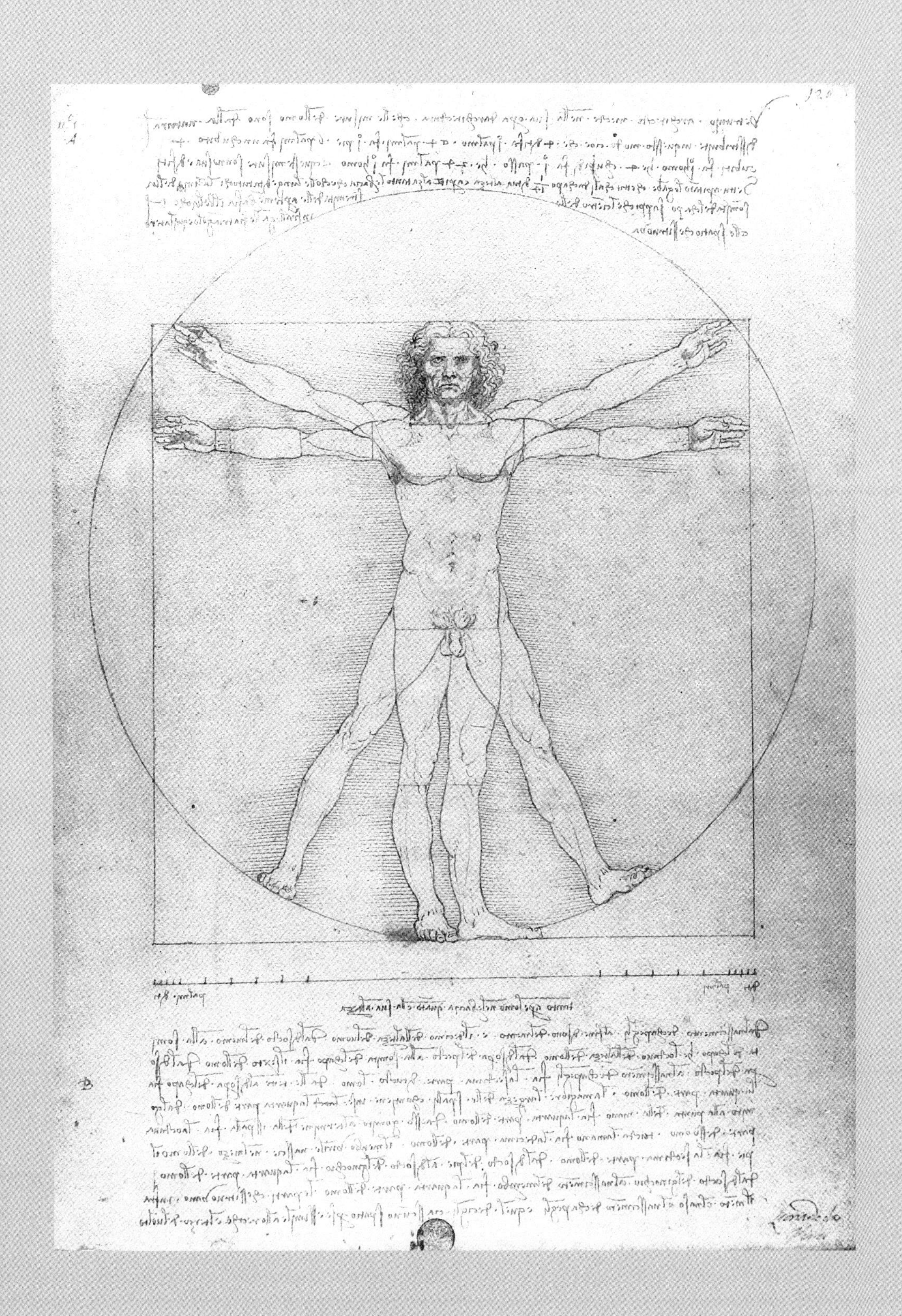

2 联系与演进

再回到那个庭园，那个与精神有关的地方。藤森说的那道“又深又窄的沟”，今天依然存在于我们身边。

当把教育当成一件“技术活”的时候，明确的专业及学科划分是必要的——它可以方便地组织教学内容、传递教学理念、编写教材讲义，学生将在数年学习中分别成长为用不同视角与思维方式分析问题、看待世界的“专业人士”。而我们的城市呢？却从来没有这样切分过。我曾给学生提出过一个问题，“从系馆走出校门，再前行200米找家餐厅吃饭，一路上我们会遇到多少个‘学科’？”这是一个严肃但略感搞笑的提问，虽然很难得到满意的完整答案。从我所在的建筑系馆到学校大门，不过咫尺之遥，前后不足300米路程，稍加梳理，首先会遇到建筑学（0813）、城乡规划学（0833）、风景园林学（0834）、园艺学（0902）、材料科学与工程（0805）、交通运输工程（0823）、土木工程（0814）、公共管理（1204）、管理科学与工程（1201）、安全科学与工程（0837）等多个学科可能覆盖的事物和问题；走出校门穿过人群，挑选餐厅时，又会涉及新闻传播学（0503）、设计学（1305）、社会学（0303）、心理学（0402）……选定坐下，与食品科学与工程（0832）立即紧密联系。这里提到的，都是列入我国学科目录的“一级学科”，还没深入到各自领域统率的“二级学科”，也没有涉及特殊情形，更不是完整的标准答案，只是基于个人浅显体验列出的部分关联。这些学科背后，不仅有着明确的学科编号、定义和具体内容[12]，更有清晰的研究、教学体系和院系设置。

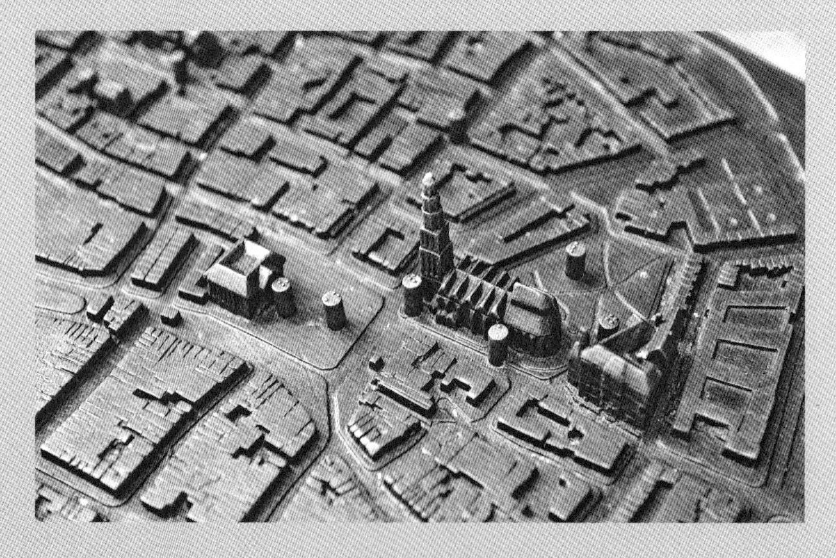

格罗宁根的城市模型（可供盲人触摸）| 格罗宁根，荷兰

格罗宁根，荷兰

从整体的城市空间体系到历时绵长的具体个案，建筑与城市构成了一曲协奏交响。

与现实中的广泛联系相反，从本科到研究生，按照教育规律和可操作性，一般而言是越走越细，越走越专，如建筑学下分为建筑历史与理论、建筑设计及其理论、建筑技术科学、城市设计等二级方向，建筑技术科学下再细分建筑构造、建造技术、计算机辅助设计技术、建筑物理……建筑物理下进一步划分为建筑光学、建筑声学、建筑热工……每一个方向，又有不同的具体课题、导师团队，亦会有不同的研究视角、研究方法、观念立场……学术的世界，充满着细节和微粒——它们有助于我们在某一点上探索真相、挖掘纵深。

每一个人也是细节和微粒。从执行角度看，个人的时间和精力决定了以具体问题和细分方向切入工作的必然，无可挑剔；从思维视角看，这样的切入却容易导致对其他方面的忽略或轻视，对自己领域的捍卫与围护。这不是当代的问题，也不单是我国的问题，甚至有时候不是一个学术问题。吉迪恩曾于20世纪40年代从瑞士赴美执教。体验了北美城市的规模与发展，作为建筑理论家、史学家的吉迪恩对学科交叉联系的热切期待便更为急迫真挚："我们不能控制工业生产，或迫使政府在我们城市的噩梦中制定秩序。我们的任务和道德义务是在我们自己的领域里建立秩序，建立科学、艺术和人文之间的关系—这是今天所缺乏的。建立人类知识不同分支之间的相互关系，就是建立一种新文化的基础。"吉迪恩期待在大学建立一所交叉关系学院："19世纪下半叶的教育理想，是在工业给整个生活留下深刻印象的同时发展起来的，也充满了专门化……这种相互联系的能力不是一个人的意志所能承担的。它必须从那个时期的固执的意志中生长出来。现在正是时候。"⑬

当然，只要想有改变，任何时候都不算晚。40亿年前，地球上便有了生命，但直到大约200万年前，人类祖先才开始完全直立行走的地面生活。这个重大变化不仅意味着行进的姿态，更意味着获取食物、眺望远方、捕获猎物或是警戒防范的机会，也意味着腾出双手，使用更为复杂的工具，促使大脑加速进化，但也同时意味着更多的暴露和隐患，危险和机会并存。这是个难以想象的漫长时光，人类在迟缓但持续地进化着，直到开始真正意义上的文明发端——有文字诞生以来距今也不过约6000年。如果把这200万年浓缩为24小时，那么6000年人类文明还占不到其中的5分钟。但就在这短暂的"5分钟"里，人类变革已在不断加速。那些发现前行路上的变革机会并勇于尝试的人，都成为推进这一瞬间的勇士和先锋。

再次回到维特鲁威。虽然在《建筑十书》的字里行间能看出他其实"具有一个不习惯写作的人的所有特征"，甚至对他来说"写作是一项痛苦之事"⑭，但维特鲁威却几乎以一己之力初创了建筑学体系。回眸两千年，我们已经有了足够的历程和证据“观察”到建筑学在这漫长时光中的发展演变。维特鲁威在总结，他在总结他与他之前的时代，那是一个用人的寿命几乎看不到建筑和城市显著变化的时代，一个赞颂永恒的时代。于是，基于我们的观察和现实，冒昧在维特鲁威提出的“Firmitas、Utilitas、Venustas”三原则后加上“Evolutivas”（演进）一词，以提示我们对于建筑学持续生长的义务，也成为践行和观察建筑的重要标尺。这里的演进，既包含建筑学本身的发展进化，也指向它所在的时代与外部条件。不难发现，与许多其他领域相比，建筑的演进其实是相对迟缓的。这种迟缓有几层原因：一是建筑本质上的功用需求是基础而简单的，就像杯盘碗盏数千年基本原型稳定不变，仅从内在需求出发难以有重大变革的动力；二是建造技艺和材料品类相对狭窄，要完成基本的空间生成，可能的形式并不多样，去除雕饰，万变仍不离其宗；三是变革意味着试错，建筑诞生本身迟缓，要进一步尝试、实施、反馈，再到下一次的变革，时间漫长，很难在个人生命周期内多次迭代，极有可能因变革所引发的成本、时间甚至风险提升而遭遇阻力。

未来，建筑及建筑学的进化或变革的动力将主要来自以下四个维度。

一是艺术维度，从人的感知、体验与精神需求出发，将建筑与艺术思维重新结合，全面审视优秀建筑的精神与艺术价值；

二是技术维度，基于研究—设计—建造—运营全周期的技术更新，倒逼建筑设计流程、方法与成果评价变革；

三是社会维度，建筑作为映射、承载社会关系的镜面与载体，需积极参与社会建构，回应社会组织、社会联系、集群行为发展新需求；

四是城市维度，重新认知建筑与城市关系，应对城市尤其是高密度超大城市新问题、新需求，将建筑发展与城市进化紧密联系起来，将建筑作为连接人与复杂外界（不仅是自然）的纽带或入口，回归设计本质。[15]

四个维度同时构成四个明确的发展指向，建立起定位建筑发展进化的一个基本坐标系。艺术与技术在一条轴线上，代表建筑学的两个最基本特质，而社会与城市则位于另一条轴线的两端，分别代表着建筑学所存在的社会背景与典型环境。进一步，四个方向组成了四组新关系——艺术+城市、城市+技术、技术+社会及社会+艺术。四组关系中包含了丰富而明确的建筑学问题集群，与篇首及探讨建筑学科研中已提及的建筑学三个层次：1）本体层次，具体空间需求下的建造建构及物理属性；2）主体层次，基于几何、数学、原型、感知形成的建筑空

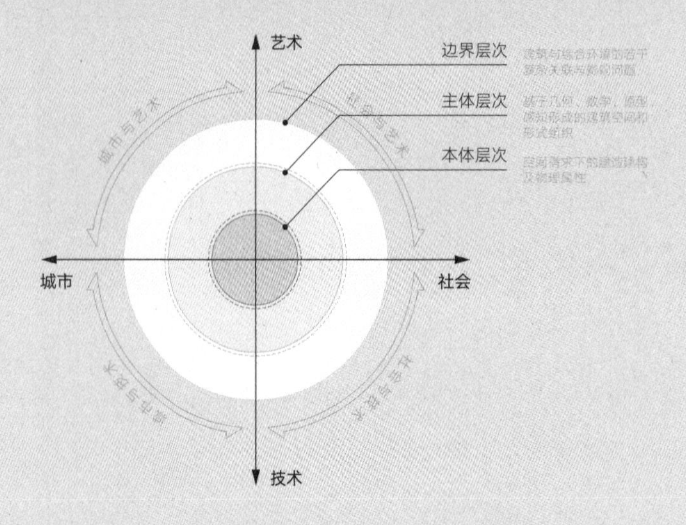

建筑学变革与进化维度示意

间和形式组织；3）边界层次，建筑与综合环境的若干复杂关联与影响问题。三个层次由内而外渐次扩张，与坐标系相交共同建立了多层次区域的坐标版图。

四个维度中，技术、社会和城市容易理解，将艺术特别提出，源于持续一个世纪的现代建筑变革以来，建筑与艺术之间的距离已越来越远，艺术在建筑不断摒弃装饰的变革过程中被一并冷落或忽视，导致了当代建筑教育中关于艺术修养的培育占比极少，从中小学基础教育、高校生源选拔到更高层次的专业培养中，关于艺术的含义、价值与潜力，尤其对当代艺术的规律、品鉴和理解培养严重不足，也因此抑制了理解优秀建筑作为人类精神财富和艺术体验的通道。一个世纪前，现代主义先驱们强调的摒弃烦冗装饰、正视科技发展，是基于当时建筑已延续千年的古典审美惯性，让建筑回归本质，拥抱未来。而当下，呼唤艺术重新融入建筑，尤其是建筑教育，绝不是重回古典、烦冗装饰，更不是简单的训练技法、雕塑绘画，而是在理解并掌握建筑学知识主干的前提下，从整体认知优秀建筑必须蕴藏的艺术价值和情感基因，或其本身就是艺术或情感的一部分。

在崇尚科技、注重量化、依赖计算的时代下，依然不要在建筑学中羞于谈“美”和“艺术”，但正因为它们太难确立可简单复制的规则，甚至被人质疑“建筑学是否可教”。但困难并不意味着缺席，司汤达表达得通透，“美即是对幸福的许诺”。这句话的精彩之处在于“将我们对美的热爱与美学上的学术成见区分开来，转而将其与我们作为完整的人需要发扬光大的那些品质熔铸为一体”[16]。因此，建筑与幸福的联系成为这个学科最后追求的指向。这是艰难但高远的指向，以至于曾体验过设计建造房屋的哲学家路德维希·维特根斯坦（Ludwig Josef

Johann Wittgenstein）感慨道：“你认为哲学很难，可我告诉你，跟成为一个优秀的建筑师相比它根本算不了什么。”

每个领域都有边界，边界之地也是能量衰减的场所，即使是为人类思考“普遍解决方案”的哲学也如此。“尼采以来，存在主义、维特根斯坦、解构主义，似乎都不是在从事建设，不再提供‘普遍的解决方案’，而是在消除哲学和艺术的界限，一次次从事独一无二的冒险。”[17] 建筑的变革也不是大刀阔斧般莽撞直行，而可能是适时转弯甚至及时掉头。曾钟情绘画和摄影，大学主修建筑的土耳其作家帕慕克最终没有成为一名职业建筑师，而选择用写作直面“呼愁”氤氲的故土。“呼愁”（Huzun），土耳其语中的“忧伤”，一种心灵深处的失落与感伤，不仅饱含着“世俗失败、疲沓懈怠和心灵煎熬”，更唤起了某种独特的哲学传统，与奥斯曼帝国毁灭之后的伊斯坦布尔城市历史、风光和人民相连。在帕慕克心中，伊斯坦布尔的“呼愁”不仅是由音乐和诗歌唤起的情绪，更是一种看待我们共同生命的方式，不仅是一种精神境界，也是一种思想状态[18]。面对无数人的共同提问，为什么没有成为建筑师，帕慕克的回答道出了对激进西化的担忧和建筑师的无力：

在经历了二十五年的写作之后，我开始渐渐明白……我要从过去中汲取，书写那些西化人士和这个现代共和国想要忘记的一切，但同时也包含了未来和想象。

一栋建筑的住屋氛围，完全取决于居住者的梦想。这些梦想，如同所有梦想，被建筑的陈旧、黑暗、脏乱和裂开的角落所滋养。我们可以看到，有些建筑立面会随着时间的流逝越来越美，屋内墙体开始呈现神秘的肌理。我们也会看到房屋的旅行轨迹，它是如何从一座无意义的建筑变成一个家，一个梦想的构筑。而建筑师对于以下这一点，却找不到任何痕迹和证据：正是梦想，第一次拥有房屋的人们的梦想，把那些（在现代化与西方化疾风热潮下设计并建造而成的）崭新但平常的建筑，最终变成了家。[19]

文学与建筑一样，都是对事件的记录与承载方式，但不同的是，建筑本身的空间属性决定了它表达的情感必然是抽象的，与技术、城市、社会的天生关联，又使得建筑面对的限制和营造手段要远远复杂于文学。帕慕克最终选择了文学，借文学来透彻事理。不清楚帕慕克若真做了建筑师会达到怎样的高度，但有一点可以肯定，现在的帕慕克是一位难觅的、真正的建筑批评者。一个心细如尘、目光敏锐、思维缜密且有建筑修养的文学家所关心的，也正是建筑师需要倾听的。

3 未来已至

本书写作接近尾声的时候，一个梦突然向我袭来。

（现实时间：2019年10月28日，星期一，约凌晨5点。梦境时间：不详）

这是某城市的日常一天，空气通透，能见度高。我走在一条笔直但斜坡向上的大街上。没有机动车，只有建筑、空间和行人，安静和睦。城市里没有密布的高楼，四周看不见任何与众不同的地标建筑，普通，但亲切。

突然，人群骚动起来。众人面向我身后方向，仰头议论。转身望去，震撼景象扑面而来。不远处，一个庞大但倒立的城市悬挂于天空之上，如真实城市大小，正好悬停在这个真实城市的上空，地面投射出巨大的阴影，但依然安静。这个倒悬城市中的建筑极为密集，高楼林立，如巨大针尖悬垂朝下，所有的建筑如金属般通体灰黑，坚固实体的感觉似乎触手可及，暗黑金属特有重量感、压迫感直逼眼前。整个场景，如同放大万倍的单色金属超级城市模型，但尺度之巨令人屏息瞠目，细节之多让人遐想无限。

有人开始叫喊，众人向高处奔跑，尽力逃离，但这个巨大的倒悬城市似有磁力一般将我吸引。我无意识地朝它的方向下坡走去，在慌乱人流中独自逆行。越往下走，街上行人越少。最后，走到这条宽阔大街的十字路口，周围空无一人，干净整洁，宁静无声。

宽阔街道交汇的正中央，停放着一辆崭新的浅灰色中型客车，车门半掩着。

我上了车。

车内竟已有五六人，聚在车尾，轻声议论着窗外的奇景。车内为会议布局，三面沙发向内，宽敞舒适，灯光柔和。他们似乎是不同国家的建筑学者和科学家组合，严肃但不紧张地讨论着眼前的景象。他们似乎知道我要加入，没有惊讶，礼貌地将后窗沙发腾挪出了些空间。我走过去，和他们一样，反向跪坐在沙发上，透过后挡玻璃，抬头观望。

再次震惊了，倒悬于天空的城市竟已杳无踪影！取而代之的，是一栋高阔如山、通体乌黑的巨型摩天楼，楼顶朝上，真真切切矗立在眼前。目测大楼平面可占据数十个街区，顶端向上收缩后又略微张开，如圆形伞盖。我们栖身的渺小客车就在它脚下。双眼似乎突然可以变焦，拉近视距，可以清晰地看到伞盖下表面有一圈巨大显示屏，不断闪烁

着文字，上面写着……

事关重大。

场景一转，突然切换到一幢至少有大半个世纪的旧建筑前，青砖黛瓦，湿润的屋顶上还有几株杂草，但建筑内部却是设施精良、灯光温暖的会议厅。更多的人已聚集室内，紧急会议正在进行。一位外国学者起身，拿起话筒，突然谈起了建筑大师的八卦……

猛然醒来。梦境张力开始松弛，大脑深处一台大戏敌竟不过生物钟的敬业。

凌晨五点半，西部城市的窗外仍然漆黑。逐渐清醒的我回味着刚经历的一幕幕画面，开始寻找梦境与记忆的联系，思索着如此真切的场景究竟意味着什么。城市集约发展到最后，人类失去了户外空间，只能在孤立的摩天巨构中生存？难道空中倒悬着巨大神秘城市其实只是它的地下部分？那么我们没有看到的地面以上是什么景象？我们的地球只是宇宙的一粒细微尘埃，而这一天正好与另一粒尘埃相遇，并看到了与我们不同的建造物？……

仔细回味，梦境中那幢高耸的巨型摩天楼，其形象竟酷似德国导演弗里茨·朗（Fritz Lang）（1890~1976）的《大都会》（Metropolis，1927年上映），其实是日常的深刻印象牢固地投射在了梦境中。身为建筑师的儿子，年轻的弗里茨·朗并没有顺从家庭的期待，而最终投身电影事业。在这部将故事背景设置于2000年的未来都市电影中，社会已分化为两个阶层——建立并策划整个城市赖以运转的庞大机器的是资本家阶层，他们生活在富丽堂皇的摩天大厦内，如极乐园般过着穷奢极侈的生活，而广大的劳动阶层则群居于黑暗的地下城，靠勤苦劳作制造机器并日夜维护。两个阶层生活在截然不同的两个世界，但巨变已悄然来临……如今，21世纪已走过1/5。地上地下的立体发展早已成为城市进化、挖掘潜能的热点和战场。空间作为人类最珍贵、最基础的生存资本已经不堪重负。如何在有限空间内解决更多系统、更多服务、更优体验，成为新形势下建筑学面临的挑战和使命。地下空间早已不是肮脏、晦暗的代名词，且可利用深度日益增大，地下千米已有民用；地面更可以直上云霄，层层攀登。读懂未来，才能赢得未来。

吉武泰水（Yoshitake Yasumi ）[20]为《环境空间的印象》（1976）日译版所作的序文中有这样一段话：“*本书无疑是环境心理、进而环境设计的原始著作之一。然而现在我本人最关心的是面向该领域的深层心理挖掘‘什么场合成为梦中场所的背景’，因此期待着这一领域内任何意味深长的成果出现。*”在《梦的场所·梦的建筑：原记忆的现场调查》[21]一书中，吉武泰水认为梦里最稳定的是建筑和街道，而人物、年代和事件却充满着矛盾和混乱——这个突如其来的梦无意中契合了吉武的论断。

细致描述过登月、地心、深海的著名作家儒勒·凡尔纳（Jules Gabriel Verne）曾于1860年代完成小说《二十世纪的巴黎》（*Paris au XXe siècle*）。这本直到1994年才由法国阿歇特图书出版集团（Hachette Livre）正式出版的小说，以1960年代的巴黎为背景舞台展开叙事，对距离写作当时百年之后的都市进行了大胆却细致的预测：

《大都会》(Metropolis, 1927)电影画面

夜里如日光般灿烂明亮的街道，柏油路上无声疾驶的千百辆汽车，皇宫般金碧辉煌的商店，炫目灯火洒满大街，像广场般宽阔的大道，如平原般无垠的广场，可容纳二万名房客的豪华大饭店，轻巧的高架铁道，幽雅的绵长步道，连接两条街道的天桥，还有那仿佛欲冲向凌霄的高速列车，一切的一切，如果我们的祖先再世，看见这幅景象，会怎么说？

突然话锋一转，凡尔纳写道：

无疑地，他们一定会非常震惊；但一九六零年代的人们对这些却不再赞叹；他们只是安静地享用这些方便的服务，并不感到特别幸福，因为每个人都行色匆匆、步履紧张，看见他们一脸美国式的狂热，就不难察觉，财富这个恶魔已经毫不留情地推着他们往前冲了。

技术的巅峰，不一定是文化的巅峰，更不一定是幸福的巅峰。城市作为人类因日益复杂的社会关系聚集在一起的物质空间载体，与人类的需要和追求密不可分。城市促成了知识、科技、财富的迅速聚集，也极大地提升、扩张了社会结构的复杂性和关联性，却并不能保证“美好”必然如约而至。2010年上海世博会主题中英文之差异，曾引发了不大不小的争议：“城市，让生活更美好”是确凿无误的因果关系，而“Better City, Better Life”则明显包含着条件关系——(如果有)更好的城市，(则会有)更好的生活[22]。若不谈条件，直接定论“城市(必然)让生活更美好”，当然存在武断和被质疑的风险。

4 城市与语言

人类的价值观决定着城市的进化方向。作为大部分人赖以生存的家园，城市是人类最伟大的两项“作品”之一，另一项是“语言”。虽然语言起源依然成谜，但作为人和动物的最后分界，语言已支撑了巨量复杂的社会群体和社会关系，缔造、记述和传承着文明，并在文明延续和交流互鉴的过程中持续演化发展，永不停歇。

“文字同武器、病菌和集中统一的行政组织并驾齐驱，成为一种现代征服手段。”[23]不仅是现代，文字和语言从来都决定着人的真实归属和精神边界。法国16世纪的建筑师菲利贝尔·德洛尔姆（Philibert Delorme）[24]曾说:“建筑师是会讲拉丁语的瓦匠。”虽读工科，习建筑，但文字的魅力始终吸引着我。一个世纪前曾有《新青年》[25]和《新精神》[26]，变革时代更易催生高强度的思考——以文本传播方式表达思想态度或行动方向，也是新时代下建筑学人可能的工作方式。数量庞大、层次繁杂的信息传播将知识生产原本就缓慢的建筑学分解得支离破碎，更稀释了信息中那些实质有效的成分，碎片充斥着每个感官。但文字终究不是建筑存续发展的基本途径，文字在介入建筑学知识生产的过程中必然要迎接“文字为何”的思索。积极介入知识生产而不仅是搬运传播——引导、探讨，甚至争辩专业认知与专业权力的边界，既快速响应这个时代正在发生的光彩与波澜，也大胆触探持续发展进程中的诸多可能与不可能。任何通向伟大的前行都犹如修筑仰望天宇的高塔，虽早有冲上云霄的飞行器，但每个常人始终需要以沉稳可行的方式累加与砌筑这座高塔，容不得半点懈怠与闪失。在砌筑这高塔的磐石之间，黏结着看似柔软却至关重要的砂浆，拉结并支撑着层层压力。当时光流逝，这些早已凝固的砂浆与磐石将浑然一体，不分彼此，共同构筑起这座不断上行的高塔。文字强大的渗透性与黏合力将建筑各个基本体块连接起来，文字或理论本身也必将成为建筑学的固有部分留存下去，成为可以未来回溯的印迹。

在变革或呼唤变革的时代，西方常提“××已死”或“××将死”的论调，无论是尼采喊出的“上帝已死”、查尔斯·詹克斯判断的“现代建筑已死”、迈克尔·拉蓬特的“批评家已死”，抑或是新晋诺贝尔文学奖得主奥尔加·托卡尔丘克（Olga Tokarczuk）警告的“世界将死”[27]……这个世界需要有变革者和变革心。

大学主修心理学的波兰女作家托卡尔丘克是敏锐的。在这个题为“温柔的叙述者”（*The Tender Narrator*）演讲中，她谈道：

从某个时刻起，我们开始片段地看待世界，以星系般遥远的点状分离理解事物，现实也是如此：医生面对患者分别诊治，纳税与铲除上班路面的积雪也并不相干，我们的午餐和某个大型牧场丝毫无涉，而我的新上衣与亚洲某座破旧的工厂毫无牵扯。所有事物彼此分割，独立存在，没有联系……

世界正走向死亡，但我们并未注意。我们看不到世界正在变成事物和事件的集合，这是无生命的广阔空间，我们迷茫而孤独地踱步，依照他人的决定四处摇摆，受到无法理解的命运束缚，一种被历史或机遇的重大力量当作玩物的感觉。我们的灵性正在消失，或变得肤浅和固化。否则，我们只是成为简单力量——物理、社会和经济——的追随者。[28]

登顶折桂的人物也许更乐于尖锐表达。2000年，库哈斯在普利兹克奖授奖典礼上也曾发表警钟式演说：“如果不解除自己对真实的依赖，并重新将建筑视作一种思考古老问题的方式，解决从最政治的到最实际的问题……建筑学也许将不会持续到2050年。”每一次的“死亡宣判”虽内涵不同，但新领域、新挑战的层出不穷已引发越来越多的人怀疑，那些旧领域似乎已岌岌可危了。这其中当然包含对旧领域的批判，但也暗藏着另一种期待——怒其不争，便干脆决裂，拥抱未来。但“××已死”这类强硬确凿的表述很少在中国及东方传统中出现，正如对“危机”一词双重含义的解读，中国人看到更多是对机会和重生的期许，绝处逢生才更加精彩。

单从付出的劳动和时间来讲，语言表述比城市营造要简便、轻松得太多，更容易模仿、学习、转变，但遗憾已诞生了一个多世纪的世界语依然没能真正服务全球，影响有限。每个民族、每个国家把语言视为文化之根本，哪能轻易放弃？一方水土养一方人，方言中蕴含的丰富地域和历史信息亦传承着一方百姓的人情冷暖。城市千差万别，几乎遍布地球每一个满足居住条件的地方，且无法移动，但只要这个星球还有生存机会，城市发展便是无止境的。在无止境的发展、演变过程中，建筑学究竟能否持续作为？这是关于这个学科生命力和最终价值的问题。面对城市发展诸多新现象、新问题，建筑学必须具有深谋和远虑。除了显而易见的空间制造职责，建筑学有必要密切关注社会性空间的健全与供给、聚焦社会再分配与公平公正，以应对城市发展过程中出现的新矛盾。

不仅是建造，建筑学更作为空间资源配置，联系着宏观规划与微观建造之间的实施技术、生活行为、文化内涵，是关联自然背景、城市空间、建筑形体、基础设施的技术枢纽。探索新形势下的建筑学范畴的新要义、新方法、新工具，融解学科边界，主动触探渗透，成为实现建筑学新意义的必由之路。

回到原点，建筑学的天职是制造有价值的空间，但到底什么样的空间才是更有价值的空间？那些看似没有交换价值却流动着活力的公共空间，是如何激发更大范围空间价值的？逻辑的剖析胜过形式的玩味。中国这场大规模的都市演进，随之带来都市爆炸性的增长体验、强大的从乡到城的移居浪潮，以及机械化式的迅猛建设，伴随着至少两代人的成长。当这些快速增长的空间沦为批量生产的商品时，建筑师也不得不屈从于精于计算的经济理性霸权。但是，如果仅仅重视现值而忽略潜力，聚焦局部而漠视整体，执拗于经济、资本的数字积累而不顾及历史、文化与时间条件，众多问题将依然无解。只有深度辨析和捕获空间中的每一分潜能与机遇，才可能在城市与建筑进化之路上有所作为。

市场经济背景下，机会与效益始终影响着城市空间的生成方向，但城市依然不能失去对人的映射与尊重，必须在更多元、多维、多层的世界里成为更有效的服务载体和节点。在城市这个紧实而巨型的节点内部，还存在着更多数量、更多职能的次级节点在不停歇运行，支撑着城市的健全机体。面对未来，建筑学要善于提炼规律、总结模式，洞悉对象差异和诉求，供给真正意义的公共物品，建立基于“城市氛围和特征的共享资源”，避免滑向“掠夺性城市实践”的阴影区[29]。

但未来并非那么轻易辨明和描述，亦常有不确定的“意外”发生。任何一次有价值的创造和生产，都是对未来“不确定”的抹除，将原本不明、不清、不定的未来，一个个鲜活真实地呈现在我们眼前，被观看、触摸或使用。而当一个个不确定被抹除，另一些更大的、更多的不确定与意外将继续释放出来。在漫无边际的苍茫大海中，凶悍的白鲸不知藏匿于何处，更不知何时将会一跃而起，只有坚持在风雨中爬上桅杆顶端极目远眺，才有提前获取信息的可能[30]。将思考与困惑以文字形式集结，是希望通过文字写作方式捕捉和规范自身思绪，努力成为那晃动桅杆上能够眺望的双眼。

斯德哥尔摩市政厅（建筑师：拉格纳·奥斯特伯格 / Ragnar Östberg，诺贝尔奖颁奖宴会厅）丨瑞典

5 我们可以参与这个世界的方式

但个人目力终究有限，世界还是依靠双脚走出来的。这些年，除了教学、科研、实践，我对建筑学的另一种观察方式便是尽力投身于不同甚至反差的环境中去感知和思考，但并不将其简单视为阅读建筑、扩充案例的职业训练，而是如久陷雾霾时需要清澈空气的迫切。

“闲行闲坐，不必争人我，百岁光阴弹指过，成甚么功果？”五百年前，距离我家乡不远的文人杨慎曾写下这句词。这是今人难企及的自在。“自在”即“心理之自由”。贡斯当（Benjamin Constant）曾从政治权利视角在《古代人的自由与现代人的自由》[31]一书中讨论了自由话题。不言而喻，自由对于任何时代、任何民族都弥足珍贵。“此地一为别，孤蓬万里征。”蜀道、天堑、峻岭、汪洋……横亘在古人面前的地理障碍数不胜数，但古人心中的自在，又岂是同时拥有若干通信方式的今人所能体会的？手机、网络、飞机、高铁，使现代人从信息自由到行动自由都得到古人无法想象的“技术支撑”，而高度发达的信息传播与交通联系也使得时空急剧压缩，结成了一张稠密大网，令人深陷其中。“距离的消亡确实使世界各地的本土优势最终化为平等，可以让无限的非集权化把高成本低效率地区变成低成本高效率地区”[32]，也可以因信息传递方式的愈发多维、保真而减少物理移动。但是，人类不能自己将自己关进笼子，哪怕这个笼子信号强劲，通信顺畅。身体需要的，不仅是营养物质或信息数据，来自现实物理空间的环绕、承载、反馈以及足够的活动范围与反差刺激，不仅构成了人类健康与进化的必然条件，更对未来建筑与城市提出了极富挑战性的命题——如何在时空压缩、世界扁平的趋势下重拾距离与差异的意义。

年轻的柯布西耶曾在旅行中完成了数百幅速写，拍摄了大量在当时来说颇为昂贵的照片。现在，当镜头被低廉地整合进手机，我们早已不认为存留图片是多么困难而又珍贵的事情。事实上，最有价值的头脑意象不是影像，而是感觉。有些感觉，非要前行在路上、在远方才可获得。随着年龄的增长，每一次远行都似乎在追随和寻觅着某些记忆和传统。它们已被我们搁置和低估了很久，如今却以深入骨髓的力量提示着我们心随身至的轨迹，神奇而幸福。

走得再远，也需不忘初心。所有对建筑的讨论，最后都指向我们自己。《世界建筑》2016年8月刊曾邀请27位中外建筑师和学者各写一小段有关“窗”的文字，并要求配一张手绘图。两天思索后，我找出数年前在欧洲的旅行速写本，再做个镂空的硬纸板，以摄影为手段实验了一次从平面到空间的小游戏，并写下这样一段文字：

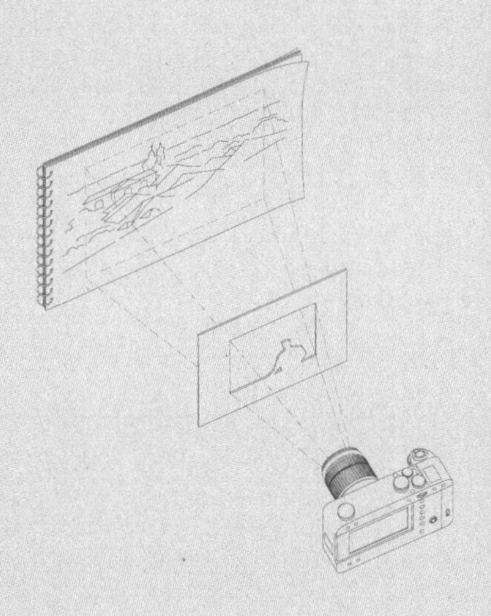

窗（淡彩速写：2010，剪纸与摄影：2016）

如果说眼睛是心灵的窗户，那么窗户应该算是建筑的眼睛吧？不反映建筑心灵的窗户不是好眼睛。眼睛有明眸善睐，亦有灰暗呆滞。窗也同理。透过窗，建筑与世界得以交流。与“门”不同，窗作为一个更为微妙和暧昧的“时空”接口，将多个世界联系起来。窗的魅力不仅关乎外在景物与窗界面的空间关系，更关乎窗前人视线的移动、景象变迁的时间和内心与外在的关联。当窗外景物与窗界面紧贴合一时，便成了老式照相馆中的固定背景。面对这幅鸟瞰布拉格速写，用纸板刻出洞口与人形，将它放在画纸前20厘米处，按下了相机快门。希望这幅已落笔的绘画有了些许顾盼自若的灵气。于是，便有了窗。

启发我的，正是窗与景的微妙。与呈现于平面介质的图像不同，现实中的窗与景是有空间距离的——观察者视点的移动，窗所呈现的画面和视域必随之改变。当把镂刻了人形剪影的窗洞设立于画面和人眼之间时，原本一览无余的小幅画面，因为有了遮挡，竟显出了深远和宽广，空间产生了。但快门按下的那一刹那，这个小小的空间又重回平面，被遮挡部分再也无法显现——窗不再是窗。

与其说这是对窗的态度，不如说是对建筑学的观点。面对这个时刻身处的世界，我们以“建筑学”为工具、手段和视角，去创建、改变或评判。保持建筑学活力的方式，在于这个学科介于“我”与“世界”

的恰当位置和参与方式。窗前的观察位置各不相同，视线方向也可能四散和迥异。我们可以参与这个世界的，远不止一种方式。

将材料赋予感知，是建筑学最微妙的美好。它以润物无声的力量改变我们熟知的环境，唤醒原本沉睡蛰伏的空间，让原本冰冷的混凝土、砖石、玻璃、钢构有了温度。东西方以不同的方式参与着这场变化。近代以来，西方逐渐发展形成开放的、实证的、工具理性主义的体制，而中国却因自古聚合了“法家的工具理性”和“儒家对天赋权威的崇敬”，保留着“工具主义和象征主义的结合”[33]，是开放而又封闭的。因此，中国人对美好和曼妙的想象与描述常是抽象、含蓄而精练的，毛笔、宣纸、水墨、文字、诗词，构成了抽象的物质前提和技术基础，甚至在境界、艺品高下的分辨上，直接联系着对事物抽象的提炼程度。我们没有诞生层次丰富、光影细腻的逼真油画，但生成了自己的空间想象和梦想载体，创造了对意境与精神的独特理解与感受。这是中国“传统的人本主义对过度理性化的抵抗”，也是中国可以贡献给当代以理性主义为基础的西化现实的智慧和回归。

在西方油画诞生前500年，中国是这样描绘风景的——宋初的李成[34]在《晴峦萧寺图》[35]中，将山峦、寒林、溪涧、孤寺、楼阁、民居、旅人、百姓悉数纳入，重峦叠嶂、烟林清旷。茂林深处的佛寺高低错落，高耸楼阁居于画面视觉焦点，飞檐栏杆，一丝不苟。空气通透，山峦顶部林木清晰浓重，唯山体下部与佛寺相近处，似薄雾升腾，楼阁鲜明凸显。近景，行路旅人正欲过桥。木桥似断还连，架于溪流之上。山下亭馆数间，屋舍俨然，有坐而啖饮，有闲逸观景，亦有忙于厨灶。如其他几乎所有的中国传统绘画，李成避开了真实光影与透视，弱化对物体本身的体积、重量、质感的理性描摹，而将景物的结构、疏密、体系与想象、态度、思绪结合，甚至造成了古代中国是否也有“阳光灿烂的日子”的疑惑，但只有这样，才是过滤表象，显出真实，反映画家“栖清旷于山川”[36]之理想，更有经历五代乱世后期待的安详平和。中国山水，岂仅是山川与流水！

评画不得要领，但这份景致竟契合了我所理解建筑学的全部。画面中心的佛寺楼阁，形制清晰、规整挺拔，正如那些历史经典，匠心精造、耗时费力、宏大雄壮，构成了建筑史书中的那些丰碑。楼阁佛寺以界画手法完成，笔力刚劲、横平竖直，细节丰富但不显烦冗，这是境界、技艺与规程的综合结果，正符合那些能够流传后世的建筑佳作，更似精神殿堂，值得全心投入。画面下部则有徒手描绘的民居屋棚，率真质朴、用笔轻弹柔顺，亦好似众多未能留下名称或图像的民间筑屋，却有着别样的生动风采。画面中，使用者以不同的形式参与，将原本简单拙朴的空间赋予了与人共生的意义。既心存“庙堂之思”，亦乐在

李成（919～967）《晴峦萧寺图》111.8厘米×55.9厘米

“啸傲山林”。两者间，隐约的七八步山径将上下两个世界联系起来。山峦起伏、落水千尺、寒林群松、建筑掩映，自然与人的所有关系都呈现其中。

世界在前行，建筑学在生长。作为社会发展的重要标尺和推进方式之一，行业分工愈发细碎明晰。正如建筑师这一职业及称谓从建造者、艺术家群体中最终分离的意义一样，今日的建筑学亦正在发生显著的快速裂变，由此衍生迸发出向度多维、核心各异的新方向、新领域、新焦点及新职业。从牛顿到爱因斯坦，改变的不仅是236年的时间跨度[37]，更是对世界真相和潜力的认知刷新。但是，烟花般分崩离析的频闪亮点纵然壮美，也敌不过山间顽石的耐久和坚定。江滩的细沙要重拾力量，只有再度黏结整合——如何在裂变后主动集聚，探新求变[38]，成为将这个传统而略显滞缓的学科向上托举、提增力量的一条可能道路。

不敢妄言“登昆仑四望”，谨愿以咫尺之力，揽山林景胜，践行和观察建筑学这个需要广泛联系、持续演进的学科，并借用了这个初看并不那么“建筑”的书名。当年，欧洲人起锚扬帆，驶向新大陆的那一刹那，便已开启了迈向新希望和新感悟的征程[39]。基于写作定位和本人视野能力的局限，滤去了部分过于展示技术或狭义科学维度的东西，而适当增添略偏主观的叙述和影像，但这样不可避免对众多硬核问题、高深问题叙述甚少、甚浅，相信很多观点也存偏颇甚至错漏。与20余年前那个闭门描画滨海酒店的学生相比，自己其实仍不清楚是否懂了建筑。

这便是建筑学之难学、难做、难教。

好在，保持清醒是继续行进的前提。我知道，距离“咫尺山林”仅一步之遥，就是“坐井观天”。

① 藤森照信（1946~），日本建筑史学家、建筑师，东京大学名誉教授，曾任日本建筑学会建筑历史·设计委员会委员。
② 龙安寺位于日本京都，是由室町时代应仁之乱东军大将细川胜元于宝德二年（公元1450年）创建的禅宗古寺，其庭园是日本庭园抽象美的代表，已列入世界文化遗产。
③ 摘选自《蜀都赋》，由西晋文学家左思所作。
④ 1975年，四川成都西郊土桥镇西侧曾家包的东汉墓出土汉画像石"农作·养老图"（亦有"庄园生产画像石""天府殷实图"等名称）。
⑤ 摘自《易经》贲卦。
⑥ 常青. 建筑学的人类学视野// 卢永毅. 建筑理论的多维视野. 北京：中国建筑工业出版社，2009.
⑦ Jean Paul Richter, *The Notebooks*. 第2卷，第1162条。
⑧ 包括与达·芬奇交往密切的另一位著名画家、建筑师、工程师和作家弗朗西斯科·迪·乔奇奥·马尔蒂尼（Francesco di Giorgio Martini，1439~1501）。
⑨ 1519年达·芬奇去世后，他的朋友法国国王弗朗索瓦一世这样评价。
⑩ Leonardo, *Treatise on Painting*. 第1卷，第8条。
⑪ Irma A. Richter, *The Notebooks*. 第176页。
⑫ 学科编号依据为教育部《学位授予和人才培养学科目录》(2011)。
⑬ Siegfried Giedion .A Faculty of Interrelations.issue of Architecture and Engineer Magazine，1944.
⑭ 参见《建筑十书》1914年英文版（哈佛大学出版社）序言，全书译者：莫里斯·希基·摩根（Morris Hicky Morgan），由阿尔伯特·霍华德（Albert A. Howard）作序。
⑮ 在讨论建筑学变革维度的模型中，包含城市而没有乡村是基于如下考虑：首先，由于城市问题的集中与尖锐，尤其是大都市、城市群所引发的新问题、新需求的复杂性和紧迫性远远大于一般乡村，新系统与旧系统交织并网，建筑成为新节点或新接口，这是建筑可能产生进化、变革甚至诞生新类型的重要阵地和机遇；其次，乡村之所以为乡村，或者说乡村的魅力与价值，必须来自于与自然的矜持相处，而非张扬霸占、主观凌驾，更不是借用乡间美景成就个别"现代设计"的扭捏作态。乡村不仅之于中国极为重要，在西方，国家、乡村、家园也指向了同一个词——"country"，这是人类进化历程中自然留存的精神后园。对于乡村，更需柔顺尊重、缓和发展，遇山便移的确实是"愚公"，需要因地制宜、心存敬畏地处理人类强大技术能力、经济诱导与土地承载、文化星火的关系，这更多是现代建筑学向自然、传统和地方学习并转而交融并行的道路，因此不将"乡村"列为建筑学的变革维度。
⑯ 参见：[英]阿兰·德波顿. 幸福的建筑. 上海：上海译文出版社，2007.
⑰ 参见哲学家陈嘉映为《观看，书写：建筑与文学之间的对话》一书（[法]鲍赞巴克，索莱尔斯著，广西师范大学出版社2010年出版）撰写的"导读"。
⑱ [土耳其]奥尔罕·帕慕克. 伊斯坦布尔——一座城市的记忆. 何佩桦译. 上海：上海人民出版社，2007.
⑲ 上下文联系可参阅：奥尔罕·帕慕克. 别样的色彩——关于生活、艺术、书籍与城市. 宗笑飞译. 上海：上海人民出版社，2011. 笔者根据英文版Other Colours（Vintage Books, 2008）中相应部分重新修订翻译，以更符合在建筑语境下理解。
⑳ 吉武泰水（1916~2003），日本建筑学家、建筑师。曾任九州艺术工业大学校长、神户艺术工科大学首任校长、日本建筑学会会长、日中建筑技术交流会会长，为日本建筑计划学的创始人，以集合住宅原型"51c型"和数理统计方法"溢率法（α法）"最为闻名。
㉑ 吉武泰水. 夢の場所·夢の建築-原記憶のフィールドワーク.（东京）工作舍出版社，1997.
㉒ 周其仁. 城乡中国. 北京：中信出版社，2013.
㉓ [美]贾雷德·戴蒙德. 枪炮、病菌与钢铁——人类社会的命运. 谢延光 译. 上海：上海译文出版社，2014.
㉔ 菲利贝尔·德洛尔姆（1510~1570，Delorme也可拼写为De L' Orme），文艺复兴时期法国建筑师、作家，曾在罗马学习建筑，并成功地将文艺复兴新学精神嫁接到法国古典传统上。
㉕ 指在五四运动期间极为重要的《新青年》杂志，自1915年9月创刊，原名《青年杂志》，第二卷起改称《新青年》。
㉖ 指1920年勒·柯布西耶同诗人、画家、雕刻家等人共同创办的《新精神》杂志。
㉗ 2018年的诺贝尔文学奖因丑闻事件而停颁，瑞典学院在今年补发了这一殊荣，波兰女作家奥尔加·托卡尔丘克最终折桂，并在2019年12月7日发表了获奖演说。
㉘ 节选译自英文版演讲稿，全文参见：https: //www.nobelprize.org/prizes/literature/2018/tokarczuk/104871-lecture-english/.
㉙ [美]戴维·哈维. 叛逆的城市：从城市权力到城市革命[M]. 叶齐茂，倪晓晖译. 北京：商务印书馆，2014：55-74.
㉚ 借用美国作家梅尔维尔（Herman Melville）《白鲸记》（*Moby Dick*）中的场景。
㉛ [法]贡斯当. 古代人的自由与现代人的自由. 阎克文，刘满贵译. 北京：商务印书馆，1999.
㉜ [英]彼得·霍尔. 文明中的城市（第三册）. 王志章等译. 北京：商务印书馆，2016.
㉝ 朱剑飞. 边沁、福柯、韩非、明清北京权力空间的跨文化讨论. 时代建筑，2003(2).
㉞ 李成（919~967），五代宋初画家，字咸熙，原籍长安（陕西西安），先世系唐宗室，擅画山水，对北宋的山水画发展有重大影响，北宋时期被誉为"古今第一"。
㉟《晴峦萧寺图》为绢本淡设色画，现存于美国堪萨斯城的纳尔逊-阿特金斯美术馆（Nelson-Atkins Museum of Art），英文名为"A Solitary Temple Amid Clearing Peaks"。纳尔逊-阿特金斯美术馆始建于1933年，2007年由霍尔（Steven Holl）担纲完成扩建。
㊱ 摘自谢灵运（385~433）《山居赋》。
㊲ 以两人出生时间差距计算。
㊳ 核聚变就是小质量的两个原子核合成一个比较大的原子核，核裂变就是一个大质量的原子核分裂成两个比较小的原子核。在这两个变化过程中都会释放出巨大的能量，但前者释放的能量更大。
㊴ 古希腊语中表示"开放"的词为anoixis，另有两层特别的意义：一是表示船只离开陆地，驶向大海的那一刹那；二是表示恍然大悟或灵光乍现的一瞬间。

嘉陵江畔 | 重庆
繁华万千，不争人我

外文人名索引

（按首字母排序）

S

T

V

W

Y

注：本书摄影，除标注来源外，均为作者拍摄，并作为一条隐含的观察线索，与书中其他图文共同构成对“践行与观察”的回应。

后记

2008年，汶川地震、北京奥运，同时也是我晋升副教授并开始招收硕士生的一年。大事件震荡刷新着我看待世界的方式和角度，小事件则唤醒了个人深处似乎正要休眠的区域。这一年轻轻地划分出教师履历中的不同阶段。之前，本科授课、设计实践，两腿学步，缓缓前行；之后，在已有工作范围之外，陡然增加了带领"弟子"的任务。研究生将跟随导师长达三年时光，从新人到毕业，为何研究？如何研究？研究何物？导师职责不可谓不大。学生出于信任，投于门下，而导师，如何担得起这三年甚至更长时间的托付？

于是，"教学、研究、设计"逐渐成为2008年以后的常态三题。4年后晋升教授，开始招收博士，这三题更几乎天天萦绕心间，未敢懈怠。即使第一个博士生已毕业登上讲台，也成为了建筑学教师，在中国这场复杂而剧烈的城市演进中，我深感自己仍是学生。无论是教师、建筑师还是研究者、实施者，只有深度辨析和捕获空间演变中的每一分潜能，只有理性践行其中，才可能在城市与建筑进化之路上有所作为。我清楚，与很多年纪相仿的优秀同行相比，我手上的这些东西，实在难登大雅之堂，教学、研究与实践之间的融合甚至谈不上差强人意。但我仍希望一试，就像一个武艺不精但仍想进步的后生，红着脸、冒着汗走向场地中央，为大家练上一段。练完之后，是鼓励还是嘘声，这个后生顾不了许多。他就是想让大家多给些指点，而已。

感谢在过去不长不短的岁月里支持、指导我成长进步，在逆境中施予信任和援手的师长、前辈和朋友，前行路上的每一次相遇都是最好的结缘；感谢迄今已指导毕业的整整50名中外硕博研究生，你们从这个铁打的营盘里走出去，一个个年轻的梦想已先后绽放；感谢从2002年起为不同层级学生上过的每一堂课，那是作为一名教师最为高亮的时刻，上课铃声响起，这就是我、学生以及理想的小小世界（A Miniature Universe）。

感谢家人，你们是我完成外界所见全部成果的根本保障和核心力量。

感谢中国建筑工业出版社徐冉、刘丹两位极负责任的编辑，感谢你们对我内心愿望的耐心和认同。

特别鸣谢郑时龄、李保峰两位先生拨冗赐序。感动于两位先生不仅耗时审阅书稿，更将其中内容深度解读，娓娓道来，将原本尚不系统的个人体验提升到一个我必须进一步加强学习的高度，且言语中充满着鼓励和期望。两位先生的人品、思想、学识和行动，是不断激励我在建筑学教师岗位上坚持探索的重要榜样。

最后，将这本书献给所有建筑学人，希望它没有浪费纸张、破坏生态。

褚冬竹
2020年6月

图书在版编目（CIP）数据

咫尺山林：建筑学践行与观察／褚冬竹著．—北京：中国建筑工业出版社，2020.6

ISBN 978-7-112-25106-3

Ⅰ．①咫… Ⅱ．①褚… Ⅲ．①建筑学－研究 Ⅳ．①TU-0

中国版本图书馆CIP数据核字（2020）第077362号

责任编辑：刘丹　徐冉
书籍设计：张悟静
责任校对：芦欣甜

本书为重庆市研究生教育教学改革研究重大项目（yjg191004）研究成果之一。

咫尺山林

建筑学践行与观察

褚冬竹　著

*

中国建筑工业出版社出版、发行（北京海淀三里河路9号）
各地新华书店、建筑书店经销
北京锋尚制版有限公司制版
北京富诚彩色印刷有限公司印刷

*

开本：787×1092毫米　1/16　印张：23　插页：5　字数：455千字
2020年6月第一版　2020年6月第一次印刷
定价：88.00元

ISBN 978－7－112－25106－3
（35772）